新一代信息技术系列教材

基于任务驱动模式的计算机网络基础

主　编　周海珍　熊登峰　郑治武

副主编　王　雷　左国才　马　庆　王晓亮
罗　杰　郑丽姣　张　维　明　镜

参　编　刘　群　黄利红　危孟君　王鹏举
左向荣　曾　琴　唐玲林　苏秀芝
王　康　谢钟扬　曾庆子

西安电子科技大学出版社

内 容 简 介

本书以工作过程导向、任务驱动模式教学法等职业教育最新理念为基础，结合网络管理员岗位职业工作情境及其相关案例，重点突出课程能力目标和知识目标，抽象组织成教学项目。全书分为 10 个项目，每个项目又分为项目引导、项目任务、项目实践、小结和习题五个部分。每个项目都有项目的能力目标与知识目标。在各项目训练中分别融入了对网络管理员岗位职业能力的培养，从而实现了课堂教学与工程实践能力培养的对接。

本书可以作为高等职业院校软件技术、网络管理与维护、信息系统管理等专业的教材，也可供网络管理培训班和网络管理爱好者学习和参考。

图书在版编目(CIP)数据

基于任务驱动模式的计算机网络基础/周海珍，熊登峰，郑治武主编.
—西安：西安电子科技大学出版社，2015.4(2021.7 重印)
ISBN 978-7-5606-3680-1

Ⅰ.①基…　Ⅱ.①周…　②熊…　③郑…　Ⅲ.①计算机网络—高等职业教育—教材　Ⅳ.①TP393

中国版本图书馆 CIP 数据核字(2015)第 054648 号

策　　划　杨丕勇
责任编辑　雷鸿俊　杨丕勇
出版发行　西安电子科技大学出版社（西安市太白南路 2 号）
电　　话　(029)88202421　88201467　　邮　　编　710071
网　　址　www.xduph.com　　电子邮箱　xdupfxb001@163.com
经　　销　新华书店
印刷单位　陕西天意印务有限责任公司
版　　次　2015 年 4 月第 1 版　2021 年 7 月第 5 次印刷
开　　本　787 毫米×1092 毫米　1/16　印张 15
字　　数　350 千字
印　　数　5201～6200 册
定　　价　38.00 元
ISBN 978-7-5606-3680-1 / TP
XDUP 3972001-5

致　谢

首先，感谢西安电子科技大学出版社领导及相关工作人员对本书出版给予的大力支持。

同时，特别感谢湖南软件职业学院刘述权院长、符开耀院长和王雷主任等领导给了我们这次把多年教学实践经验编写成教材的机会。在教材的编写过程中，各位领导从教材的内容、框架设计到细节修改，都给予了全面的指导，提出了很多宝贵的意见与建议，其严谨求实的治学态度、高度负责的敬业精神、孜孜以求的工作作风和大胆创新的进取精神对我们产生了深远的影响。他们渊博的知识、开阔的视野和敏锐的思维给了我们深深的启迪。

感谢所有指导帮助我们的同仁，没有他们的帮助，我们没有这么大的动力和信心完成该教材的撰写工作。感恩之余，诚请各位同仁多加批评指正，以使我们及时完善教材中的不足之处。

最后，还要向百忙之中抽出时间对本书进行审阅的各位老师表示衷心的感谢。

前　言

“计算机网络基础”是高等职业教育软件技术、信息系统管理、网络管理等专业核心课程之一。它是一门操作性和实践性很强的课程，通过该课程的学习，让学生具备网络管理员岗位各项职业能力。

本书始终贯彻“项目教学和工作情境教学”的思想，采用“任务驱动”的方式，遵循高职学生的学习习惯和网络管理员岗位工作情境与能力培养的基本规律，以真实的工作任务及过程整合学习内容、科学设计学习任务，采用递进和并列相结合的方式组织编写，强调理论与实践的一体化。本书图文并茂，结构清晰，表达流畅，内容丰富实用。全书共分为10个项目，内容主要包括：认知计算机网络、认知计算机网络体系结构及网络协议标准、认知IP地址与子网划分、认知以太网技术、局域网互联、认知无线局域网、Internet接入的应用、网络操作系统的搭建、网络服务器的配置、网络的安全与维护。

本书按项目实施的工作情境模式对课程内容进行重构和设计。其中：“项目引导”是对项目任务进行概述，指出项目知识与能力目标；“项目任务”阐述完成项目任务所需知识点并列举案例说明演示；“项目实践”是把本项目任务与网络管理员岗位对应的工作情境结合起来，让学生感受在真实的工作场景中的学习，为教师实现工学结合的教学模式提供了便利；“小结”和“习题”是把每一个项目的知识、技能技巧进行提升与巩固，最终完成整个教学过程。整个项目教学实施的每个步骤目标明确，项目内容结合真实的网络管理员工作情景与工作过程，设计科学，符合现阶段高职学生的学习习惯。

本书的主要特点如下：

(1) 基于任务驱动模式重构了计算机网络基础课程内容。

(2) 在教材的各项目训练中分别融入了网络管理员岗位各项职业能力需求元素，从而实现该课程与岗位的对接。

本书由湖南软件职业学院软件工程系周海珍、熊登峰、郑治武担任主编，王雷、左国才、马庆、罗杰、郑丽姣、王晓亮、张维担任副主编，参加编写的还有刘群、黄利红、危孟君、王鹏举、左向荣、曾琴、唐玲林、苏秀芝、王康、谢钟杨。在编写过程中，得到了湖南软件职业学院领导的关心和支持，在此表示衷心的感谢！

本书在编写过程中，参阅了一些教材和参考资料，我们尽量在书后一一列出，但仍有部分文献由于种种原因未列出，在此向所有的专家学者致谢！

由于编者水平有限，书中难免存在疏忽和不足之处，恳请广大读者不吝赐教。意见和建议请发送到 187244191@QQ.com。

编　者

2014 年 11 月

目　　录

工作情境一　构建小型局域网

工作情境二　构建中大型网络

工作情境三　构建无线网络

工作情境四　Internet的接入

工作情境五　构建网络中的服务器

工作情境六　网络安全与维护

工作情境一

构建小型局域网

项目一 认知计算机网络

项目引导

本项目以实现多台计算机通信为目标，通过认知计算机网络，网络设备(工作站、网络服务器、集线器、交换机、网桥、路由器)的功能、原理及识别，最终完成网络管理员岗位的两项基本职业任务——网卡安装与网线制作。

知识目标：

- 认知计算机网络的形成与发展；
- 认知计算机网络的功能、组成及网络硬件设备。

能力目标：

- 完成网卡安装；
- 完成双绞线网线制作。

任务一 认知计算机网络

计算机网络是计算机技术与通信技术紧密结合的产物，它涉及通信与计算机两个领域。计算机网络在当今社会中起着非常重要的作用，它对人类社会的进步做出了巨大贡献。从某种意义上讲，计算机网络的发展水平不仅反映一个国家的计算机科学和通信技术水平，而且已经成为衡量其国力及现代化程度的重要标志之一。

所谓计算机网络，就是利用通信线路将地理上分散的、具有独立功能的计算机系统和通信设备按不同的形式连接起来，以功能完善的网络软件实现资源共享和信息传递的系统。

计算机网络有以下三个基本要素：

(1) 至少有两个具有独立操作系统的计算机，且它们之间有相互共享某种资源的需求；

(2) 两个独立的计算机之间必须有某种通信手段将其连接；

(3) 支持网络规范标准或协议。

一、计算机网络的形成与发展

计算机网络的发展过程大致可概括为四个阶段：面向终端的计算机系统阶段、计算机通信网络阶段、以局域网及其互联为主要支撑环境的标准化网络阶段和高速网络技术阶段(多媒体网、智能网)。

1. 面向终端的计算机系统阶段

面向终端的计算机系统阶段的计算机网络结构如图 1-1 所示。在图 1-1(a)所示的网络结构中，有多台终端机共享一台主机(HOST)的软硬件资源；主机与终端机之间可以通过本地局域网连接，也可以通过集中器等硬件设备实现远程连接。主机的任务是执行复杂的计算与通信任务，终端机的任务是执行用户之间数据的交互。

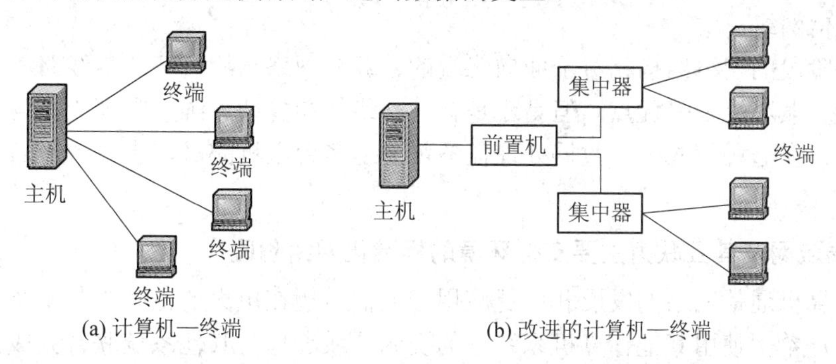

图 1-1　面向终端的计算机网络结构

改进后的面向终端的计算机网络结构(图 1-1(b))将通信任务从主机中分离出来，由前置机(Front-End Processor，FEP)来完成。前置机的作用是完成主机的部分计算操作(通信任务，一般不包括数据计算操作)，从而将整个计算机网络的运行效率进一步提高，更加适用于通过远程连接的面向终端的计算机网络结构。在网络结构中集中器的作用是将多台终端机连接后与主机通信。飞机订票系统就是一个典型的通过远程连接的面向终端的计算机网络结构，主机设置在航空公司总部，终端机设置在各个订票点(Terminals)，订票点终端机通过电话线路与订票系统主机通信，完成订票功能。

虽然面向终端的计算机系统阶段的网络结构具备使用简单、维护成本低等优点，但是该网络结构也存在主机负荷重(数据处理与通信任务全部由主机承担)、线路利用率低和采用集中控制方式而导致网络可靠性低等缺点。

2. 计算机通信网络阶段

多个终端主机系统互联形成的多主机互联是计算机通信网络阶段网络结构的主要特征，相对于“主机－终端” 的网络结构，这一阶段转变成了“主机－主机”的网络结构，如图 1-2 所示。

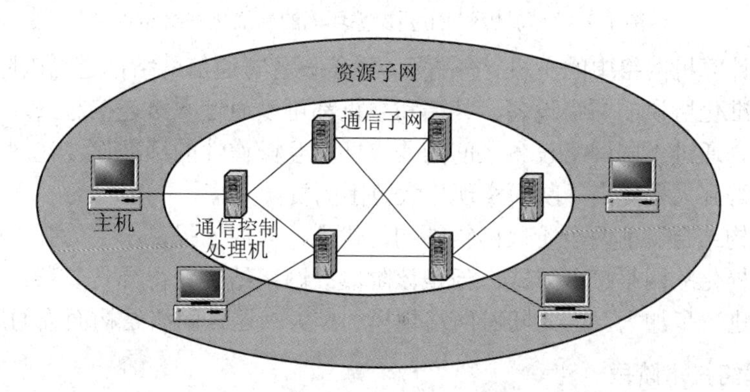

图 1-2　计算机通信网络结构

在计算机通信网络结构中，通信任务从主机中分离，由通信控制处理机(CCP)完成；多台通信控制处理机组成通信子网，提供信息传输服务；集合多台主机构成的资源子网主要完成数据存储与计算任务，提供计算资源。

在计算机通信网络阶段的后期，随着网络规模的不断扩大，尤其是通信子网规模的扩大，该网络结构由面向个体团队提供资源逐渐转变为面向社会公众提供服务，最后发展为公用数据通信网络。

虽然该阶段的网络结构相对于面向终端的计算机网络结构具备通信线路利用率提高、可靠性改善、兼容性好等优点，但是还是存在网络结构复杂、维护管理成本与难度提高等问题。同时，在这种结构中，数据处理任务可能由多台主机完成，也导致网络安全风险提高等问题。

3. 以局域网及其互联为主要支撑环境的标准化网络阶段

随着计算机通信网络的发展和广泛应用，人们希望在更大的范围内共享资源。某些计算机系统用户希望使用其他计算机系统中的资源，或者想与其他系统联合完成某项任务，这样就形成了以共享资源为目的的以局域网及其互联为主要支撑环境的标准化网络，如图1-3所示。

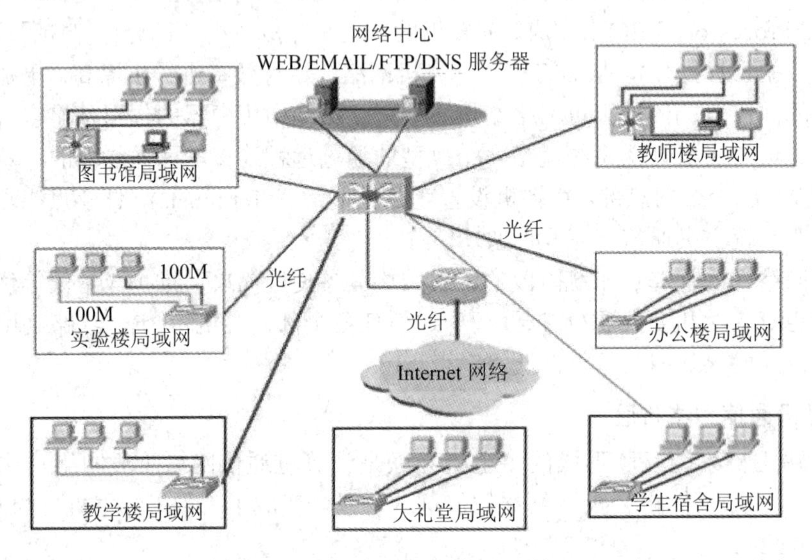

图 1-3 以局域网为主要支撑环境的标准化网络结构

该阶段的计算机网络中的主机、终端机、通信设备与通信网络都遵循国际标准化协议，只要是符合标准化协议的网络设备、终端和主机都可以通过网络连接起来，彼此提供或者享受网络服务。通过不同网络设备之间的兼容性和互操作性的标准化，让网络结构的兼容性和互操作性得到大幅提高，从而实现更大范围的资源共享。

该网络结构结合了前两个阶段网络结构的优点，向用户提供了更为强大的网络功能，满足了便捷多样化的网络接入方式。但是该阶段的网络结构变得异常复杂，网络维护的成本与工作难度进一步加大，因此随着网络规模的扩大，这种网络结构面临的风险会剧增。

4. 高速网络技术阶段

20 世纪 90 年代至今为第四代计算机网络。由于局域网技术发展成熟，出现了光纤及高速网络、多媒体网络和智能网络，整个网络就像一个对用户透明的计算机系统，发展为以 Internet 为代表的互联网，这就是现在我们所使用的网络结构。

Internet 网络结构是以 TCP/IP 网络参考模型为基础的，该网络分层模式为计算机网络提供了统一的分层方案。

随着 Internet 技术的不断进步，计算机应用系统的发展经历了主机/终端式、客户/服务器式、浏览器/服务器式等几个时期。今天的计算机应用系统实际上是一个网络环境下的计算系统。

未来网络的发展有以下几种基本的技术趋势：

(1) 朝着低成本微机所带来的分布式计算和智能化方向发展，即 Client/Server(客户/服务器)结构。

(2) 向适应多媒体通信、移动通信结构发展。

(3) 网络结构适应网络互联、扩大规模以致建立全球网络的要求，最终形成覆盖全球的、可随处连接的巨型网。

(4) 计算机网络应具有前所未有的带宽以保证承担任何新的服务。

(5) 计算机网络应是贴近应用的智能化网络。

(6) 计算机网络应具有很高的可靠性和服务质量。

(7) 计算机网络应具有延展性来保证对迅速的发展做出反应。

(8) 计算机网络应具有很低的费用。

未来宽带业务和各种移动终端的普及，对网络带宽和频谱产生了巨大的需求。整个宽带的建设和应用将进一步推动网络的整体发展，IPv6 和网格等下一代互联网技术的研发和建设也将在今后取得比较明显的进展。

二、计算机网络的功能与分类

1. 计算机网络的功能

(1) 数据通信。计算机网络主要提供传真、电子邮件、电子数据交换(EDI)、电子公告牌(BBS)、远程登录和浏览等数据通信服务。

(2) 资源共享。凡是入网用户均能享受网络中各个计算机系统的全部或部分软件、硬件和数据资源，这是计算机网络最本质的功能。

(3) 提高性能。网络中的每台计算机都可通过网络相互成为后备机。一旦某台计算机出现故障，它的任务就可由其他计算机代为完成，这样可以避免在单机情况下，一台计算机发生故障引起整个系统瘫痪的现象，从而提高系统的可靠性。而当网络中的某台计算机负担过重时，网络又可以将新的任务交给较空闲的计算机完成，均衡负载，从而提高了每台计算机的可用性。

(4) 分布处理。通过算法将大型的综合性问题交给网络中不同的计算机同时进行处理，用户亦可根据需要合理选择网络资源，快速地处理自己的任务。

2. 计算机网络的分类

1) 按地理位置应用分类

(1) 局域网(Local Area Network，LAN)。LAN 通常安装在一个建筑物或校园(园区)中，覆盖的地理范围从几十米至数公里，例如一个实验室、一栋大楼、一个校园或一个单位。LAN 是计算机通过高速线路相连组成的网络，网上传输速率较高，从 10 Mb/到 100 Mb/s 乃至 1000 Mb/s。

(2) 城域网(Metropolitan Area Network，MAN)。MAN 的规模局限在一座城市的范围内，覆盖的地理范围从几十公里至数百公里。MAN 是对局域网的延伸，用来连接局域网，在传输介质和布线结构等方面复杂性更高。

(3) 广域网(Wide Area Network，WAN)。WAN 覆盖的地理范围从数百公里至数千公里，甚至上万公里。WAN 可以是一个地区或一个国家，甚至世界几大洲，故称远程网。

WAN 在采用的技术、应用范围和协议标准方面有所不同。在 WAN 中，通常是利用邮电部门提供的各种公用交换网，将分布在不同地区的计算机系统互连起来，达到资源共享的目的。广域网使用的主要技术为存储转发技术。

2) 按逻辑功能分类

(1) 资源子网。资源子网由主机、终端、终端控制器、联网外设、各种软件资源与信息资源组成。资源子网负责全网的数据处理业务，向网络用户提供各种网络资源与网络服务。

(2) 通信子网。通信子网由通信控制处理机、网络节点处理机和通信线路组成，完成网络数据传输、转发等通信处理任务。

图 1-4 所示为通信子网与资源子网。

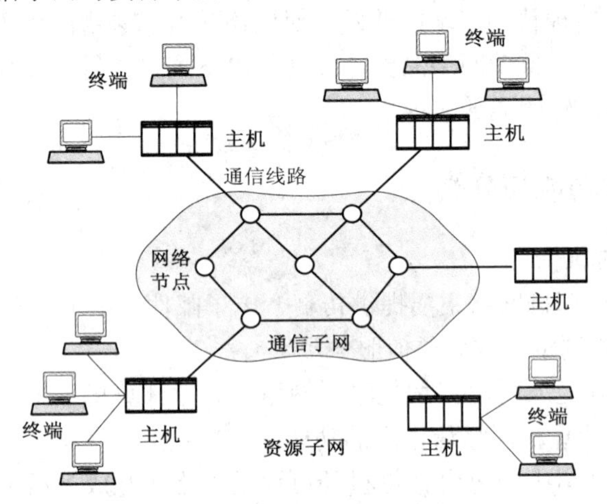

图 1-4 通信子网与资源子网

3) 按拓扑结构分类

(1) 星型拓扑结构。如图 1-5 所示，在网络中存在一个中心节点控制全网的通信，任何两个节点之间的通信都要经过中心节点。星型拓扑结构的优点是：控制简单，故障诊断和隔离容易，方便服务。其缺点是： 电缆长度和安装工作量可观，中央节点的负荷较重，形成信息传输速率的瓶颈，对中心节点的可靠性和冗余度要求较高。

(2) 总线型拓扑结构。如图 1-6 所示，总线型拓扑结构的所有客户端用户都连接在同一传输介质(总线)上，利用该公共传输介质以广播的方式发送和接收数据。由于所有站点共享一条公用的传输信道，因此一次只能由一个站点占用信道进行传输。为了防止争用信道产生的冲突，出现了一种在总线型网络中使用的媒体访问方法，即带有冲突检测的载波侦听多路访问方式，英文缩写成 CSMA/CD。总线型拓扑结构的优点是：需要的电缆数少，结构简单，有较高的可靠性，便于扩充。其缺点是：总线的传输距离有限，通信范围受到限制，当接口发生故障时将影响全网，且诊断和隔离故障较困难。

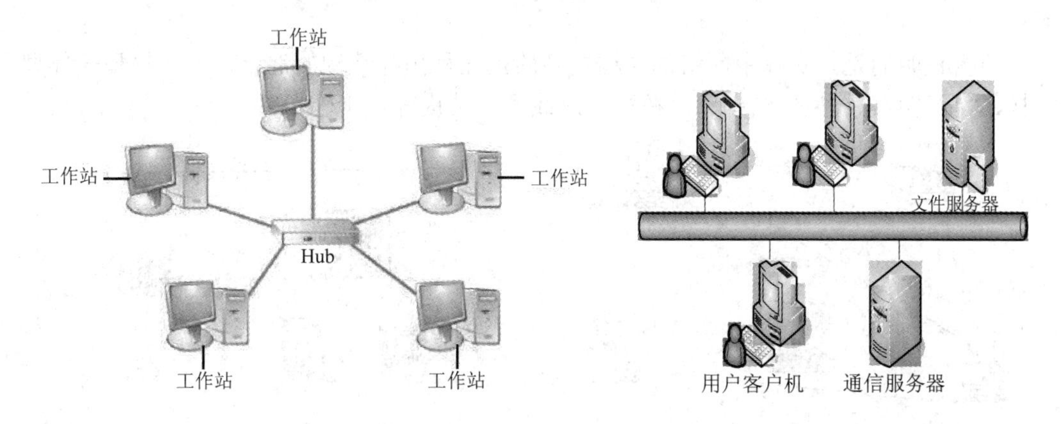

图 1-5　星型拓扑结构图　　　　图 1-6　总线型拓扑结构图

(3) 树型拓扑结构。树型拓扑是从总线型拓扑演变而来的，形状像一棵倒置的树，顶端是树根，树根以下带分支，每个分支还可再带分支，如图 1-7 所示。树根接收各站点发送的数据，然后再根据 MAC 地址发送到相应的分支。树型拓扑结构在中小型局域网中应用较多。树型拓扑结构的优点是：易于扩展，故障隔离较容易。其缺点是：各个节点对根的依赖性太大，如果根发生故障，则全网不能正常工作。

(4) 环型拓扑结构。环型拓扑结构是由站点和连接站点的链路组成的一个闭合环，每个站点能够接收从闭合环传来的数据，并以同样的速率串行地把该数据沿闭合环送到链路另一端上，如图 1-8 所示。环型拓扑结构的特点是：信息流在网络中是沿着固定方向流动的，两个节点仅有一条道路，采用令牌进行控制，控制软件简单，但其可靠性低，维护、故障定位较难，节点过多时响应慢。

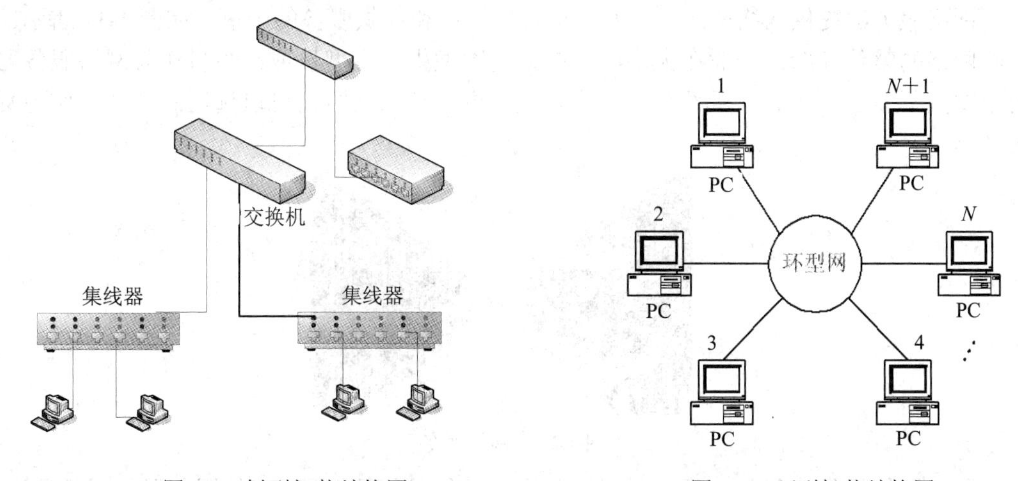

图 1-7　树型拓扑结构图　　　　图 1-8　环型拓扑结构图

(5) 网状型拓扑结构。网状型拓扑结构的特点是各节点之间由许多路径相连，可以为数据包分组流的传输选择适当的路由，从而绕过过忙或失效的节点，如图 1-9 所示。这种结构在广域网中得到了广泛的应用。网状型拓扑结构的优点是：不受瓶颈问题和失效问题的影响，可靠性高。其缺点是：结构和协议复杂，成本也比较高。

(6) 综合型拓扑结构。综合型拓扑结构是由以上几种拓扑结构混合而成的，如图 1-10 所示。

值得说明的是，实际中网络的结构更多的是几种拓扑结构的混合，如“星型—环型”结构、“星型—总线型”结构和“树型—总线型”结构等。

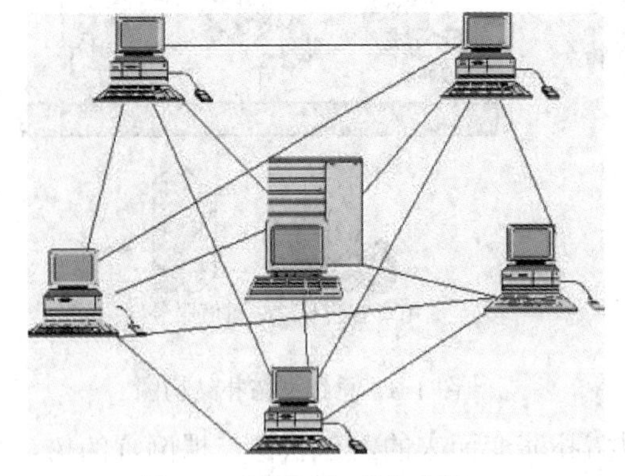

图 1-9 网状型拓扑结构图

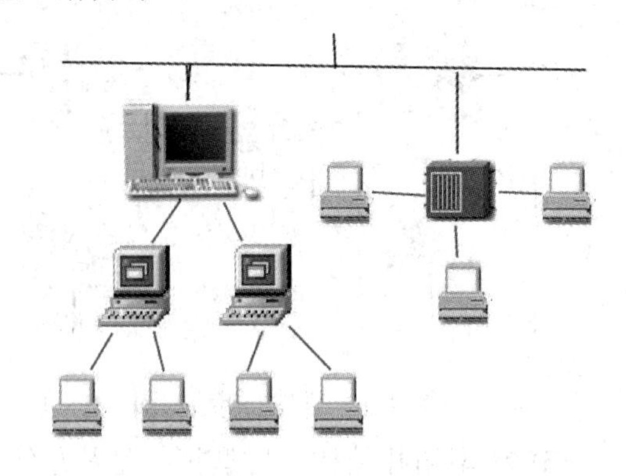

图 1-10 综合型网络拓扑结构图

三、计算机网络的组成

计算机网络由网络硬件与网络软件组成。

1. 网络硬件

网络硬件是指在计算机网络中所采用的物理设备，包括网络服务器、工作站、网络设备和传输介质。

1) 网络服务器

网络服务器提供网络资源，是网络运行、管理和提供服务的中枢，如图 1-11 所示。它影响网络的整体性能，一般在大型网络中采用大型机、中型机或小型机作为网络服务器。对于网点不多、网络通信量不大、数据安全要求不高的网络，可以选用高档微机作为网络服务器。

图 1-11 网络服务器

服务器按提供的服务被冠以不同的名称，如数据库服务器、邮件服务器、打印服务器、WWW 服务器、文件服务器等。

2) 工作站

工作站也称客户机(Client)，由服务器进行管理和提供服务的、联入网络的任何计算机都属于工作站，其性能一般低于服务器，如图 1-12 所示。个人计算机接入 Internet 后，在获取 Internet 的服务的同时，其本身就成为一台 Internet 的工作站。

图 1-12 工作站

服务器或工作站中一般都安装了网络操作系统，网络操作系统除具有通用操作系统的功能外，还应具有网络支持功能，能管理整个网络的资源。常见的网络操作系统主要有 Windows、Netware、Unix、Linux 等。

3) 网络设备

(1) 网卡(网络适配器)：局域网中连接计算机和传输介质的接口。

(2) 集线器：局域网中数据传输的枢纽，将信号收集放大后传输给其他所有端口。

(3) 中继器：用于放大信号。

(4) 网桥：用于连接两个局域网。

(5) 路由器：用于局域网与广域网的连接，包括无线路由器(见图 1-13)和有线路由器(见图 1-14)。

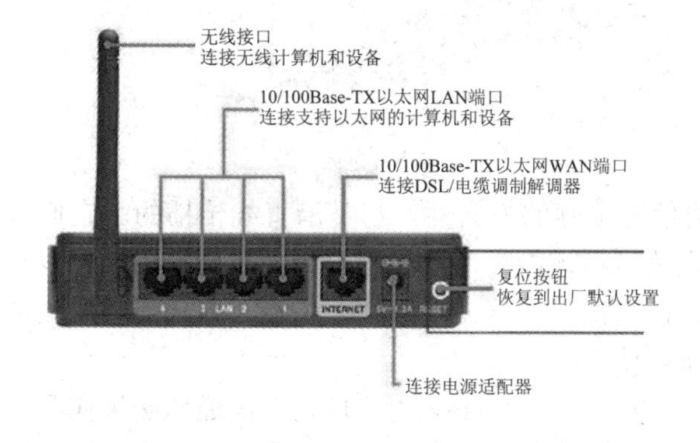

图 1-13 无线路由器

图 1-14 路由器

4) 传输介质

常见的传输介质有同轴电缆、双绞线、光纤、红外线和激光、微波等。

(1) 同轴电缆。同轴电缆由铜芯、绝缘材料、网状导体和保护套四层组成，如图 1-15 所示。根据同轴电缆的带宽的不同，它可以分为两类：基带同轴电缆和宽带同轴电缆。同轴电缆的结构使得它的抗干扰能力较强。同轴电缆的造价介于双绞线与光纤之间，使用与维护方便。

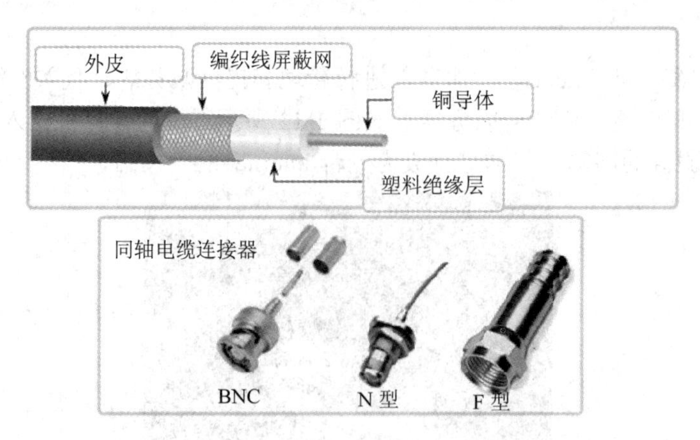

图 1-15　同轴电缆

(2) 双绞线。双绞线是由两根相互绝缘的铜线组成的，如图 1-16 所示。各个线对螺旋排列的目的是为了使各线对之间的电磁干扰最小。双绞线的抗干扰能力取决于一束线中相邻线对的扭曲长度及适当的屏蔽。双绞线的价格低于其他传输介质，安装、维护方便。

(3) 光纤。光纤是一种直径为 50～100 μm 的柔软、能传导光波的介质，如图 1-17 所示。多种玻璃和塑料可以用来制造光纤，其中使用超高纯度石英玻璃纤维制作的光纤可以得到最低的传输损耗。光纤的带宽为 10～100 Hz；光纤的最佳传输波长为 850 nm、1300 nm 和 1500 nm。光纤最普遍的连接方式是点对点连接。光纤的抗干扰能力强，衰减小，安全性和保密性好。目前，光纤的价格高于同轴电缆和双绞线。

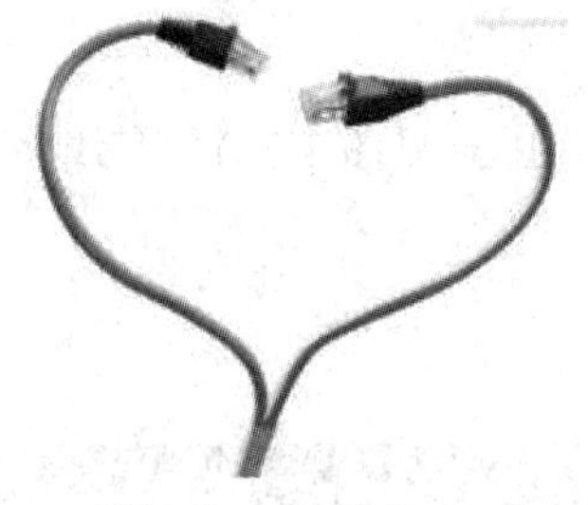

图 1-16　双绞线

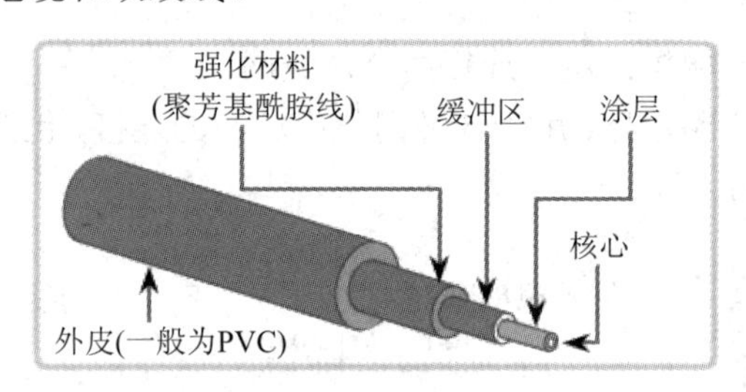

图 1-17　光纤

(4) 红外线和激光。红外线和激光通信有很强的方向性，都是沿直线传播的。它们分别要把传输的信号转为红外线信号和激光信号后才能自由地在空间沿直线传播。红外线及激光传输很难被窃听、插入数据和干扰，但对雨雾环境比较敏感。另外，红外线和激光传输也不需要申请频率分配，即不需授权即可使用。

(5) 微波。微波在空间为直线传播，一般可传输 50 km，为实现远距离通信必须在两个终端之间建立若干个中继站。中继站把前一站送来的信号放大后发送到下一站，称为“接力”。微波传输的优点是：它的载波频率为 2～40 GHz，可同时传输大量的信息；通信质量高；投资少，见效快(与相同容量和长度的电缆通信比较而言)。其缺点是，只进行视距传播；相邻站之间不能有障碍物，隐蔽性和保护性差。

2. 网络软件

网络软件可大致分为网络系统软件和网络应用软件两大类。

网络系统软件是控制和管理网络运行、提供网络通信和网络资源分配与共享功能的网络软件，它为用户提供了访问网络和操作网络的友好界面。网络系统软件主要包括网络操作系统(NOS)、网络协议软件和网络通信软件等，网络操作系统 Windows 2008 和广泛应用的协议软件 TCP/IP 软件包以及各种类型的网卡驱动程序都是重要的网络系统软件。

网络应用软件是指为某一个应用目的而开发的网络软件，它为用户提供一些实际的应用，如网络管理监控程序、网络安全软件、分布式数据库、管理信息系统(MIS)、数字图书馆、Internet 信息服务、远程教学、远程医疗、视频点播等。

任务二　认知网络的硬件设备

不论是局域网、城域网还是广域网，在物理上通常都是由网卡、集线器、交换机、路由器、网线、RJ-45 接头等网络连接设备和传输介质组成的。网络设备主要是指集线器、交换机、路由器、网桥、网卡等设备。图 1-18 所示为构成局域网的网络设备。

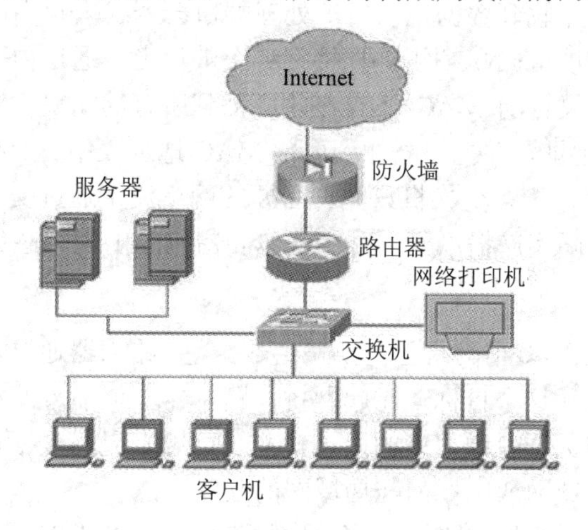

图 1-18　构成局域网的网络设备

1. 集线器

集线器(Hub)如图 1-19 所示，其主要功能是对接收到的信号进行再生整形放大，以扩大网络的传输距离，同时把所有节点集中在以它为中心的节点上。它工作于“物理层”。集线器与网卡、网线等传输介质一样，属于局域网中的基础设备，采用 CSMA/CD(一种检测协议)介质访问控制机制。

图 1-19　集线器

2. 交换机

交换机(Switch)是一种用于电信号转发的网络设备，如图 1-20 所示。它可以为接入交换机的任意两个网络节点提供独享的电信号通路。

图 1-20　交换机

在计算机网络系统中，交换是对于共享网络带宽工作模式的改进。前面介绍的集线器就是采用共享带宽方式的设备，集线器本身不能识别目的地址，当同一局域网内的 A 主机给 B 主机传输数据时，数据包在以集线器为架构的网络上是以广播方式传输的，由每一台终端通过验证数据包头的地址信息来确定是否接收。在这种工作方式下，同一时刻网络上只能传输一组数据帧的通信，如果发生碰撞还得重试。

交换机拥有一条很高带宽的背部总线和内部交换矩阵。交换机的所有端口都挂接在这条背部总线上，控制电路收到数据包以后，处理端口会查找内存中的地址对照表以确定目的 MAC(网卡的硬件地址)的 NIC(网卡)挂接在哪个端口上，通过内部交换矩阵迅速将数据包传送到目的端口，如果目的 MAC 不存在才广播到所有的端口，接收端口回应后交换机会保存(“学习”)新的地址，并把它添加到内部 MAC 地址表中。交换机也可以把网络“分段”，通过对照 MAC 地址表，交换机只允许必要的网络流量通过交换机。通过交换机的过滤和转发，可以有效地隔离广播风暴，减少误包和错包的出现，避免共享冲突。

3. 路由器

路由器(Router)可以在多个网络上交换路由数据包。路由器通过在相对独立的网络中交换具体协议的信息来实现这个目标。比起网桥，路由器不但能过滤和分隔网络信息流、连接网络分支，还能访问数据包中更多的信息，并且可用来提高数据包的传输效率。路由器比网桥慢，主要用于广域网或广域网与局域网的互联。

路由器可分为有线路由器(见图 1-21)和无线路由器(见图 1-22)两种。

图 1-21　有线路由器

图 1-22　无线路由器

4. 网桥

网桥(Bridge)可以连接多种介质，还能连接不同的物理分支，如以太网和令牌网，能将数据包在更大的范围内传送。网桥的典型应用是将局域网分段成子网，从而降低数据传输的瓶颈，这样的网桥叫做“本地”桥。用于广域网上的网桥叫做“远地”桥。两种类型的网桥执行同样的功能，只是所用的网络接口不同。

网桥也有有线网桥(见图 1-23)和无线网桥(见图 1-24)之分。图 1-25 所示为网桥连接示意图。

图 1-23　有线网桥

图 1-24　无线网桥

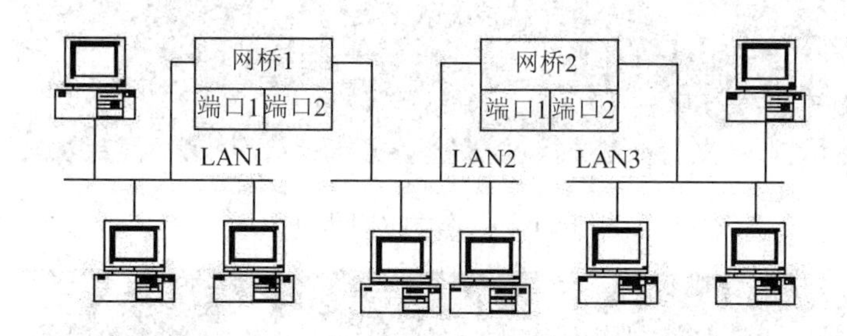

图 1-25　网桥连接示意图

5. 网卡

网卡(Network Interface Card，NIC)又称网络适配器，是局域网中最基本的部件之一，它是连接计算机与网络的硬件设备。无论是双绞线连接、同轴电缆连接还是光纤连接，都必须借助于网卡才能实现数据的通信。

网卡也可分为有线网卡(见图 1-26)和无线网卡(见图 1-27)两种。无线网卡用于连接无线网络。

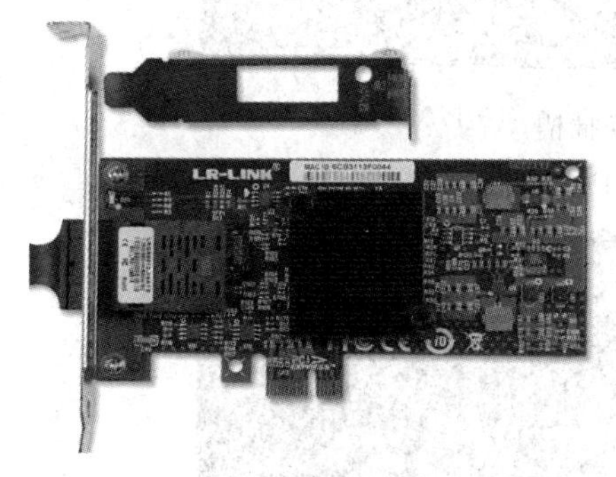

图 1-26　有线网卡

图 1-27　无线网卡

项目实践一：安装网卡

实践目标：

- 使学生认识并能够自己动手安装网卡。

实践环境：

● PC、网卡。

安装网卡的步骤如下：

(1) 打开电脑主机箱，可看到主机箱里的PCI插槽(见图1-28)，注意插槽上的缺口与网卡上的缺口(见图1-29)是否吻合。

图1-28　网卡上的缺口

图1-29　PCI插槽

(2) 在网卡插入PCI插槽前，应注意网卡铁片不要刮到主板，如图1-30所示。

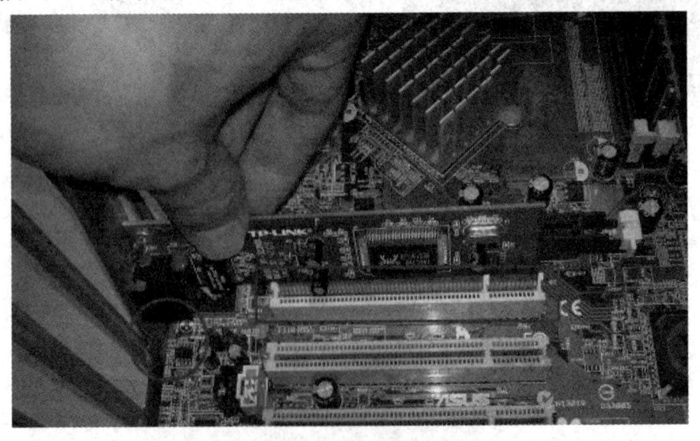

图1-30　网卡插入PCI插槽

(3) 把网卡压入PCI插槽，直到金属针脚完全插入，如图1-31所示。

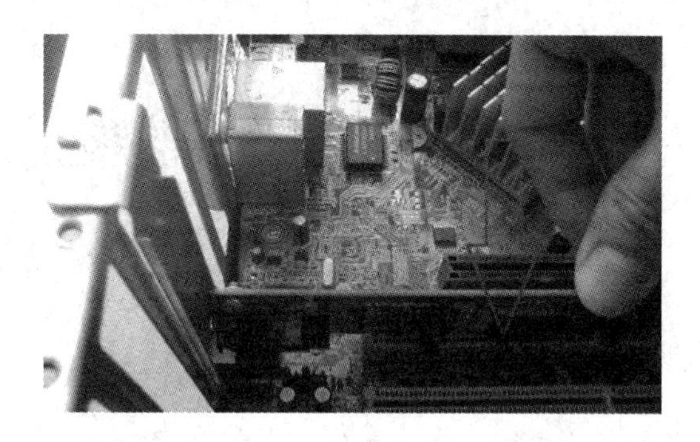

图 1-31　网卡压入 PCI 插槽

(4) 使网卡铁片上方的螺丝孔与主机箱对接上，拧上螺丝让其网卡变得更稳固，如图 1-32 所示。

图 1-32　拧上螺丝固定网卡

(5) 测试网卡是否与主板连接上。可用一根能上网的网线插入该网卡的 RJ-45 接口中，正常下网卡指示灯会闪亮，如图 1-33 所示。

图 1-33　测试网卡是否与主板正常连接

注意：安装完网卡不一定就能连接上网，因为有些网卡需要安装网卡驱动才能上网，所以还需安装对应型号的网卡驱动。

项目实践二：制作双绞线

实践目标：

- 使学生认识并能够自己动手制作网线。

实践环境：

- 双绞线、RJ-45水晶头、剥线钳、双绞线专用压线钳、网线测试仪等。

制作RJ-45网线插头是组建局域网的基础技能，制作方法并不复杂。究其实质就是把双绞线的4对8芯网线按一定的规则制作到RJ-45插头中。所需材料为双绞线和RJ-45插头，使用的工具为一把专用的网线钳。以制作最常用的遵循T568B标准的直通线为例，制作过程如下：

(1) 用双绞线网线钳把双绞线的一端剪齐，然后把剪齐的一端插入到网线钳的剥线缺口中。顶住后面的挡位以后，稍微握紧网线钳慢慢旋转一圈，让刀口划开双绞线的保护胶皮并剥除外皮，如图1-34所示。网线钳挡位离剥线刀口长度通常恰好等于水晶头长度，这样可以有效避免剥线过长或过短。

图1-34　用网线钳把双绞线外皮剥除

(2) 剥除外包皮后可看到双绞线的4对芯线。将绞在一起的芯线分开，按照橙白、橙、绿白、蓝、蓝白、绿、棕白、棕的颜色一字排列，并用网线钳将线的顶端剪齐(如图1-35所示)，再将每条芯线分别对应RJ-45插头的1～8针脚，如图1-36所示。

图1-35　排列芯线

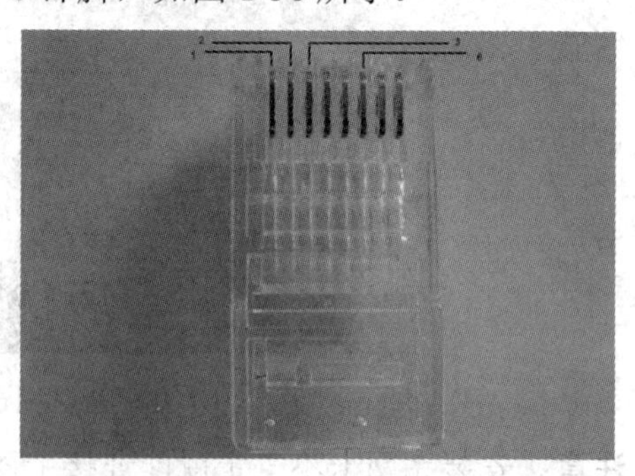

图1-36　RJ-45插头的针脚顺序

(3) 使RJ-45插头的弹簧卡朝下，然后将正确排列的双绞线插入RJ-45插头中，各条芯线都要插到底部。由于RJ-45插头是透明的，因此可以观察到每条芯线插入的位置，如图1-37所示。

(4) 将插入双绞线的RJ-45插头插入网线钳的压线插槽中，如图1-38所示。用力压下网线钳的手柄，使RJ-45插头的针脚都能接触到双绞线的芯线。

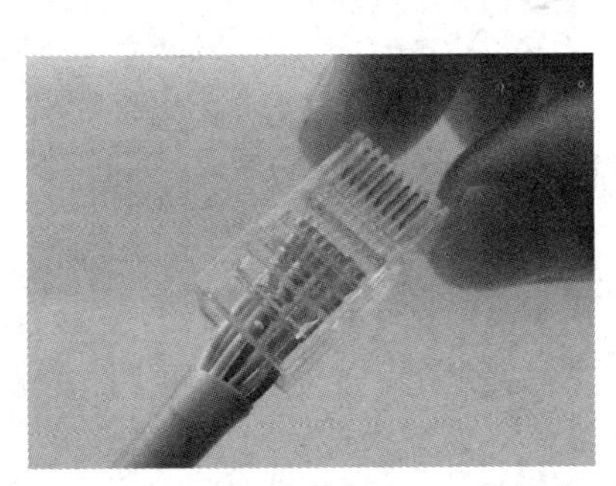

图1-37　将双绞线插入RJ-45插头

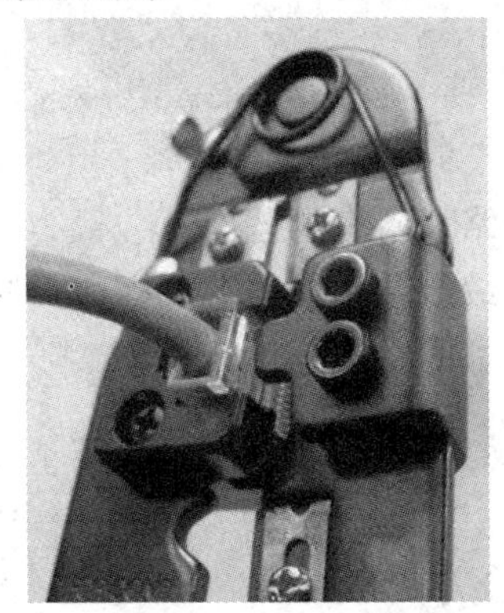

图1-38　将RJ-45插头插入压线插槽

(5) 完成双绞线一端的制作工作后，按照相同的方法制作另一端。注意双绞线两端的芯线排列顺序要完全一致。图1-39所示为制作完成的双绞线。

(6) 在完成双绞线的制作后，建议使用网线测试仪对网线进行测试，如图1-40所示。将双绞线的两端分别插入网线测试仪的RJ-45接口，并接通测试仪电源。如果测试仪上的8个绿色指示灯都按顺序闪过，说明制作成功。如果其中某个指示灯未闪烁，则说明插头中存在断路或者接触不良的现象。此时应对网线两端的RJ-45插头用力再压一次并重新测试，如果依然不能通过测试，则只能重新制作。

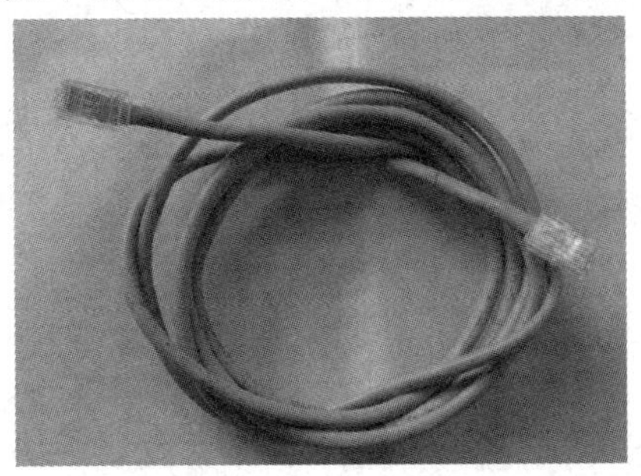

图1-39　制作完成的双绞线

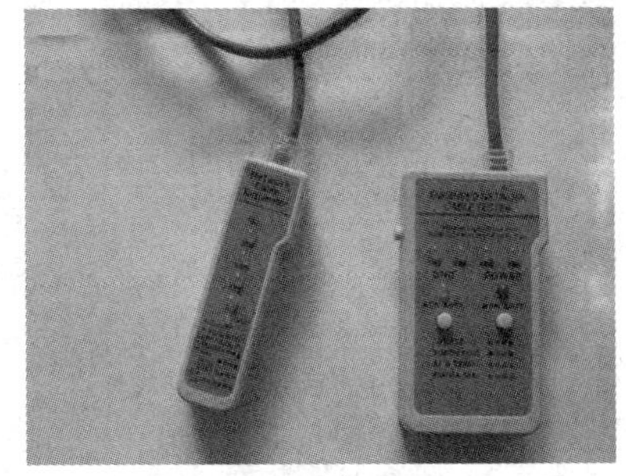

图1-40　使用测试仪测试网线

提示：实际上，在目前的100 Mb/s带宽的局域网中，双绞线中的8条芯线并没有完全用上，而只有第1、2、3、6线有效，分别起着发送和接收数据的作用。因此在测试网线的时候，如果网线测试仪上与芯线线序相对应的第1、2、3、6指示灯能够被点亮，则说明网线已经具备了通信能力，可不必关心其他的芯线是否连通。

小　　结

网络设备及部件是连接到网络中的物理实体。网络设备的种类繁多，基本的网络设备有计算机(无论其为个人电脑或服务器)、集线器、交换机、网桥、路由器、网关、网卡、无线接入点(WAP)、打印机和调制解调器等。本项目以实现多台计算机通信需求为目标，结合网络设备功能、原理与设备识别等方面认知了计算机网络，完成了网络管理员两项基本的职业任务——网卡安装与网线制作。

习　　题

1．网络设备有哪些？
2．双绞线共由几条芯线组成，制作网线的工具与材料有哪些？
3．网卡的功能是什么？

项目二　认知计算机网络体系结构及网络协议标准

项目引导

本项目以认知现阶段计算机网络体系结构为目标，重点介绍局域网协议标准、TCP/IP协议与OSI参考模型等知识点，最终完成网络管理员岗位两项基本的职业任务——网络模型的分析与计算机网络常用操作指令的使用实践。

知识目标：

- TCP/IP参考模型结构与工作原理；
- OSI参考模型结构与工作原理。

能力目标：

- 网络模型的分析与设计；
- 运用计算机网络常用操作指令完成相关工作任务。

任务一　掌握计算机网络体系结构和协议的概念

计算机网络由多个互连的节点组成，节点之间要不断地交换数据和控制信息，要做到有条不紊地交换数据，每个节点就必须遵守一整套合理而严谨的结构化管理体系。计算机网络就是按照高度结构化设计方法采用功能分层原理来实现的。计算机网络体系结构的内容如图2-1所示。

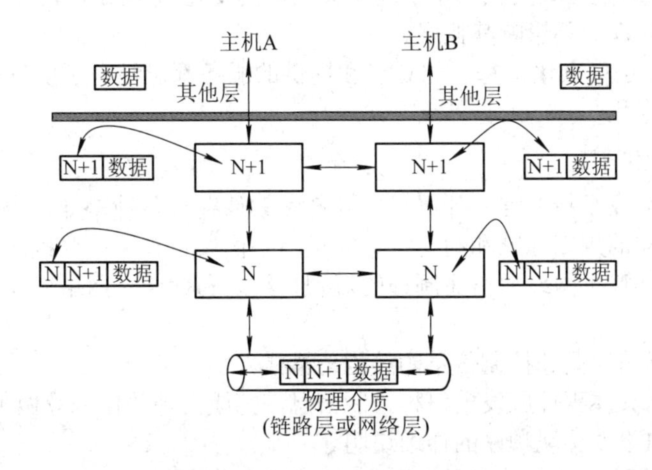

图2-1　计算机网络体系结构内容

计算机网络体系结构最早是由 IBM 公司在 1974 年提出的，名为 SNA，是指计算机网络层次结构模型和各层协议的集合。

1. 计算机网络体系结构

网络体系(Network Architecture)是为了完成计算机间的通信合作，把每台计算机互连的功能划分成有明确定义的层次，并规定了同层次进程通信的协议及相邻层之间的接口及服务。

网络体系结构是指用分层的研究方法定义网络各层的功能、协议和接口的集合，如图 2-2 所示。

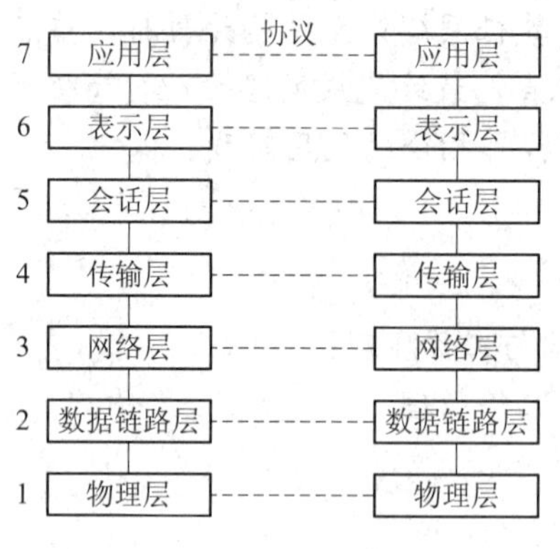

图 2-2　网络体系结构

计算机网络结构可以从网络体系结构、网络组织和网络配置三个方面来描述。网络体系结构是从功能上来描述计算机网络结构；网络组织是从网络的物理结构和网络的实现两方面来描述计算机网络；网络配置是从网络应用方面来描述计算机网络的布局、硬件、软件和通信线路。

结构化是指将一个复杂的系统设计问题分解成一个个容易处理的子问题，然后加以解决。层次结构是指将一个复杂的系统设计问题分成层次分明的一组组容易处理的子问题，各层执行自己所承担的任务。计算机网络结构采用结构化层次模型，有如下优点：

(1) 各层之间相互独立，即不需要知道低层的结构，只要知道是通过层间接口所提供的服务。

(2) 灵活性好，是指只要接口不变就不会因层的变化(甚至是取消该层)而变化，各层采用最合适的技术实现而不影响其他层。

(3) 有利于促进标准化，每层的功能和提供的服务都已经有了明确的说明，彼此的独立性高，利于标准化。

2. 计算机网络协议

计算机网络协议是指网络中计算机的硬件和软件存在各种差异，为了保证实现网络中的数据交换而建立的规则标准和约定。计算机网络协议是有关计算机网络通信的一整套规则，是为了完成计算机网络通信而制订的规则、约定和标准。网络协议由语法、语义和时序三大要素组成。

(1) 语法：通信数据和控制信息的结构与格式。

(2) 语义：对具体事件应发出何种控制信息，完成何种动作以及做出何种应答。

(3) 时序：对事件实现顺序的详细说明。

注：通信协议的特点是具有层次性、可靠性和有效性。

任务二　认知OSI参考模型

OSI是Open System Interconnect的缩写，意为开放式系统互连，一般都叫OSI参考模型，是ISO(国际标准化组织)在1985年研究的网络互联模型。该体系结构标准定义了网络互联的七层框架(物理层、数据链路层、网络层、传输层、会话层、表示层和应用层)，即ISO 开放系统互连参考模型。在这一框架下进一步详细规定了每一层的功能，以实现开放系统环境中的互连性、互操作性和应用的可移植性。

1. OSI参考模型的基本概念及结构

为了实现不同厂家生产的计算机系统之间以及不同网络之间的数据通信，就必须遵循相同的网络体系结构模型，否则异种计算机就无法连接成网络。这种共同遵循的网络体系结构模型就是国际标准——开放系统互连参考模型，即OSI/RM。

ISO发布的最著名的标准是ISO/IEC 7498，又称为X.200建议，将OSI/RM依据网络的整个功能划分成七个层次，以实现开放系统环境中的互连性(Interconnection)、互操作性(Interoperation)和应用的可移植性(Portability)。OSI参考模型的七个层次由高到低依次为应用层、表示层、会话层、传输层、网络层、数据链路层和物理层，如图2-3所示。

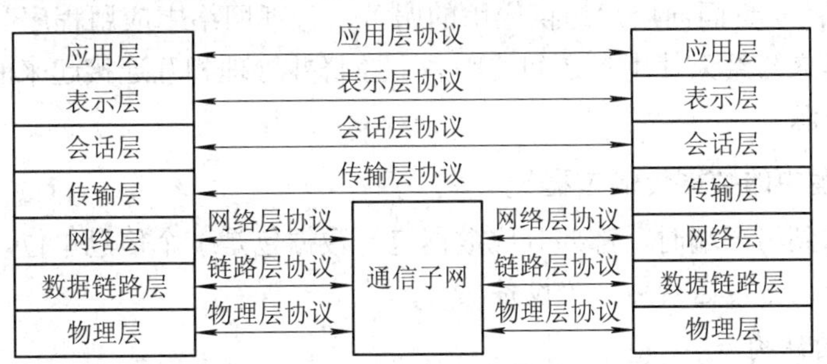

图2-3　OSI参考模型

ISO将整个通信功能划分为七个层次，分层原则如下：

(1) 网络中各节点都有相同的层次；

(2) 不同节点的同等层具有相同的功能；

(3) 同一节点内相邻层之间通过接口通信；

(4) 每一层使用下层提供的服务，并向其上层提供服务；

(5) 不同节点的同等层按照协议实现对等层之间的通信。

2. OSI参考模型各层功能

物理层、数据链路层和网络层三层是传输控制层，负责有关通信子网的工作，解决网络中的通信问题；会话层、表示层和应用层三层为应用控制层，负责有关资源子网的工作，解决应用进程的通信问题；传输层为通信子网和资源子网的接口，起到连接传输和应用的作用。层与层之间的联系是通过各层之间的接口来进行的，上层通过接口向下层提供服务请求，而下层通过接口向上层提供服务。

(1) 物理层：是整个OSI参考模型的最底层，它的任务就是连接通信媒体，提供网络的物理连接。物理层是建立在物理介质上的(而不是逻辑上的协议和会话)，它提供的是机械和电气接口。其作用是使原始的数据比特(bit)流能在物理媒体上传输。

(2) 数据链路层：分为介质访问控制(MAC)子层和逻辑链路控制(LLC)子层。它在物理层提供比特流传输服务的基础上，传送以帧为单位的数据。数据链路层的主要作用是通过校验、确认和反馈重发等手段，将不可靠的物理链路改造成对网络层来说无差错的数据链路。数据链路层还要协调收发双方的数据传输速率，即进行流量控制，以防止接收方因来不及处理发送方传输过来的高速数据而导致缓冲区溢出及线路阻塞等问题。

(3) 网络层：负责由一个站到另一个站间的路径选择，它解决的是网络与网络之间，即网际的通信问题，而不是同一网段内部的事。网络层的主要功能是提供路由，即选择到达目标主机的最佳路径，并沿该路径传送数据包(分组)。网络层还具有流量控制和拥挤控制的能力。

(4) 传输层：负责提供两站之间数据的传送。当两个站已确定建立了联系后，传输层即负责监督，以确保数据能正确无误地传送，提供可靠的端到端数据传输。

(5) 会话层：负责对话管理、数据流同步和重新同步。这些服务可使各应用建立和维持会话，并能使会话获得同步。

(6) 表示层：负责将数据转换成使用者可以看得懂的有意义的内容，包括格式转换、数据加密与解密、数据压缩与恢复等功能。

(7) 应用层：负责面向用户提供应用的服务，管理网络中应用程序与网络操作系统间的联系，包括建立与结束使用者之间的联系，监督并管理相互连接起来的应用系统以及系统所用的各种资源。

3. OSI 环境中的数据传输过程

在数据发送到另一端时，都要分成数据包。数据包是一个信息单位，作为一个整体，从网络中的一个设备传送给另一个设备。

1) 数据包的结构

数据包包含了几种不同类型的数据：某种类的计算机控制数据和命令、会话控制代码、数据报头、数据和报尾。

图 2-4 所示为网络数据通信过程。

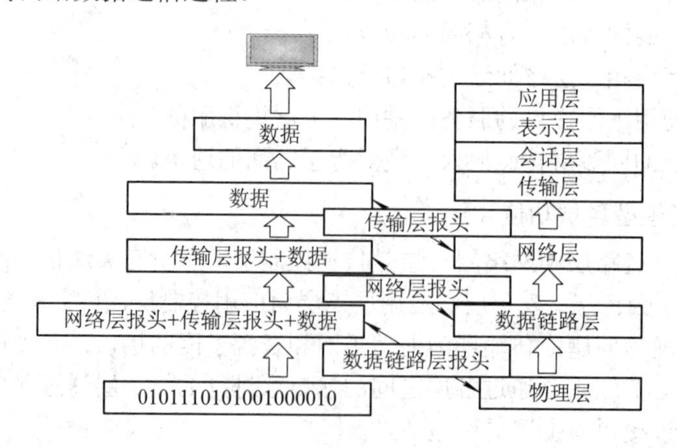

图 2-4　网络数据通信过程

2) 创建数据包

数据包的创建过程是从 OSI 模型的应用层开始的。跨网络传输的信息要从应用层开始，往下依次穿过各层。每层都对数据包进行重新组装(如图 2-5 所示)，以增加自己的信息(信头)。

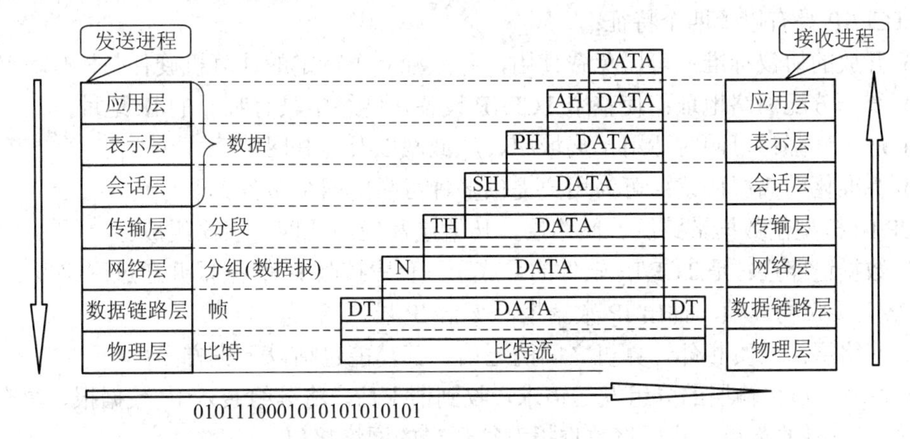

图 2-5　数据在 OSI 网络模型中的封装过程

任务三　认知 TCP/IP 参考模型

前一节中已讲述了七层协议 OSI 参考模型，但是在实际中完全遵循 OSI 参考模型的协议几乎没有。尽管如此，OSI 模型为人们考查其他协议各部分间的工作方式提供了框架和评估基础。下面讲述 TCP/IP 网络协议也将以 OSI 参考模型为框架对其作进一步解释。TCP/IP 出现于 20 世纪 70 年代，80 年代被确定为因特网的通信协议。

TCP/IP 参考模型是将多个网络进行无缝连接的体系结构，如图 2-6 所示，其中加入了 TCP/IP 五层模型与 OSI 模型的对照。

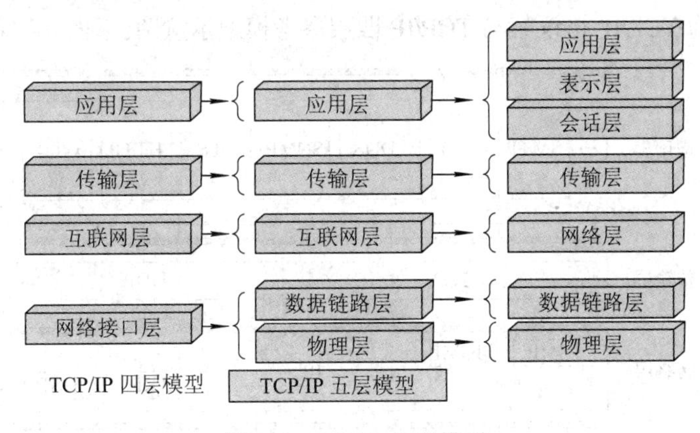

图 2-6　TCP/IP 参考模型

1. TCP/IP 的协议体系

TCP/IP(Transmission Control Protocol/Internet Protocol)即传输控制/网际协议，又叫网络

通信协议，它是国际互联网络 Internet 的基础。正因为 Internet 的广泛使用，使得 TCP/IP 成了事实上的标准。

TCP/IP 协议之所以能够迅速发展起来，主要原因是它适应了世界范围内的数据通信的需要。TCP/IP 具有以下四个特征：

(1) 开放的协议标准：可以免费使用，并且独立于特定的计算机硬件与操作系统。

(2) 统一分配网络地址：使整个 TCP/IP 设备在网络中具有唯一的 IP 地址。

(3) 适应性强：可同时适用于局域网、广域网以及互联网中。

(4) 标准化的高层协议：可为用户提供多种可靠的网络服务。

TCP/IP 模型由数据链路层、网络层、传输层和应用层四个层次组成。

(1) 数据链路层：是 TCP/IP 软件的最底层，负责接收 IP 数据报并通过网络发送之，或者从网络上接收物理帧，抽出 IP 数据报，交给 IP 层。

(2) 网络层：负责相邻计算机之间的通信。其功能包括以下三方面：

① 处理来自传输层的分组发送请求，收到请求后，将分组装入 IP 数据报，填充报头，选择去往信宿机的路径，然后将数据报发往适当的网络接口。

② 处理输入数据报：首先检查其合法性，然后进行寻径。假如该数据报已到达信宿机，则去掉报头，将剩下部分交给适当的传输协议；假如该数据报尚未到达信宿，则转发该数据报。

③ 处理路径、流控、拥塞等问题。

(3) 传输层：提供应用程序间的通信。其功能包括格式化信息流和提供可靠传输。为实现可靠传输，传输层协议规定接收端必须发回确认，并且假如分组丢失，必须重新发送。

(4) 应用层：向用户提供一组常用的应用程序，比如电子邮件、文件传输访问、远程登录等。远程登录 Telnet 使用 Telnet 协议提供在网络其他主机上注册的接口。Telnet 会话提供了基于字符的虚拟终端。文件传输访问 FTP 使用 FTP 协议来提供网络内机器间的文件拷贝功能。

2. TCP/IP 协议集

图 2-7 所示为 TCP/IP 协议集与 TCP/IP 四层参考模型示意图。下面介绍各层的主要协议。

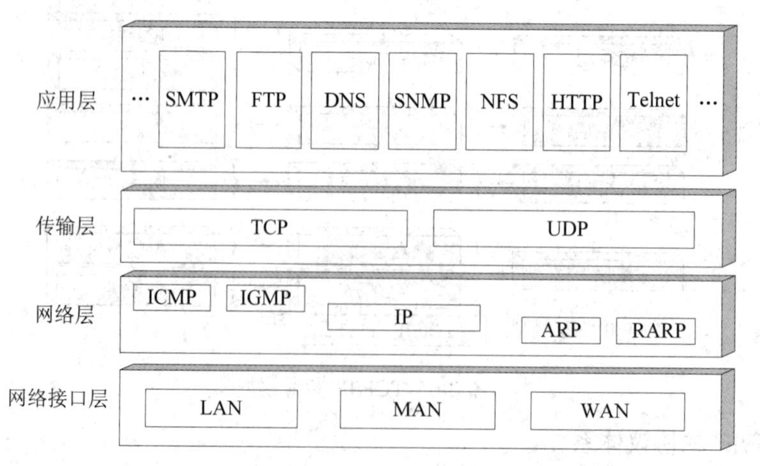

图 2-7　TCP/IP 协议集与 TCP/IP 四层参考模型示意图

应用层的主要协议有远程登录协议(Telnet)、文件传输协议(FTP)、简单邮件传输协议(SMTP)、域名服务(DNS)、路由信息协议(RIP)、网络文件协议(NFS)、超文本传输协议(HTTP)等。

传输层的主要协议有 TCP 和 UDP 协议。TCP 协议是一种可靠的面向连接的协议，允许将一台主机的字节流无差错地传送到目的主机。UDP 协议是不可靠的无连接协议，不要求分组顺序到达目的地。

网络层的主要协议是 IP 协议。IP 协议是 TCP/IP 协议族中最主要的协议之一。IP 协议的主要功能有无连接数据报传输、数据报路由选择和差错控制。与 IP 协议配套使用实现其功能的还有地址解析协议(ARP)、逆地址解析协议(RARP)、因特网报文协议(ICMP)和因特网组管理协议(IGMP)。

网络接口层的主要协议有 LAN、MAN 和 WAN 协议。网络接口层与 OSI 参考模型中的物理层和数据链路层相对应。网络接口层是 TCP/IP 与各种 LAN 或 WAN 的接口。该层协议实际上并不是因特网协议族中的一部分，但是它是数据包从一个设备的网络层传输到另外一个设备的网络层的方法。这个过程能够在网卡的软件驱动程序中控制，也可以在专用芯片中控制。这将完成如添加报头准备发送、通过物理媒介实际发送等数据链路功能。另一端，链路层将完成数据帧接收、去除报头并且将接收到的包传到网络层。

3. OSI 参考模型与 TCP/IP 参考模型的差异

通过对两种体系结构的学习，可见 OSI/RM 体系是一种比较完善的体系结构，它分为七个层次，每个层次之间的关系比较密切，但又过于密切，存在一些重复。它是一种过于理想化的体系结构，在实际的实施过程中有比较大的难度。但它却很好地提供了一个体系分层的参考，具有较好的指导作用。

TCP/IP 体系结构分为四层，层次相对要简单得多，因此在实际使用中比 OSI/RM 体系结构更具有实用性，所以它得到了更好的发展。现在的计算机网络大多是 TCP/IP 体系结构，但这并不表示它就是完整的结构体系，它也同样存在一些问题。也许随着网络的发展，它会发展得更加完美。

OSI/RM 是国际标准，但是并没有进行大规模的应用，而 TCP/IP 协议最终占领了几乎整个网络世界，这很形象地说明能够占领市场的才是最终的标准，这方面的例子在计算机领域太多了，如微软操作系统并不是最优秀的操作系统，但是凭借其非常高的市场占有率而统领着整个操作系统行业。通过这个例子我们可以发现那些关系着整个世界的标准常常会受到多方面因素的制约，如技术、利益等。当然最重要的是要简单，要易于实现，成本要低，要能够占领市场。

OSI 参考模型与 TCP/IP 参考模型的相同点如下：

(1) 这两种模型都基于独立的协议栈的概念，强调网络技术的独立性和端对端确认。

(2) 都采用分层的方法，每层建立在下层提供的服务基础上，并为上层提供服务，且层的功能大体相同，两个模型能够在相应的层找到对应的功能。

OSI 参考模型与 TCP/IP 参考模型的不同点如下：

(1) 分层模型不同。TCP/IP 模型没有会话层和表示层，并且数据链路层和物理层合二为一。

(2) OSI 模型有三个主要明确的概念，即服务、接口和协议。而 TCP/IP 参考模型在三者的区别上不是很清楚。

(3) TCP/IP 模型对异构网络互联的处理比 OSI 模型更加合理。

(4) TCP/IP 模型比 OSI 参考模型更注重面向无连接的服务。在传输层 OSI 模式仅有面向有连接的通信，而 TCP/IP 模型支持两种通信方式；在网络层 OSI 模型支持无连接和面向连接的方式，而 TCP/IP 模型只支持无连接通信模式。

图 2-8 所示为 TCP/IP 参考模型与 OSI 参考模型的比较。

OSI 参考模型
应用层
表示层
会话层
传输层
网络层
数据链路层
物理层

TCP/IP 参考模型						
应用层	SMTP	DNS	FTP	TFTP	Telnet	SNMP
传输层	TCP			UDP		
网络层	ICMP　IP　ARP　RARP					
网络接口层	局域网技术：以太网、令牌环、FDDI			广域网技术：串行线、帧中继、ATM		

图 2-8　OSI 参考模型与 TCP/IP 参考模型的比较

任务四　认知局域网协议标准

局域网网络传输协议即网络中传递、管理信息的一些规范。如同人与人之间相互交流是需要遵循一定的规矩一样，计算机之间的相互通信也需要共同遵守一定的规则，这些规则就称为网络协议。

1. 局域网体系结构

局域网的体系结构与广域网的体系结构有很大的区别。广域网使用的是点到点连接的网络，各个主机之间通过很多个节点组成的网络进行通信。而局域网则使用广播信道，即所有的主机都连接到同一传输媒体上，各主机对传输媒体的控制和使用采用多路访问信道及随机访问信道机制。

由于局域网不需要路由选择，因此它并不需要网络层，而只需要最低的两层，即物理层和数据链路层。OSI 参考模型与局域网参考模型的对比如图 2-9 所示。按 IEEE802 标准(IEEE802 委员会于 1980 年 2 月成立，即电气和电子工程师协会。该委员会制定了一系列局域网标准，称为 IEEE802 标准。目前许多 802 标准已经成为 ISO 国际标准)，又将数据链路层分为两个子层：介质访问控制子层(Media Access Control，MAC)和逻辑链路子层(Logical Link Control，LLC)。因此，在 IEEE802 标准中，局域网体系结构由物理层、介质访问控制子层和逻辑链路子层组成。

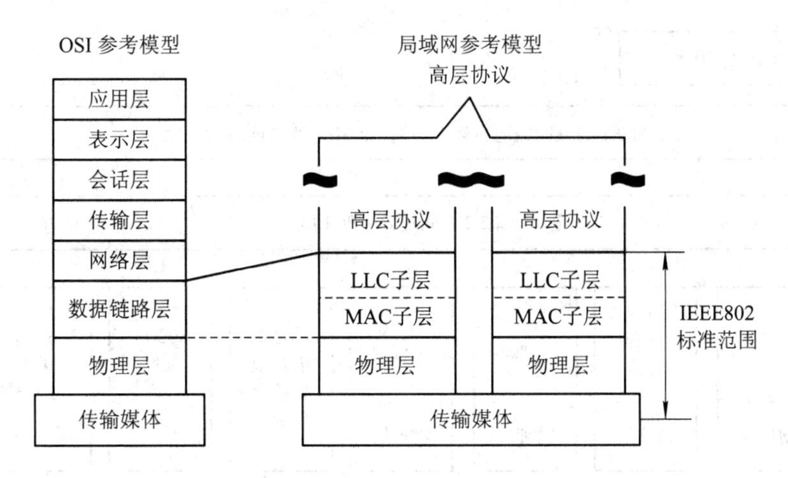

图 2-9　局域网的 802 参考模型与 ISO/RM 的对比

2. IEEE802 参考模型

IEEE802 委员会于 1984 年前后年公布了五项标准：IEEE802.1～IEEE802.5，最新的千兆以太网技术目前也已标准化。各项标准如下：

(1) IEEE802.1——局域网概述、体系结构、网络管理和网络互联；

(2) IEEE802.2——逻辑链路控制 LLC；

(3) IEEE802.3——CSMA/CD 介质访问控制标准和物理层规范，定义了四种不同介质 10 Mb/s 的以太网规范，即 10Base-2、10Base-5、10Base-T、10Base-F；

(4) IEEE802.3u——100Mb/s 快速以太网标准，现已合并到 802.3 中；

(5) IEEE802.3z——光纤介质千兆以太网标准规范；

(6) IEEE802.3ab——传输距离为 100 m 的 5 类无屏蔽双绞线介质千兆以太网标准规范；

(7) IEEE802.4——Token Passing BUS(令牌总线)；

(8) IEEE802.5——Token Ring(令牌环)访问方法和物理层规范；

(9) IEEE802.6——城域网访问方法和物理层规范；

(10) IEEE802.7——宽带技术咨询和物理层课题与建议实施；

(11) IEEE802.8——光纤技术咨询和物理层课题；

(12) IEEE802.9——综合声音/数据服务的访问方法和物理层规范；

(13) IEEE802.10——安全与加密访问方法和物理层规范；

(14) IEEE802.11——无线局域网访问方法和物理层规范，包括 IEEE802.11a、IEEE802.11b、IEEE802.11c 和 IEEE802.11q 标准；

(15) IEEE802.12——100VG-AnyLAN 快速局域网访问方法和物理层规范。

图 2-10 所示为 IEEE802 各分委员会的结构关系与局域网标准示意图。

以太网使用 CSMA/CD 作为介质访问控制方法，其协议为 IEEE802.3；令牌总线网使用令牌总线作为介质访问控制方法，其协议为 IEEE 802.4；令牌环网使用令牌环作为介质访问控制方法，其协议为 IEEE802.5；FDDI 是一种令牌环网，采用双环拓扑，以光纤作为传输介质，传输速度为 100 Mb/s；城域网采用 IEEE 802.6 协议标准，以分布式队列双总线(DQDB) 作为传输介质，介质访问控制方法为先进先出(FIFO)。

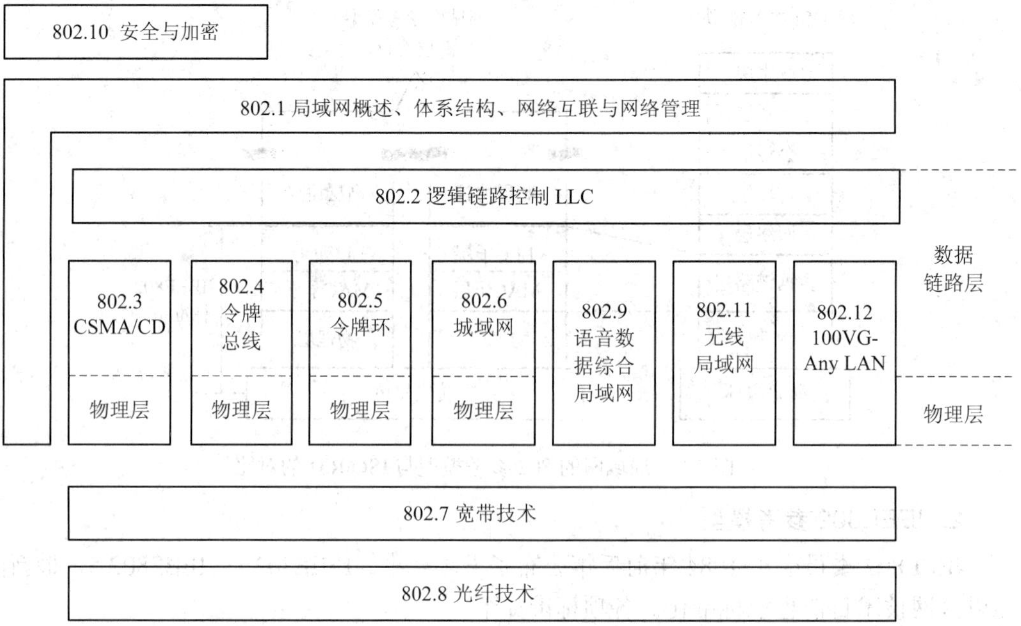

802.10 安全与加密

802.1 局域网概述、体系结构、网络互联与网络管理

802.2 逻辑链路控制 LLC

802.3 CSMA/CD	802.4 令牌总线	802.5 令牌环	802.6 城域网	802.9 语音数据综合局域网	802.11 无线局域网	802.12 100VG-Any LAN	数据链路层
物理层	物理层	物理层	物理层				物理层

802.7 宽带技术

802.8 光纤技术

图 2-10　IEEE802 各分委员会的结构关系与局域网标准示意图

3. 介质访问控制方法

常见的介质访问控制方法有 CSMA/CD、令牌环和令牌总线。

1) CSMA/CD

CSMA/CD 意为带冲突检测的载波侦听多路访问控制方法，是一种争用型的介质访问控制协议，它只适用于总线型拓扑结构的 LAN，能有效解决总线 LAN 中介质共享、信道分配和信道冲突等问题。

CSMA/CD 的工作原理是：发送数据前，先侦听信道是否空闲，若空闲，则立即发送数据；若信道忙，则继续侦听，直到信道空闲时立即发送数据。在发送数据时，边发送边继续侦听，若侦听到冲突，则立即停止发送数据，并向总线发出一串阻塞信号，通知总线上各站点已发生冲突，使各站点重新开始侦听与竞争信道。已发出信息的各站点收到阻塞信号后，等待一段随机时间，再重新进入侦听发送阶段。

2) 令牌环

令牌环(Token Ring)适用于环型拓扑结构的 LAN，在令牌环网中有一个令牌(Token)沿着环形总线在入网节点计算机间依次传递。

令牌环的工作原理是：当环上节点都空闲时，令牌绕环行进。节点计算机只有取得令牌后才能发送数据帧，因此不会发生“碰撞”。由于令牌在网环上是按顺序依次单向传递的，因此对所有入网计算机而言，访问权是公平的。令牌实际上是一个特殊格式的控制帧，本身并不包含信息，仅控制信道的使用，确保在同一时刻只有一个节点能够独占信道。

3) 令牌总线

令牌总线类似于令牌环，但其采用总线型拓扑结构。

令牌总线的工作原理是：在总线的基础上，通过在网络节点之间有序地传递令牌来分配各节点对共享型总线的访问权，形成闭合的逻辑环路，如图 2-11 所示。

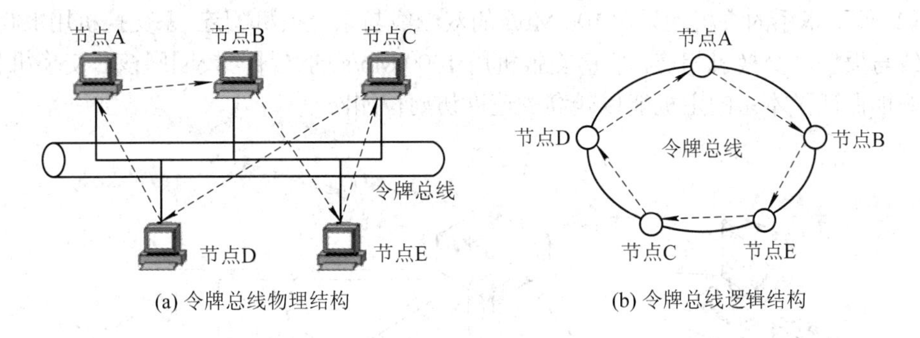

图 2-11　令牌总线和令牌环结构图

任务五　小型局域网组建案例

现在，SOHO(Small Office Home Office，家庭办公室、小型办公室)比较流行。当今 SOHO 网络的组建需求很大，如小型办公室、家庭、小公司、网吧、单位的部门等都属于 SOHO 网络。组建任何网络的第一步都是合理地规划，而规划以确定网络的最终用途开始。需要收集的信息类型包括：

(1) 要连接到网络的主机数量和类型；

(2) 将使用的应用程序；

(3) 共享需求；

(4) Internet 连接性需求；

(5) 安全性和保密性考虑；

(6) 可靠性以及对正常运行时间的期望值；

(7) 有线和无线连接性需求。

1. 组网背景

四川某职业技术学院计科系在 2008 年 5 月 12 日汶川特大地震后，办公楼损坏，后搬到板房办公，原来有电脑 10 台，打印机 2 台，接入层交换机 1 台(16 口)，该系分到办公室 2 间，每间 15 平方米，一间作系办公室(4 台电脑)，一间作学生管理办公室(6 台电脑)，现要联网并接入校园网，整个板房已有一台交换机用光纤接入校园网核心层的交换机。

2. 软件工程系的联网主要应用需求

(1) 教学管理：包括学生学籍、成绩管理、排课、课表管理、教学活动管理等。

(2) 本系网站管理：如多媒体课件制作与管理、远程教学系统管理、技术咨询、技术合作、学术交流等。

(3) 图书查询、检索、在线阅读等。

(4) 办公自动化。

3. 方案设计与实施

该办公网络系统构建的方案设计与实施过程如下：

(1) 逻辑连接网络。采用高性能、全交换、全双工的快速以太网，并以星型结构联网，如图2-12所示。本系的主机均采用100 Mb/s的双绞线与系交换机相连，系交换机用100 Mb/s的双绞线与板房区交换机相连，板房交换机用1000 Mb/s的光纤与校园网核心交换机相连，这样很好地保证了本系的主机能以较高的速度访问校园网。

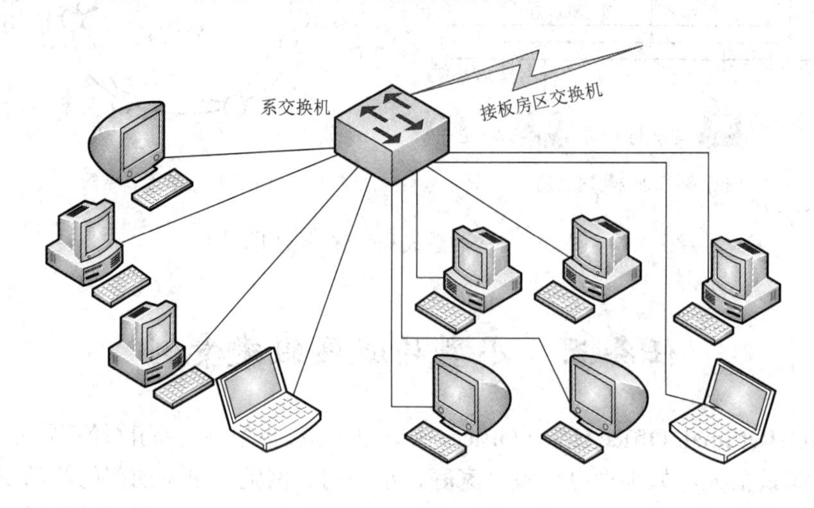

图2-12　逻辑拓扑图

(2) 物理连接网络。由于计科系两间房相邻，系交换机可挂在计算机较多的房间与另一间相邻的墙上，所有连接到系交换机上的双绞线沿着墙壁布线到接入点，其中另一间需要打孔，然后将几根双绞线从孔中穿过墙壁再进行布线。这里要注意的是线要足够长。按照 568B 标准做好水晶头，在交换机和计算机处于断电状态下，将双绞线的两端分别插入计算机或交换机的 RJ-45 接口中。图2-13所示为物理拓扑图。

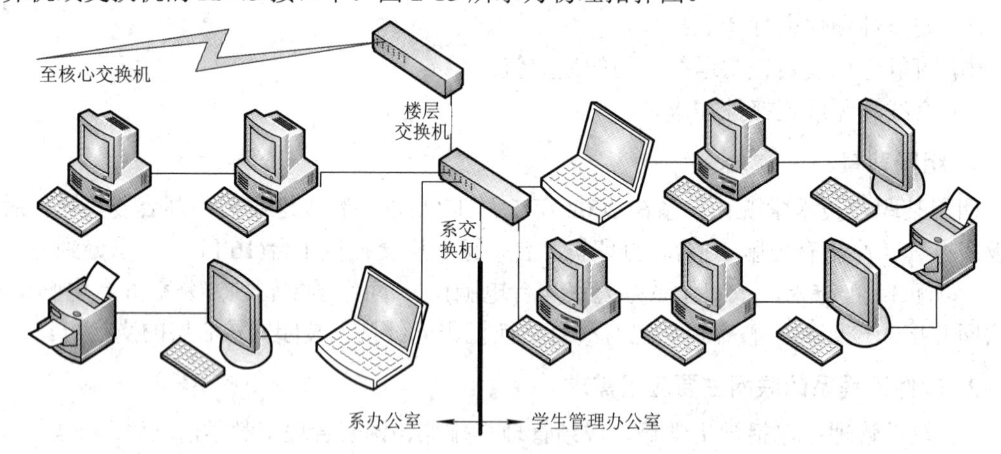

图2-13　物理拓扑图

(3) 给所有交换机和计算机加电源。在交换机加电的过程中，会听到风扇启动的声音，同时所有以太网接口处于红灯闪烁状态，此时设备在自动检测接口状态，当设备处于稳定状态时，有线路连接的接口会处于绿灯闪烁状态，表示该线路处于连通状态。

(4) 设置IP地址。为网络规划好IP地址，网络中的主机在同一个网段。为了对上网进行监督管理，该院均采用静态分配 IP 地址的方式，该院计科系分配的 IP 地址范围为

211.83.144.101～211.83.144.112。IP 地址分配如图 2-14 所示。

计算机	IP 地址	子网掩码	默认网关
PC1	211.83.144.101	255.255.255.0	211.83.144.1
PC2	211.83.144.102	255.255.255.0	211.83.144.1
PC3	211.83.144.103	255.255.255.0	211.83.144.1
PC4	211.83.144.104	255.255.255.0	211.83.144.1
PC5	211.83.144.105	255.255.255.0	211.83.144.1
PC6	211.83.144.106	255.255.255.0	211.83.144.1
PC7	211.83.144.107	255.255.255.0	211.83.144.1
PC8	211.83.144.108	255.255.255.0	211.83.144.1
PC9	211.83.144.109	255.255.255.0	211.83.144.1
PC10	211.83.144.110	255.255.255.0	211.83.144.1

图 2-14　计科系计算机 IP 地址分配图

项目实践一：理解网络标准和 OSI 模型

实践目标：

- 掌握 OSI 模型知识，理解网络标准。

实践环境：

- Windows 操作系统的计算机，具备 Internet 环境。

本实践主要运用 Internet 查询 ISO、ANSI 组织，具体操作步骤如下：

(1) 打开因特网浏览器。

(2) 登录到 http://www.ansi.com，ANSI 的主页将出现在屏幕上。

(3) 选中“About ANSI”的链接，About ANSI 的页面将出现在屏幕上。

(4) 阅读有关这个组织的信息，然后单击 Next 进入下一页面。

(5) 浏览对 ANSI 作用的完整解释。用页面底部的左、右箭头按钮浏览 About ANSI 页面的内容。

(6) 对 ANSI 的作用做一个小结。

(7) 登录到 http://www.iso.com，ISO 的主页将出现在屏幕上。

(8) 选中“About ISO”的链接，About ISO 页面将出现在屏幕上。

(9) 选中“Introduction to ISO”的链接，Introduction to ISO 页面将出现在屏幕上。

(10) 选中“What are standards?”，What are standards 页面将出现在屏幕上。查看 Introduction to ISO 屏幕上的超级链接中所提到的信息。

(11) 阅读有关这个组织的信息，并对该组织的作用做一个小结。

(12) 退出该 Web 站点和 Web 浏览器。

项目实践二：网络操作常用的命令

实践目标：

- 掌握网络操作常用的命令，学会查找和排除简单的网络故障。

实践环境：

- Windows 操作系统的计算机，具备 Internet 环境。

1. 网络测试工具 ping 的使用方法

ping 命令是利用回应请求/应答 ICMP 报文来测试目的主机或路由器的可达性的。通过执行 ping 命令可获得如下信息：

(1) 监测网络的连通性，检验与远程计算机或本地计算机的连接。

(2) 确定是否有数据报被丢失、复制或重传。ping 命令在所发送的数据报中设置唯一的序列号(Sequence Number)，以此检查其接收到应答报文的序列号。

(3) ping 命令在其所发送的数据报中设置时间戳(Timestamp)，根据返回的时间戳信息可以计算数据包交换的时间，即 RTT(Round Trip Time)。

(4) ping 命令校验每一个收到的数据报，据此可以确定数据报是否损坏。语法格式如下：

ping [-t][-a][-n count][-l size][-f][-i TTL][-v TOS][-r count][-s count] [[-j host-list]|
[-k host-list]][-w timeout] 目的 IP 地址

图 2-15 所示为 ping 命令选项及其含义。

选　项	含　义
-t	连续地 ping 目地主机，直到手动停止(按 Ctrl + C 键)
-a	将 IP 地址解析为主机名
-n count	发送回送请求 ICMP 报文的次数(默认值为 4)
-l size	定义 echo 数据报的大小(默认值为 32 B)
-f	不允许分片(默认为允许分片)
-i TTL	指定生存周期
-v TOS	指定要求的服务类型
-r count	记录路由
-s count	使用时间戳选项
-j host-list	使用松散源路由选项
-k host-list	使用严格源路由选项
-w timeout	指定等待每个回送应答的超时间(以 ms 为单位，默认值为 1000，即 1 s)

图 2-15　ping 命令选项

下面是 ping 命令的具体用法案例：

(1) 测试本机 TCP/IP 协议是否正确安装。

执行“ping 127.0.0.1”命令，如果能 ping 成功，说明 TCP/IP 协议已正确安装。“127.0.0.1”是回送地址，它永远回送到本机。

(2) 测试本机 IP 地址是否正确配置或者网卡是否正常工作。

执行“ping 本机 IP 地址”命令，如果能 ping 成功，说明本机 IP 地址配置正确，并且网卡工作正常。

(3) 测试与网关之间的连通性。

执行“ping 网关 IP 地址”命令，如果能 ping 成功，说明本机到网关之间的物理线路是连通的。

(4) 测试能否访问 Internet。

执行“ping 202.96.96.68”命令，如果能 ping 成功，说明本机能访问 Internet。其中，“202.96.96.68”是 Internet 上某服务器的 IP 地址。

(5) 测试 DNS 服务器是否正常工作。

执行“ping www.sina.com.cn”命令，如果能 ping 成功，如图 2-16 所示，说明 DNS 服务器工作正常，能把网址(www.sina.com.cn)正确解析为 IP 地址(61.172.201.195)。否则，说明主机的 DNS 未设置或设置有误等。

```
C:\WINDOWS\system32\cmd.exe

C:\Documents and Settings\huang>ping www.sina.com.cn

Pinging jupiter.sina.com.cn [61.172.201.195] with 32 bytes of data:

Reply from 61.172.201.195: bytes=32 time=16ms TTL=244
Reply from 61.172.201.195: bytes=32 time=18ms TTL=244
Reply from 61.172.201.195: bytes=32 time=18ms TTL=244
Reply from 61.172.201.195: bytes=32 time=18ms TTL=244

Ping statistics for 61.172.201.195:
    Packets: Sent = 4, Received = 4, Lost = 0 (0% loss),
Approximate round trip times in milli-seconds:
    Minimum = 16ms, Maximum = 18ms, Average = 17ms

C:\Documents and Settings\huang>
```

图 2-16　测试 DNS 服务器是否正常工作

(6) 连续发送 ping 探测报文，如图 2-17 所示。

```
C:\WINDOWS\system32\cmd.exe
C:\Documents and Settings\huang>ping -t 192.168.1.20

Pinging 192.168.1.20 with 32 bytes of data:

Reply from 192.168.1.20: bytes=32 time=5ms TTL=64
Reply from 192.168.1.20: bytes=32 time=8ms TTL=64
Reply from 192.168.1.20: bytes=32 time=3ms TTL=64
Reply from 192.168.1.20: bytes=32 time=9ms TTL=64
Reply from 192.168.1.20: bytes=32 time=4ms TTL=64

Ping statistics for 192.168.1.20:
    Packets: Sent = 5, Received = 5, Lost = 0 (0% loss),
Approximate round trip times in milli-seconds:
    Minimum = 3ms, Maximum = 9ms, Average = 5ms
Control-Break
Reply from 192.168.1.20: bytes=32 time=8ms TTL=64
Reply from 192.168.1.20: bytes=32 time=14ms TTL=64
Reply from 192.168.1.20: bytes=32 time=8ms TTL=64

Ping statistics for 192.168.1.20:
    Packets: Sent = 8, Received = 8, Lost = 0 (0% loss),
Approximate round trip times in milli-seconds:
    Minimum = 3ms, Maximum = 14ms, Average = 7ms
Control-C
^C
C:\Documents and Settings\huang>
```

图 2-17　利用 -t 选项连续发送 ping 探测报文

(7) 自选数据长度的 ping 探测报文，如图 2-18 所示。

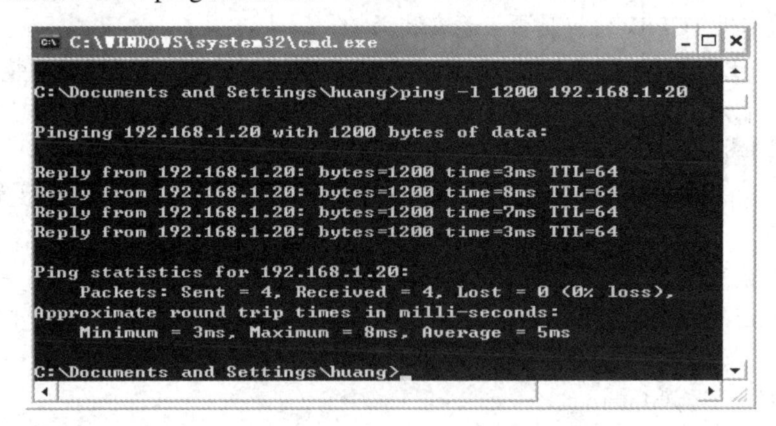

图 2-18　利用-l 选项指定 ping 探测数据报文长度

(8) 修改 ping 命令的请求超时时间，如图 2-19 所示。

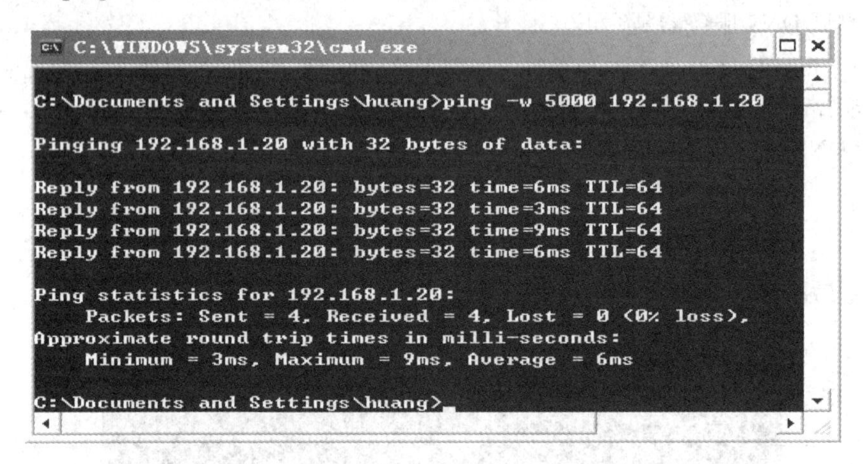

图 2-19　利用 -w timeout 选项指定超时时间

(9) 不允许路由器对 ping 探测报文分片。

如果指定的探测报文的长度太长，同时又不允许分片，探测数据报就不可能到达目的地并返回应答，如图 2-20 所示。

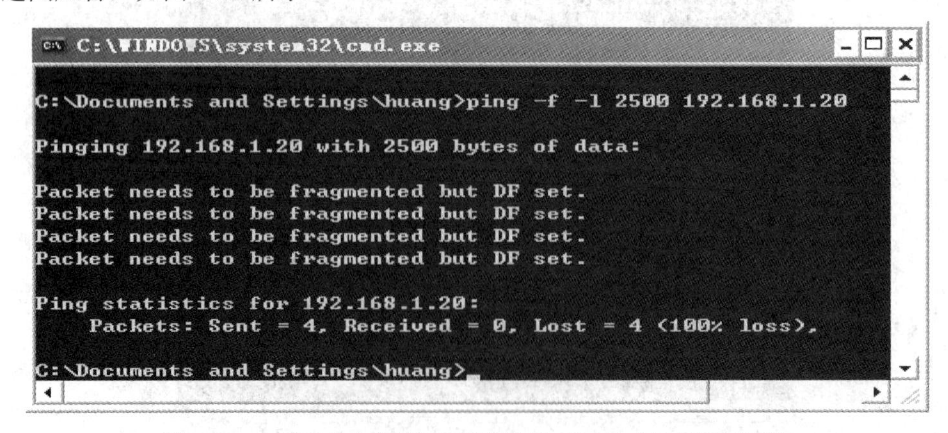

图 2-20　在禁止分片的情况下探测报文过长造成目的地不可达

2. ipconfig 命令的使用

ipconfig 命令可以查看主机当前的 TCP/IP 配置信息(如 IP 地址、网关、子网掩码等)、刷新动态主机配置协议(DHCP)和域名系统(DNS)设置。ipconfig 命令的语法格式如下：

ipconfig [/all] [/renew[Adapter]] [/release [Adapter]] [/flushdns] [/displaydns] [/registerdns] [/showclassid Adapter] [/setclassid Adapter [ClassID]]

图 2-21 所示为 ipconfig 命令选项及其含义。

选　项	含　义
/all	显示所有适配器的完整 TCP/IP 配置信息
/renew [Adapter]	更新所有适配器或特定适配器的 DHCP 配置
/release [Adapter]	发送 DHCP RELEASE 消息到 DHCP 服务器，以释放所有适配器或特定适配器的当前 DHCP 配置并丢弃 IP 地址配置
/flushdns	刷新并重设 DNS 客户解析缓存的内容
/displaydns	显示 DNS 客户解析缓存的内容，包括从 Local Hosts 文件预装载的记录，以及最近获得的针对由计算机解析的名称查询的资源记录
/registerdns	初始化计算机上配置的 DNS 名称和 IP 地址的手工动态注册
/showclassid Adapter	显示指定适配器的 DHCP 类别 ID
/setclassid Adapter [ClassID]	配置特定适配器的 DHCP 类别 ID
/ ?	在命令提示符下显示帮助

图 2-21　ipconfig 命令选项

通过 ipconfig 命令可以获得以下信息：

(1) 要显示基本 TCP/IP 配置信息，可执行 ipconfig 命令。使用不带参数的 ipconfig 可以显示所有适配器的 IP 地址、子网掩码和默认网关。

(2) 要显示完整的 TCP/IP 配置信息(主机名、MAC 地址、IP 地址、子网掩码、默认网关、DNS 服务器等)，可执行“ipconfig /all”命令，并把显示结果填入图 2-22 中。

(3) 仅更新“本地连接”适配器的由 DHCP 分配的 IP 地址配置，可执行“ipconfig /renew”命令。

(4) 要在排除 DNS 的名称解析故障期间刷新 DNS 解析器缓存，可执行“ipconfig /flushdns”命令。

选　项	具　体　值
主机名(Host Name)	
网卡的 MAC 地址(Physical Address)	
主机的 IP 地址(IP Address)	
子网掩码(Subnet Mask)	
默认网关地址(Default Gateway)	
DNS 服务器(DNS Server)	

图 2-22　TCP/IP 配置信息

3. 网络协议统计工具 Netstat 的使用方法

Netstat 是控制台命令，是一个监控 TCP/IP 网络的非常有用的工具，它可以显示路由表、实际的网络连接以及每一个网络接口设备的状态信息。Netstat 用于显示与 IP、TCP、UDP 和 ICMP 协议相关的统计数据，一般用于检验本机各端口的网络连接情况。Netstat 的使用语法如下：

Netstat [-r][-s][-n][-a]

其中：-r 显示本机路由表的内容；

-s 显示每个协议的使用状态(包括 TCP、DDP、IP)；

-n 以数字表格形式显示地址和端口号；

-a 显示所有主机的端口号。

4. 利用 Tracert 判定数据包到达目的主机所经过的路径

Tracert 是路由跟踪实用程序，用于确定 IP 数据包访问目标所采取的路径。Tracert 命令用 IP 生存时间 (TTL) 字段和 ICMP 错误消息来确定从一个主机到网络上其他主机的路由。Tracert 的使用语法如下：

Tracert[-d] [-h maxinun_hops] [-j host_list] [-w timeout]

其中：-d 不解析目标主机的名称；

-h maxinun_hops 指定搜索到目标地址的最大跳跃数；

-j hot_list 按照主机列表中的地址释放源路由；

-w timeout 指定超时间间隔、默认网关单位是否转移。

图 2-23 为 Tracert 命令选项及其含义。

选　项	含　义
-d	防止 Tracert 试图将中间路由器的 IP 地址解析为它们的名称
-h MaximunHops	指定搜索目标(目的)的路径中“跳数”的最大值，默认“跳数”值为 30
-j HostList	指定“加显请求”消息将 IP 报头中的松散源路由选项与 HostList 中指定的中间目标集一起使用
-w Timeout	指定等待“ICMP 已超时”或“回显答复”消息(对应于要接收的给定“回显请求消息”)的时间(ms)
-R	指定 IPv6 路由扩展报头应用来将“回显请求”消息发送到本地主机，使用指定目标作为中间目标并测试反向路由
-S SrcAddr	指定在“回显请求”消息中使用的源地址。公当跟踪 Ipv6 地址时才使用该参数
-4	指定 TRacert 只能将 IPv4 用于本跟踪
-6	指定 TRacert 只能将 IPv6 用于本跟踪
TargetName	指定目标，可以是 IP 地址或主机名
-?	在命令提示符下显示帮助

图 2-23　Tracert 命令选项

Tracert 命令的使用案例如下：

(1) 要跟踪名为“www.qq.com”的主机的路径，可执行“tracert www.qq.com”命令，结果如图 2-24 所示。

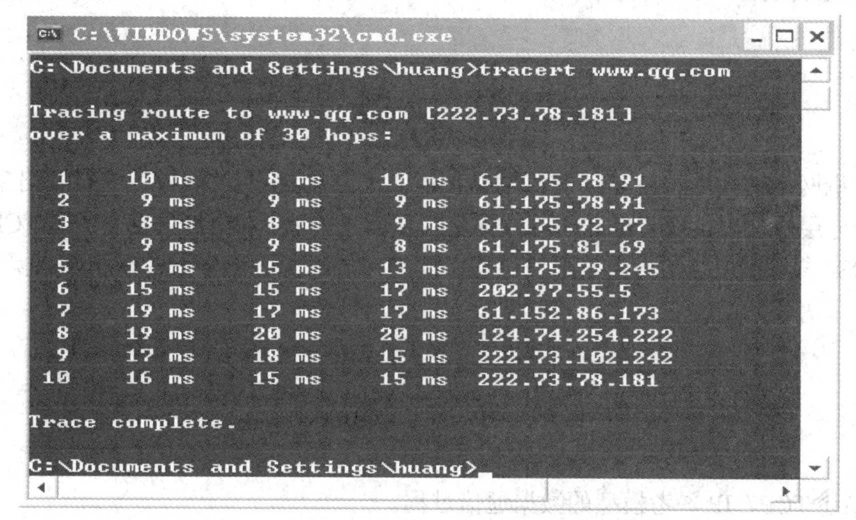

图 2-24　执行 tracert www.qq.com 命令结果

(2) 要跟踪名为“www.qq.com”的主机的路径，并防止将每个 IP 地址解析为它的名称，可执行“tracert -d www.qq.com”命令，结果如图 2-25 所示。

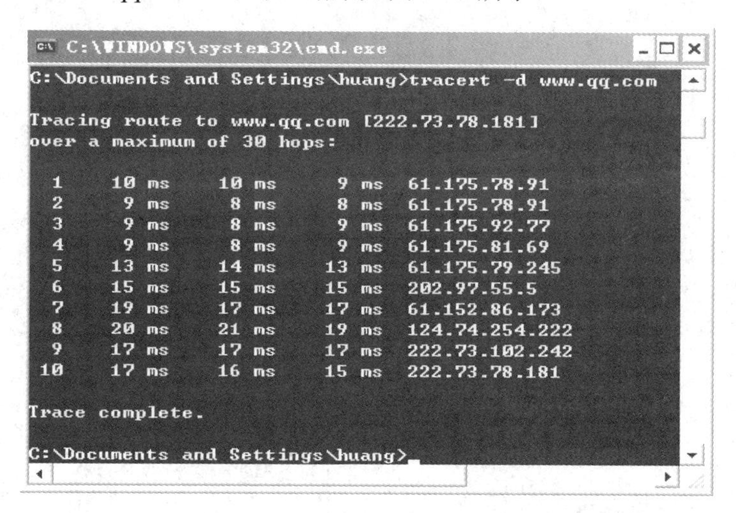

图 2-25　执行 tracert -d www.qq.com 命令结果

5. ROUTE、ARP、NBTSTAT 的使用

ROUTE 用于显示机器 IP 的路由表，显示的信息有目标地址、网关掩码、网关、本地 IP 地址和 wetric。显示全部信息的用法如下：

route print

ARP 是用于将 IP 地址解析为 MAC 地址(或称物理地址)的协议。

显示全部信息的用法如下：

ARP -a

NBTSTAT 用于查看当前基于 NETBIOS 的 TCP/IP 连接状态，通过该工具可以获得远程或本地机器的组名和机器名。显示全部信息的语法如下：

NBTSTAT　-A 域名 或 NBTSTAT –A IP 地址

小　结

计算机网络体系结构就是计算机网络按照高度结构化设计方法(计算机网络参考模型)采用功能分层原理来实现节点之间的数据交换和信息控制。本项目重点介绍了 TCP/IP 参考模型与 OSI 参考模型结构与数据通信过程，此外在项目训练部分还介绍了网络操作常用的命令。

习　题

1. 简述 TCP、IP 参考模型的数据通信过程。
2. 简述 Config、BATCH、Netstat、Tracert、ROUTE、ARP、NBTSTAT 命令的功能。

工作情境二

构建中大型网络

项目三　认知 IP 地址与子网划分

项目引导

本项目以配置计算机网络主机的 IP 地址与划分网络子网为目标，认知 IPv4 与 IPv6 的区别、IP 地址的分类以及子网的功能与子网划分原则，最终完成网络管理员岗位两项基本的职业任务——配置网络中主机 IP 地址与网络子网划分。

知识目标：

- 认知 IP 地址与子网的作用；
- 认知 IP 地址配置与子网划分方法与原则。

能力目标：

- 配置网络中主机 IP 地址；
- 划分网络子网。

任务一　划分 IP 地址

一、为什么要划分 IP 地址

我们在寄信的时候，邮局通过信封上的地址和邮政编码能将信件准确地送到对方手中。那么，在网络这个虚拟的世界中，数据是通过什么地址准确地送到目的主机的呢？在计算机网络中，IP 地址可以保证数据包准确传输到目的地址，如图 3-1 所示。

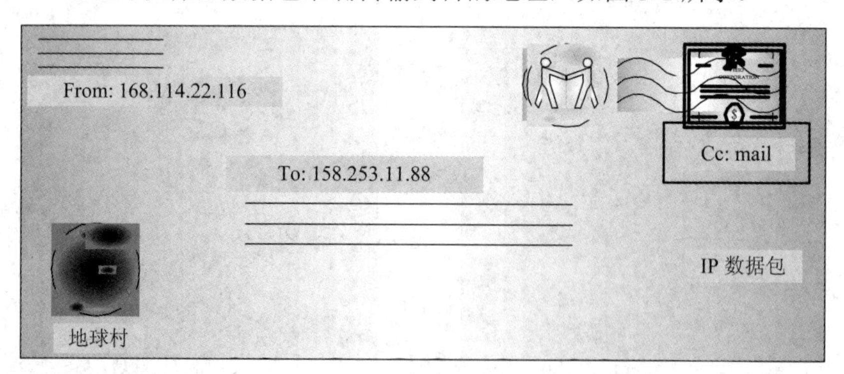

图 3-1　IP 地址在网络传输过程中的功能

IP 地址最初被设计成一种由数字组成的四层结构，就好像我们想要找到一个人的时候，需要有这个人的住址(某省、某市、某区、某街的多少号)一样。在 Internet 中，有很多网络连接在一起以后形成了很大的网络，每个网络下面还有很多较小的网络，计算机是组成网络的基本元素。所以，IP 地址就是用四层数字作为代码，说明是在哪个网络中的哪台计算机。显然，这种定义 IP 地址的方法十分有效，取得了很大的成功，并且得到了普遍的应用。

IP 地址在计算机网络中的主要功能如下：

(1) 它是人们在环球网上的通信地址。IP 地址是人们在全世界环球网和中国教育与科研计算机网上使用的唯一、明确、供全世界识别的通邮地址。

(2) 它是 Internet 运行的通用地址。在 Internet 上，每个网络和每一台计算机都被唯一分配一个 IP 地址，这个 IP 地址在整个网络(Internet)中是唯一的。

(3) 它是全球认可的通用地址格式。在 Internet 上通信必须有一个 32 位(bit)的二进制地址，采用这种 32 位的通用地址格式，才能保证 Internet 成为向全世界开放的、可互操作的通信系统。它是全球认可的计算机网络标识方法，通过这种方法，才能正确标识信息的收与发。

(4) 它是微机、服务器和路由器的端口地址。在 Internet 上，任何一台服务器和路由器的每一个端口必须有一个 IP 地址。

(5) 它是运行 TCP/IP 协议的唯一标识符。TCP/IP 协议与 Novell 的网络协议的区别就在于它是上层协议，这是在 Internet 发展中形成的。不管下层是什么拓扑结构，以太网、TokenRing、Passing 令牌传递网、FDDI 网上的地址，都要统一在这个上层 IP 地址上。任何网要与 Internet 挂联，都必须配置一个 IP 地址。计算机上网后，IP 地址是唯一的。

二、划分 IP 地址

IP 地址是计算机连接 Internet 的基本前提，在互联网络建设和网络地址管理中，如何划分 IP 地址，就是网络管理的关键工作。下面介绍 IP 地址的格式和分类情况。

1. IP 地址的格式

IP 地址有二进制格式和十进制格式两种，其中十进制格式是由二进制翻译而来的。用十进制表示，是为了使用户和网管人员便于使用及掌握。二进制的 IP 地址共有 32 位，如 10000011.01101011.00000011.00011000。每八位组用一个十进制数表示，并以点分隔称为点分法。上例转换为十进制 IP 为 131.107.3.24。

2. IP 地址的分类

从 LAN 到 WAN，不同种类网络规模相差很大，必须区别对待。因此按网络规模大小，将网络地址分为主要的五种类型(如图 3-2 所示)，其中 A、B、C 类地址是为用户专网保留的地址。后面实训部分将重点练习该类地址的应用。

(1) A 类到 C 类地址用于单点编址方法，但每一类代表着不同的网络大小。A 类地址(1.0.0.0～126.255.255.255)用于最大型的网络，该网络的节点数可达 16 777 216 个。

(2) B 类地址(128.0.0.0～191.255.255.255)用于中型网络，节点数可达 65 536 个。

(3) C 类地址(192.0.0.0～223.255.255.255)用于 256 个节点以下的小型网络的单点网络通信。

(4) D 类地址并不反映网络的大小，只是用于组播，用来指定所分配的接收组播的节点组，这个节点组由组播订阅成员组成。D 类地址的范围为 224.0.0.0～239.255.255.255。

(5) E 类地址的范围为 240.0.0.0～255.255.255.254。

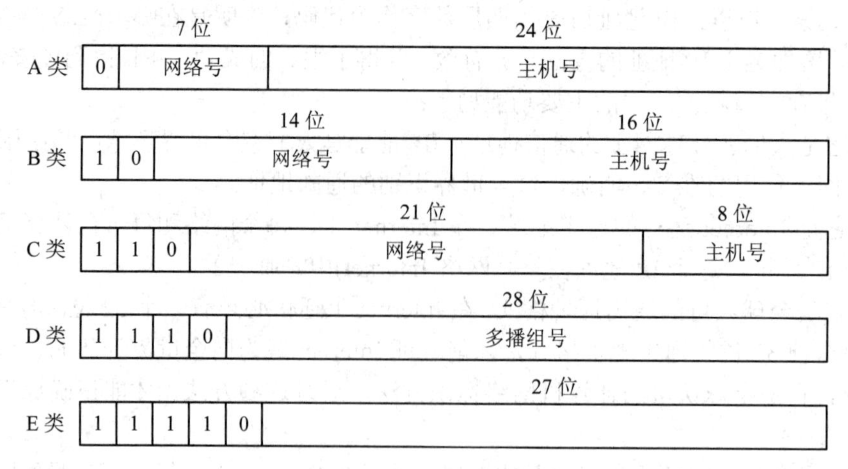

图 3-2　现代五类互联网

3. 特殊的 IP 地址

就像每个人都有一个身份证号码一样，网络里的每台计算机(更确切地说是每一个设备的网络接口)都有一个 IP 地址用于标示自己。但是网络中还存在一些特殊的 IP 地址，如图 3-3 所示。下面是一些常见的有特殊意义地址。

- 为用户专网保留的地址
  - A类　10.0.0.0 ～ 10.255.255.255
  - B类　172.16.0.0 ～ 172.31.255.255
  - C类　192.168.0.0 ～ 192.168.255.255

图 3-3　特殊的 IP 地址

1) 0.0.0.0

严格来说，0.0.0.0 已经不是一个真正意义上的 IP 地址了。它表示的是一个集合：所有不清楚的主机和目的网络。这里的“不清楚”是指在本机的路由表里没有特定条目指明如何到达。对本机来说，它就是一个“收容所”，所有不能识别目的地址，到达路径和主机地址的数据包的“三无”数据包一律送进去。如果在网络设置中设置了缺省网关，那么 Windows 系统会自动产生一个目的地址为 0.0.0.0 的缺省路由。

2) 255.255.255.255

该地址为限制广播地址。对本机来说，这个地址指本网段内(同一广播域)的所有主机。这个地址不能被路由器转发。

3) 127.0.0.1

该地址为本机地址，主要用于测试本机网卡的功能性信息。在 Windows 系统中，这个地址有一个别名“Localhost”。寻址这样一个地址，是不能把它发到网络接口的。除非出错，否则在传输介质上永远不应该出现目的地址为“127.0.0.1”的数据包。

4) 224.0.0.1

该地址为组播地址，注意它和广播地址的区别。224.0.0.1 特指所有主机，224.0.0.2 特指所有路由器。这样的地址多用于一些特定的程序以及多媒体程序。如果主机开启了 IRDP(Internet 路由发现协议，使用组播功能)功能，那么主机路由表中就应该有这样一条路由。

5) 169.254.x.x

如果主机使用了 DHCP 功能自动获得一个 IP 地址，那么当用户的 DHCP 服务器发生故障或响应时间太长而超出了一个系统规定的时间时，Windows 系统会为用户分配这样一个地址。如果发现主机 IP 地址是一个诸如此类的地址，说明网络已经不能正常运行了。

6) 10.x.x.x，172.16.x.x～172.31.x.x 和 192.168.x.x

该地址为私有地址，这些地址被大量用于企业内部网络中。一些宽带路由器也往往使用 192.168.1.1 作为缺省地址。私有网络由于不与外部互联，因而可能使用随意的 IP 地址。保留这样的地址供其使用是为了避免以后接入公网时引起地址混乱。使用私有地址的私有网络在接入 Internet 时，要使用地址翻译(NAT)，将私有地址翻译成公用合法地址。在 Internet 上，这类地址是不能出现的。

对一台网络上的主机来说，它可以正常接收的合法目的网络地址有三种：本机的 IP 地址、广播地址以及组播地址。

任务二　划 分 子 网

IP 地址是一个 4 B(共 32 bit)的数字，被分为 4 段，每段 8 位，段与段之间用句点分隔。为了便于表达和识别，IP 地址是以十进制形式表示的(如 210.52.207.2)，每段所能表示的十进制数最大不超过 255。IP 地址由两部分组成，即网络号(Network ID)和主机号(Host ID)。网络号标识的是 Internet 上的一个子网，而主机号标识的是子网中的某台主机。网际地址分解成两个域后，带来了一个重要的优点：IP 数据包从网际上的一个网络到达另一个网络时，选择路径可以基于网络而不是主机。在大型的网络中，这一点优势特别明显，因为路由表中只存储网络信息而不是主机信息，这样可以大大简化路由表。所以在网络中划分子网是非常有必要的。

1. 认知子网

从上面的介绍可以知道，IP 地址是以网络号和主机号来表示网络上的主机的，只有在一个网络号下的计算机之间才能“直接”互通，不同网络号的计算机要通过网关(Gateway)才能互通。但这样的划分在某些情况下显得并不十分灵活。为此 IP 网络还允许划分成更小的网络，称为子网(Subnet)。只有在同一子网的计算机才能“直接”互通。要将一个网络划分为多个子网，网络号就要占用原来的主机位。例如，对于一个 C 类地址，它用 24 位来标识网络号，要将其划分为 2 个子网则需要占用 1 位原来的主机标识位。此时网络号位变为 25 位，主机标示变为 7 位。同理借用 2 个主机位则可以将一个 C 类网络划分为 4 个子网。

2. 划分子网

在同一个子网中的主机可以共享文件，但是只要存在网络，就存在广播。划分子网可以减少广播，可以缩小病毒传播的范围。假如莫公司的网络中有邮件服务、mail 服务器，财务部门的主机和办公网放在一个子网内就不合适了。因为这样的设计容易让财务部门的主机泄密，也容易让网络中的服务器感染病毒，这些问题都可以通过划分子网来解决。除此之外，划分子网还可以：有效减少网络拥塞；支持异构网络；用路由器将一个网段和另一个隔开；实现更小的广播域，从而减少广播的影响。

划分子网首先需要了解两个基础知识点：其一，2^0～2^9 的值分别为 1、2、4、8、16、32、64、128、256 和 512；其二，子网划分是借助于取走主机位，把这个取走的部分作为子网位，因此这也意味着划分的子网越多，每个子网容纳的主机将越少。

对于一般由路由器和主机组成的互连系统，可以使用图 3-4 所示的方法定义系统中的子网。为了确定子网，可分开主机和路由器的每个接口，从而产生几个分离的网络岛，接口就端连接了这些独立网络的端点。这些独立的网络中的每个都叫做一个子网。

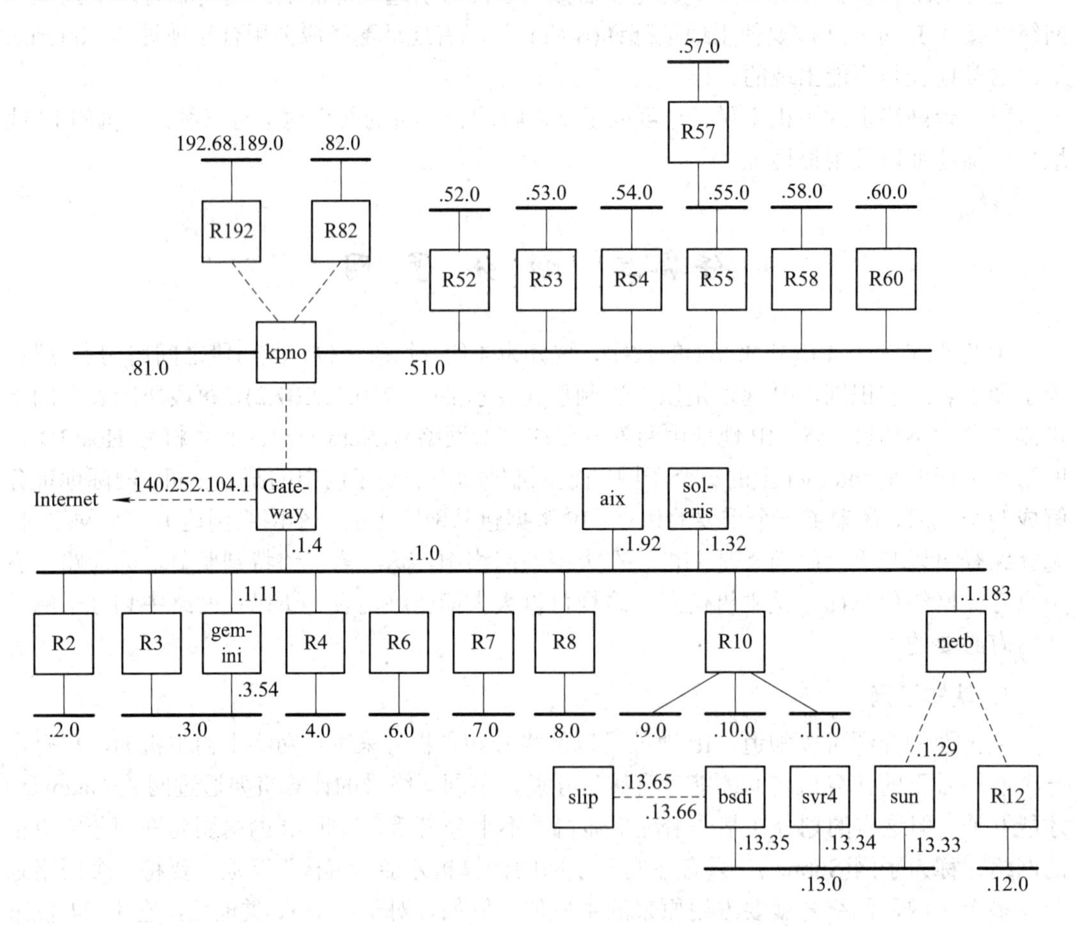

图 3-4　网络中的大多数子网安排

子网掩码的作用是用来判断任意两个 IP 地址是否属于同一子网络。计算机通过子网掩码判断网络是否划分了子网。子网掩码和 IP 地址一样有 32 bit，确定子网掩码的方法是其与 IP 地址中标识网络号的所有对应位都是“1”，而与主机号对应的位都是“0”。如分为两个子网的 C 类 IP 地址用 21 位来标识网络号，则其子网掩码为 11111111 11111111 11111111 10000000，即 255.255.255.128。A 类地址的缺省子网掩码为 255.0.0.0，B 类为 255.255.0.0，C 类为 255.255.255.0。下面是 C 类地址子网划分及相关子网掩码：

子网位数	子网掩码	主机数	可用主机数
1	255.255.255.128	128	126
2	255.255.255.192	64	62
3	255.255.255.224	32	30
4	255.255.255.240	16	14
5	255.255.255.248	8	6
6	255.255.255.252	4	2

可用主机数 = 主机数−2，这是因为划分子网后，当地址的所有主机位都为“0”时，这一地址为线路(或子网)地址，而当所有主机位都为“1”时为广播地址。

子网掩码根据子网的变化而变化，未做子网划分的 IP 地址为网络号 + 主机号，做子网划分后的 IP 地址为网络号 + 子网号 + 子网主机号。也就是说，IP 地址在划分子网后，以前的主机号位置的一部分给了子网号，余下的是子网主机号。

图 3-5 所示为 A、B、C 类 IP 地址默认子网掩码。

A类地址	网络地址	net-id	host-id 为全 0
	默认子网掩码 255.0.0.0	11111111	000000000000000000000000
B类地址	网络地址	net-id	host-id 为全 0
	默认子网掩码 255.255.0.0	11111111111111110000000000000000	
C类地址	网络地址	net-id	host-id 为全 0
	默认子网掩码 255.255.255.0	11111111111111111111111100000000	

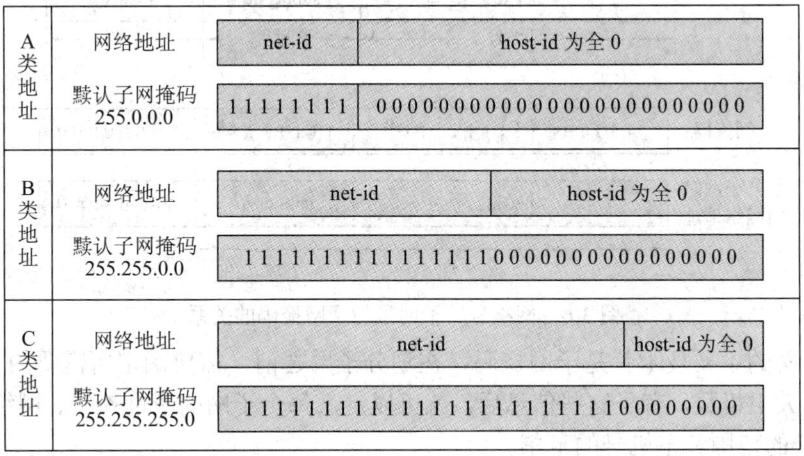

图 3-5　A、B、C 类 IP 地址默认子网掩码

在网络实践应用中，可变长掩码(VLSM)是一种被广泛应用的子网掩码配置技术。可变长掩码是指一个网络可以用不同的掩码进行配置(如图 3-6 所示的网络结构就可以应用该方法配置子网掩码)。这样做的目的是为了使得把一个网络划分成多个子网更加方便。在没有 VLSM 的情况下，一个网络只能使用一种子网掩码，这就限制了在给定的子网数目条件下主机的数目。例如，存在一个 C 类地址，网络号为 192.168.10.0，而现在需要将其划分为三个子网，其中一个子网有 100 台主机，其余的两个子网有 50 台主机。不难发现一个 C 类地址有 254 个可用地址，那么应该如何选择子网掩码呢？从 C 类地址子网划分及相关子

网掩码配置规则中不难发现，当所有子网中都使用一个子网掩码时这一问题是无法解决的。此时 VLSM 就派上了用场，可以在 100 个主机的子网中使用 255.255.255.128 这一掩码，它可以使用 192.168.10.0～192.168.10.127 这 128 个 IP 地址，其中可用主机号为 126 个。再把剩下的 192.168.10.128～192.168.10.255 这 128 个 IP 地址分成两个子网，子网掩码为 255.255.255.192。其中一个子网的地址为 192.168.10.128～192.168.10.191，另一子网的地址为 192.168.10.192～192.168.10.255。子网掩码为 255.255.255.192 的每个子网的可用主机地址都为 62 个，这样就达到了要求。由此可见，合理使用子网掩码，可以使 IP 地址更加便于管理和控制。

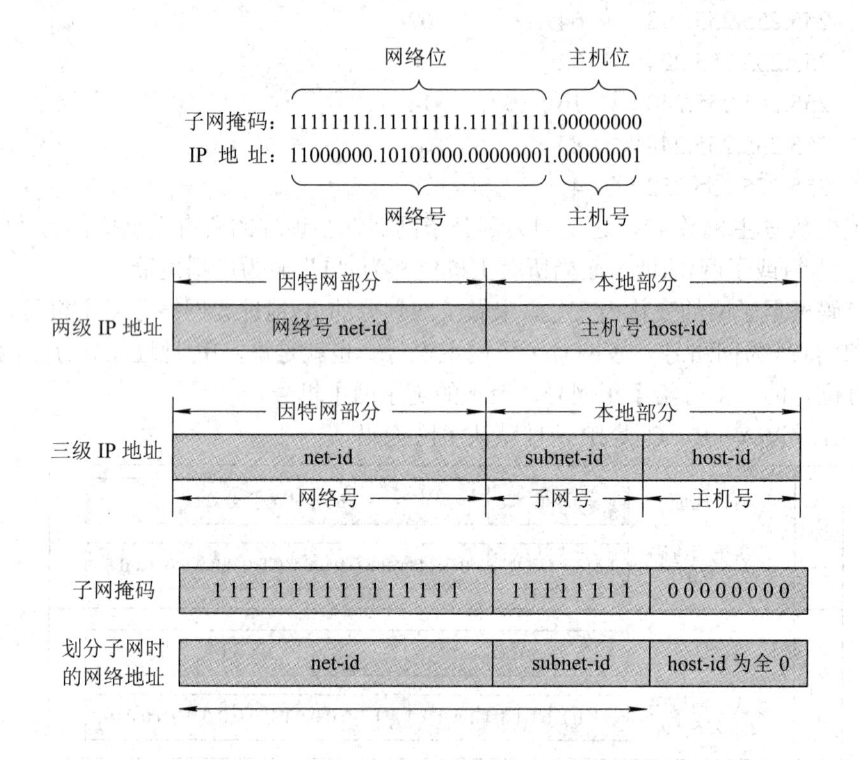

图 3-6　网络号、子网号与子网掩码的关系

划分子网的主要技术就是子网掩码，在划分子网之前，需要确定所需要的子网数和每个子网的最大主机数，有了这些信息后，就可以定义每个子网的子网掩码、网络地址(网络号 + 子网号)的范围和主机号的范围。

划分子网的步骤如下：

(1) 确定需要多少子网号来唯一标识网络上的每一个子网。

(2) 确定需要多少主机号来标识每个子网上的每台主机。

(3) 定义一个符合网络要求的子网掩码。

(4) 确定标识每一个子网的网络地址。

(5) 确定每一个子网上所使用的主机地址的范围。

下面介绍一个划分子网的案例。

某公司申请了一个 C 类地址 200.200.200.0，公司的生产部门和市场部门需要划分为单独的网络，即需要划分子网，每个子网至少支持 40 台主机。根据该公司的要求进行分析，划分子网的思路如下：

(1) 确定划分的子网数为 2 个。

(2) 确定子网掩码，如图 3-7 所示。

(3) 计算新的子网网络 ID，如图 3-8 所示。

(4) 计算每个子网有多少主机地址，如图 3-9 所示。

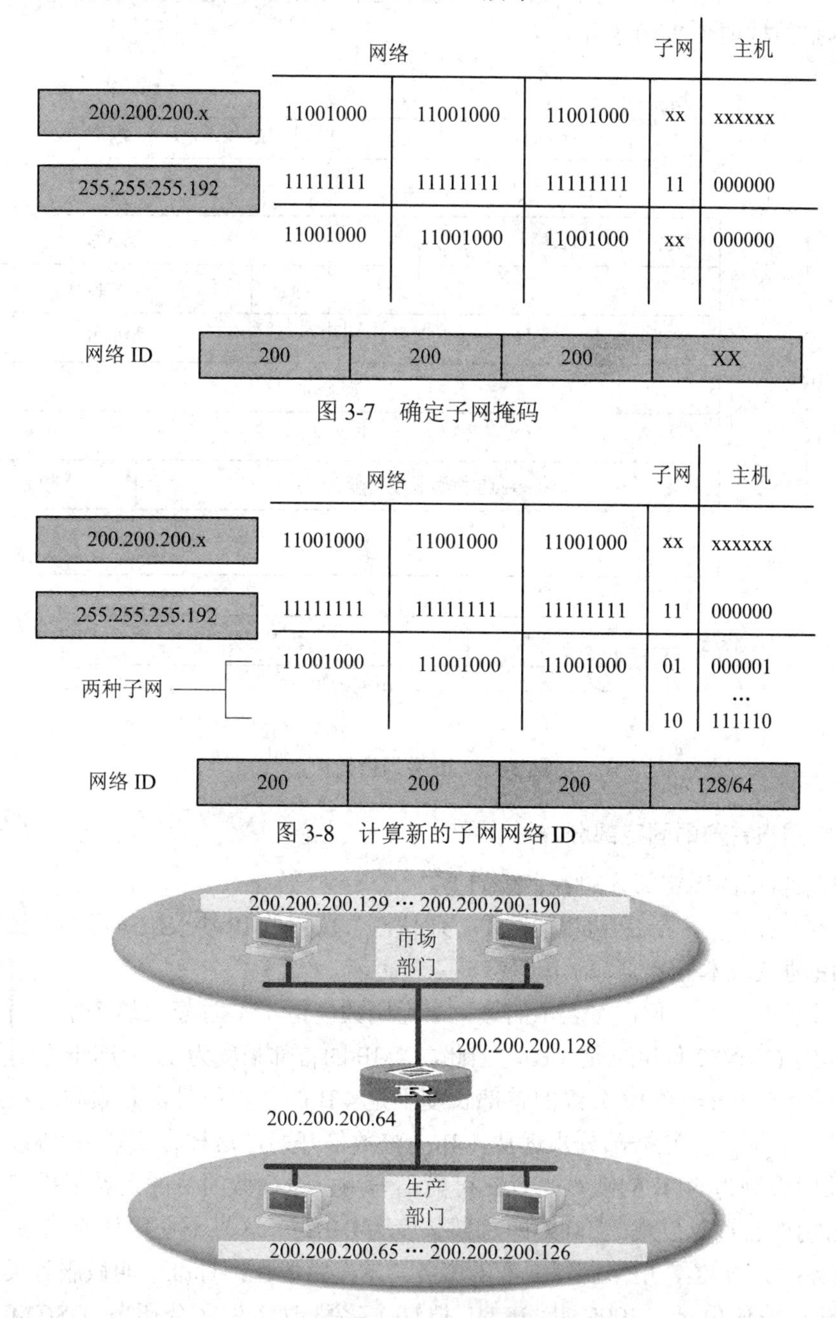

图 3-7　确定子网掩码

图 3-8　计算新的子网网络 ID

图 3-9　划分子网后的网络

任务三 认知IPv6

IPv6是“Internet Protocol Version 6”的缩写，它是IETF(互联网工程任务组)设计的用于替代现行版本IP协议IPv4的下一代IP协议，它由128位二进制数码表示。

IP数据报结构如图3-10所示。

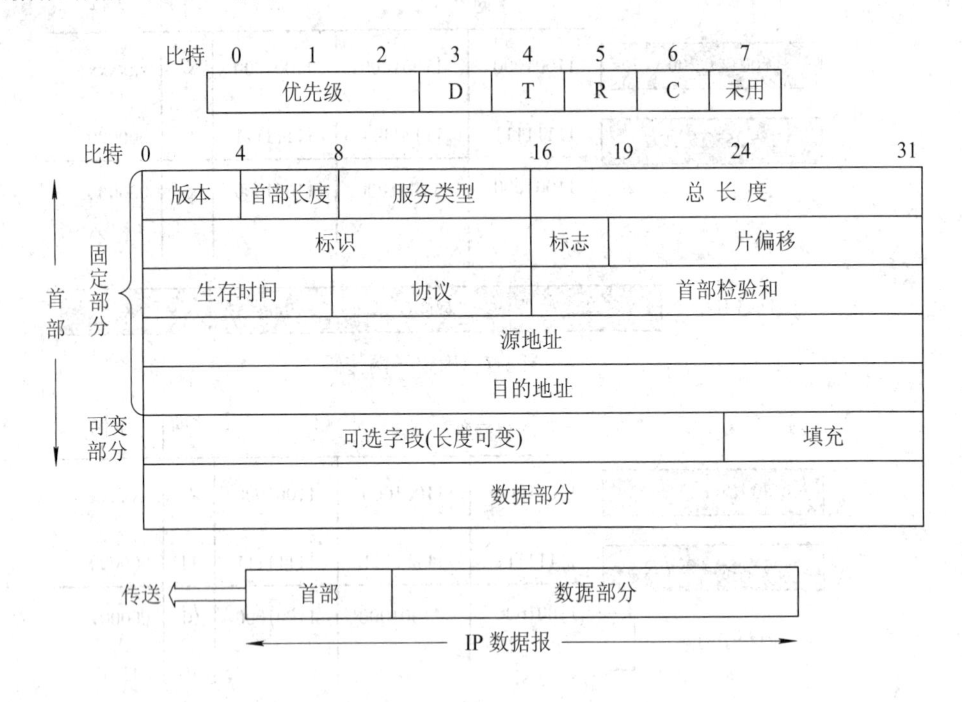

图3-10 IP数据报结构

1. IP数据报首部的固定部分

IP数据报首部的固定部分的各字段如下：

(1) 版本：占4位，指IP协议的版本。通信双方使用的IP协议版本必须一致。目前广泛使用的IP协议版本号为4(即IPv4)。

(2) 首部长度：占4位，可表示的最大十进制数值是15。注意，这个字段所表示数的单位是32位字(1个32位字长是4 B)，因此，当IP的首部长度为1111(即十进制的15)时，首部长度就达到60 B。当IP分组的首部长度不是4 B的整数倍时，必须利用最后的填充字段加以填充。因此，数据部分永远从4 B的整数倍开始，这样在实现IP协议时较为方便。首部长度限制为60 B的缺点是有时可能不够用。这样做的目的是希望用户尽量减少开销。最常用的首部长度就是20 B(即首部长度为0101)，这时不使用任何选项。

(3) 服务：占8位，用来获得更好的服务。这个字段在旧标准中叫做服务类型，但实际上一直没有被使用过。1998年IETF把这个字段改名为区分服务DS(Differentiated Services)。只有在使用区分服务时，这个字段才起作用。

(4) 总长度：指首部及数据之和的长度，单位为 B(字节)。因为总长度字段为 16 位，所以数据报的最大长度为 216 – 1 = 65 535 B。在 IP 层下面的每一种数据链路层都有自己的帧格式，其中包括帧格式中数据字段的最大长度，即最大传送单元 MTU (Maximum Transfer Unit)。当一个数据报封装成链路层的帧时，此数据报的总长度 (即首部加上数据部分)一定不能超过下面的数据链路层的 MTU 值。

(5) 标识(Identification)：占 16 位。IP 软件在存储器中维持一个计数器，每产生一个数据报，计数器就加 1，并将此值赋给标识字段。但这个“标识”并不是序号，因为 IP 是无连接的服务，数据报不存在按序接收的问题。当数据报由于长度超过网络的 MTU 而必须分片时，这个标识字段的值就被复制到所有数据报的标识字段中。相同的标识字段的值使分片后的各数据报片最后能正确地重装成为原来的数据报。

(6) 标志(Flag)：占 3 位，但目前只有 2 位有意义。标志字段中的最低位记为 MF(More Fragment)。MF = 1 即表示后面“还有分片”的数据报。MF = 0 表示这已是若干数据报片中的最后一个。标志字段中间的一位记为 DF(Don't Fragment)，意思是“不能分片”。只有当 DF = 0 时才允许分片。

(7) 片偏移：占 13 位，表示某片在原分组中的相对位置。也就是说，相对用户数据字段的起点，该片从何处开始。片偏移以 8 为偏移单位。这就是说，每个分片的长度一定是 8 B(64 位)的整数倍。

(8) 生存时间：占 8 位，生存时间字段常用的英文缩写是 TTL(Time To Live)，其表明数据报在网络中的寿命。由发出数据报的源点设置这个字段，其目的是防止无法交付的数据报无限制地在因特网中兜圈子，因而白白消耗网络资源。最初的设计是以 s(秒)作为 TTL 的单位。每经过一个路由器时，就把 TTL 减去数据报在路由器消耗掉的一段时间。若数据报在路由器消耗的时间小于 1 s，就把 TTL 值减 1。当 TTL 值为 0 时，就丢弃这个数据报。

(9) 协议：占 8 位，协议字段指出此数据报携带的数据是使用何种协议，以便使目的主机的 IP 层知道应将数据部分上交给哪个处理过程。

(10) 首部校验和：占 16 位。这个字段只校验数据报的首部，但不包括数据部分。这是因为数据报每经过一个路由器，都要重新计算一下首部校验和(一些字段，如生存时间、标志、片偏移等都可能发生变化)。不检验数据部分可减少计算的工作量。

(11) 源地址：占 32 位。

(12) 目的地址：占 32 位。

2. IP 数据报首部的可变部分

IP 首部的可变部分就是一个可选字段。可选字段用来支持排错、测量以及安全等措施，内容很丰富。此字段的长度可变，从 1 个字节到 40 个字节不等，取决于所选择的项目。某些选项只需要 1 个字节，它只包括 1 个字节的选项代码。但还有些选项需要多个字节，这些选项一个个拼接起来，中间不需要有分隔符，最后用全 0 的填充字段补齐成为 4 字节的整数倍。增加首部的可变部分是为了增加 IP 数据报的功能，但这同时也使得 IP 数据报的首部长度成为可变的。这就增加了每一个路由器处理数据报的开销。实际上这些选项很少被使用。新的 IPv6 便将 IP 数据报的首部长度做成固定的，如图 3-11 所示。

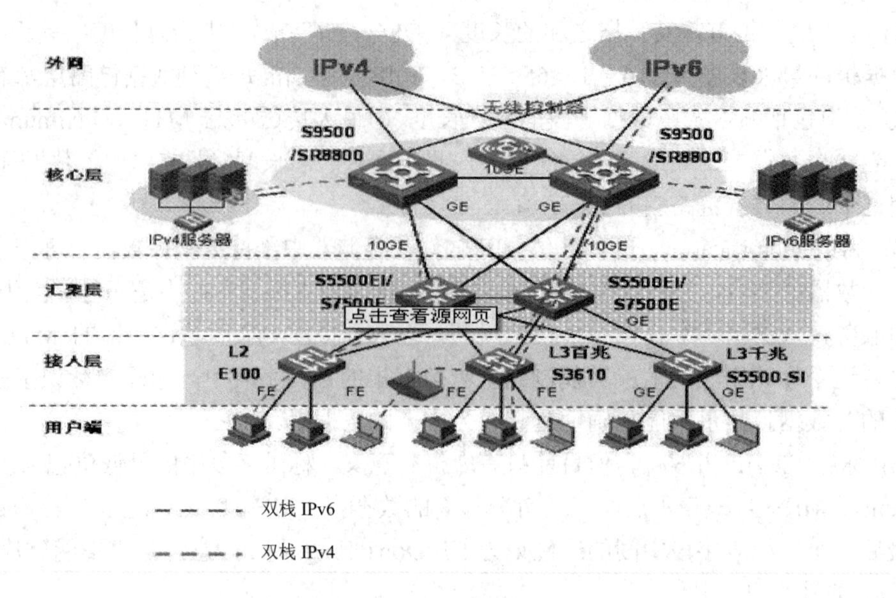

图 3-11　IPv4 与 IPv6 的区别

项目实践一：IP 地址的配置与测试

实践目标：

- 掌握 IP 地址的分类及各类 IP 的地址范围。

实践环境：

- Windows 操作系统的计算机，具备 Internet 环境。

1. 使用 ipconfig 和 ping

组合使用 ipconfig 和 ping 命令，来检查计算机配置和路由器连接。用 ipconfig 命令来验证 TCP/IP 配置是否已经初始化。

(1) 相对于回送地址(127.0.0.1)，使用 ping 命令来验证 TCP/IP 是否已正确安装，并绑定到网络适配器上。执行命令如下：

```
ping 127.0.0.1
```

(2) 对本地计算机的 IP 地址使用 ping 命令，来验证计算机是否和网络上其他计算机拥有相同的 IP 地址。执行命令如下：

```
ping 172.168.20.17
```

(3) 对默认网关的 IP 地址使用 ping 命令，来验证默认网关是否在运作，计算机是否与本地网络进行通信。执行命令如下：

```
ping 网关
```

(4) 对远程主机使用 ping 命令，来验证计算机是否通过路由器进行通信。执行命令如下：

ping www.baidu.com

2. 使用 APIPA

Windows 2008 的 TCP/IP 工具支持一种新方式，为基于 LAN 的简单网络配置自动分配 IP 地址的方式。这种寻址方式是 LAN 适配器的动态 IP 地址分配的一种扩展，可以不使用静态 IP 地址分配或安装 DHCP 就可以配置 IP 地址。这种方法的前提是在 TCP/IP 属性对话框中单击“自动获得 IP 地址”。应用 APIPA(Automatic Private IP Addressing，自动专用 IP 寻址)分配 IP 地址的操作步骤如下：

(1) Windows 2008 TCP/IP 试着在连接的网络上查找一个 DHCP 服务器，以得到一个动态分配的 IP 地址。

(2) 在启动过程中，如果没有 DHCP 服务器(如服务器停机或维修)，则客户机无法得到一个 IP 地址。

(3) APIPA 生成一个 169.254.X.Y(这里 X.Y 是客户机的唯一标识符)形式的 IP 地址和 255.255.0.0 的子网掩码。如果此地址已被使用，但又需要时，APIPA 会选择另一个 IP 地址，重新选择地址的次数最多为 10 次。

3. 配置并验证 TCP/IP

1) 配置静态 IP 地址

(1) 右击桌面上的“网上邻居”图标，选择“属性”后会出现“网络和拨号连接”窗口。再右击想要配置的连接，缺省情况下为“本地连接”，选择“属性”。

(2) 在打开的窗口中选择“Internet 协议(TCP/IP)”，按图 3-12 所示配置 IP 地址。

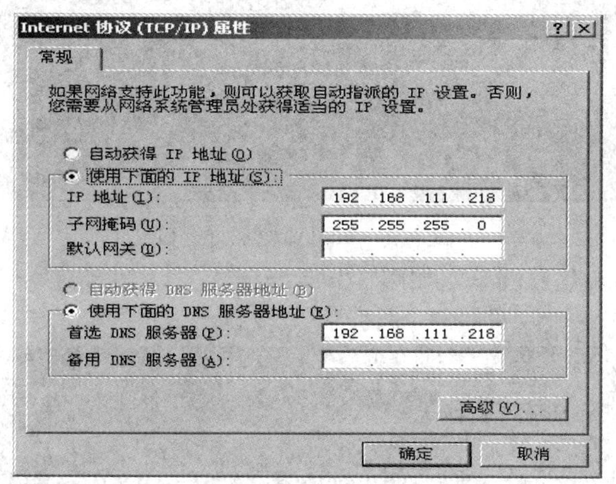

图 3-12　配置 IP 地址

2) 验证计算机的 TCP/IP 配置

在此步骤中，可使用两种 TCP/IP 实用程序即 ipconfig 和 ping 来验证计算机的静态配置。

(1) 用 administrator 身份登录到服务器。

(2) 打开命令提示，即在“开始”菜单的“运行”对话框中键入 cmd 即可。

(3) 在命令提示中，输入“ipconfig/allmore”并回车。

(4) 要验证 IP 地址是否在正常工作，可输入 ping 202.116.0.1，然后把结果写在下面的空白处：

____

(5) 要验证计算机是否和网络上其他计算机拥有相同的IP地址，则对本地计算机的IP地址使用ping命令。

3) 配置TCP/IP自动获得一个IP地址

(1) 在此步中，需要配置TCP/IP，使其自动获得一个IP地址。然后验证配置，确认APIPA的确提供了适当的IP寻址信息。

(2) 在TCP/IP属性对话框中单击“自动获得IP地址”。

(3) 在命令提示中，输入“ipconfig/all|more”并回车，然后把结果写在下面的空白处：

____

4. 网络操作命令的综合应用

1) 获取本地计算机IP地址、子网掩码和网关信息

(1) 打开任务栏中的“开始”菜单。

(2) 点击“运行”，在“打开”条框中输入“cmd”，如图3-13所示。

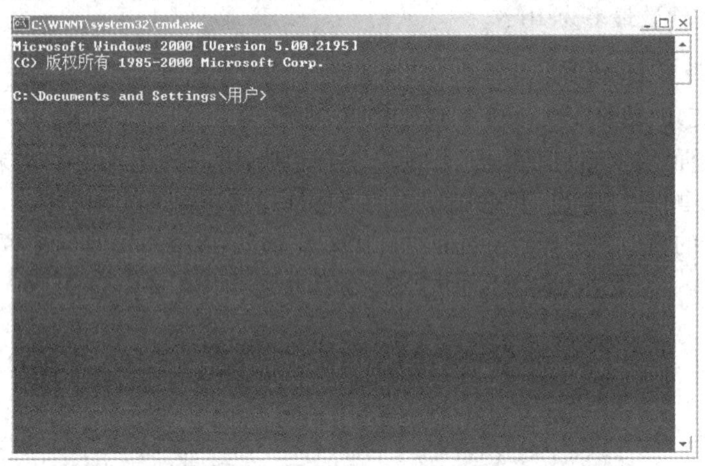

图3-13　cmd命令运行窗口

(3) 输入“ipconfig”并回车，如图3-14所示。

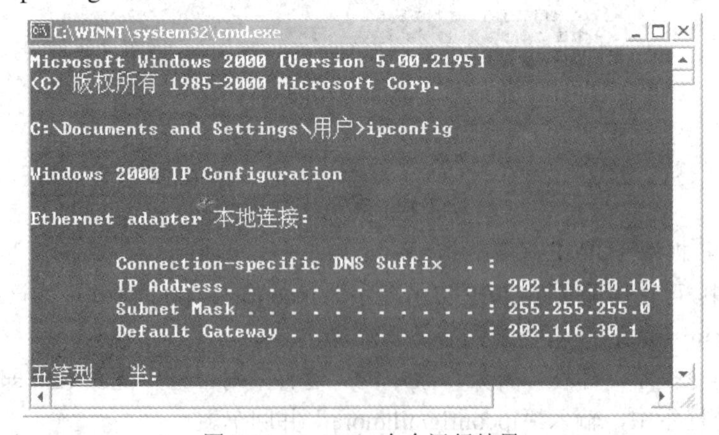

图3-14　ipconfig命令运行结果

2) 验证网络属性设置

(1) 打开任务栏中的“开始”菜单。

(2) 点击“运行”，在“打开”条框中输入“ping 202.116.30.104”，如图 3-15 所示。

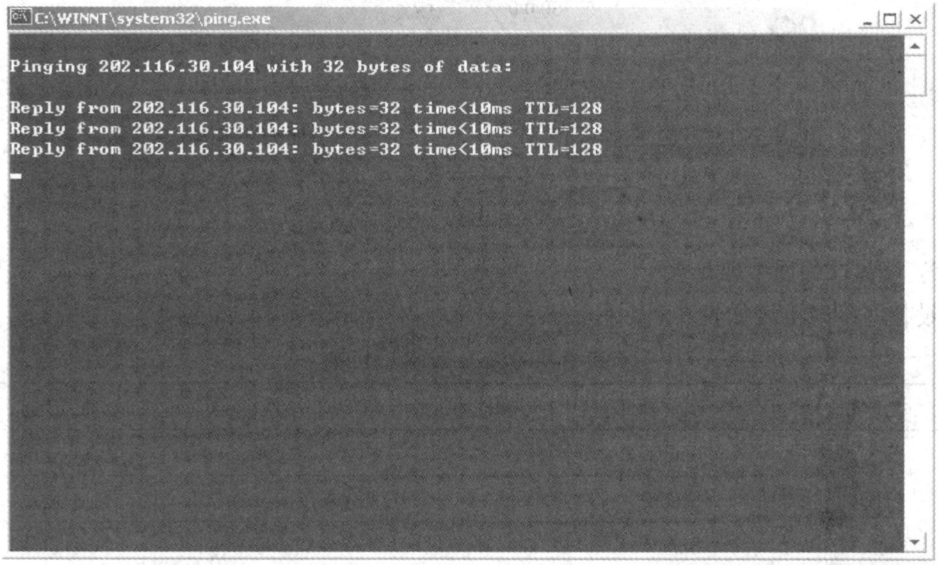

```
C:\WINNT\system32\ping.exe

Pinging 202.116.30.104 with 32 bytes of data:

Reply from 202.116.30.104: bytes=32 time<10ms TTL=128
Reply from 202.116.30.104: bytes=32 time<10ms TTL=128
Reply from 202.116.30.104: bytes=32 time<10ms TTL=128
```

图 3-15　ping 检测连接正常运行结果

项目实践二：配置 IP 地址与划分的子网地址

实践目标：

- 掌握子网划分的技术及配置子网。

实践环境：

- Windows 操作系统的计算机，具备 Internet 环境。

1. 划分子网思路分析与设计

(1) 确定所需子网的数量。

(2) 确定所需主机的数量。

(3) 设计适当的编址方案。

(4) 为设备接口和主机分配地址和子网掩码对。

(5) 检查可用网络地址空间的使用情况。

2. 设计网络拓扑结构

1) 绘制网络拓扑结构图

网络拓扑结构示意图如图 3-16 所示。

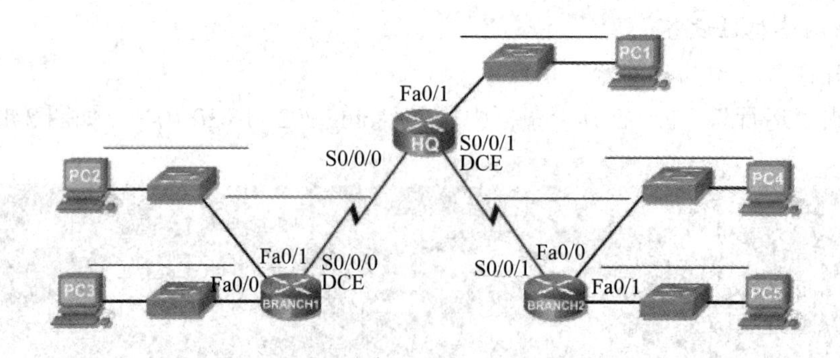

图 3-16　网络拓扑结构示意图

2) 设计设备网络地址表

设备网络地址表如表 3-1 所示。

表 3-1　设备网络地址表

设　备	接　口	IP 地址	子网掩码	默认网关
HQ	Fa0/1			不适用
	S0/0/0			不适用
	S0/0/1			不适用
BRANCH1	Fa0/0			不适用
	Fa0/1			不适用
	S0/0/0			不适用
BRANCH2	Fa0/0			不适用
	Fa0/1			不适用
	S0/0/1			不适用
PC1	网卡			
PC2	网卡			
PC3	网卡			
PC4	网卡			
PC5	网卡			

3. 网络编址需求

在本实训中，指定了一个网络地址 192.168.9.0/24，对它划分子网，并为拓扑图中显示的网络分配 IP 地址。该网络的编址需求如下：

(1) BRANCH1 的 LAN1 子网需要 10 个主机 IP 地址。

(2) BRANCH1 的 LAN2 子网需要 10 个主机 IP 地址。

(3) BRANCH2 的 LAN1 子网需要 10 个主机 IP 地址。

(4) BRANCH2 的 LAN2 子网需要 10 个主机 IP 地址。

(5) HQ 的 LAN 子网需要 20 个主机 IP 地址。

(6) 从 HQ 到 BRANCH1 链路的两端各需要一个 IP 地址。

(7) 从 HQ 到 BRANCH2 链路的两端各需要一个 IP 地址。

注意：网络设备的接口也是主机 IP 地址，已包括在上面的编址需求中。

4. 操作步骤

步骤 1：为 HQ 路由器分配地址。

(1) 将 HQ 的 LAN 子网的第一个有效主机地址分配给 LAN 接口。

(2) 将从 HQ 到 BRANCH1 子网的链路的第一个有效主机地址分配给 S0/0/0 接口。

(3) 将从 HQ 到 BRANCH2 子网的链路的第一个有效主机地址分配给 S0/0/1 接口。

步骤 2：为 BRANCH1 路由器分配地址。

(1) 将 BRANCH1 的 LAN1 子网的第一个有效主机地址分配给 Fa0/0 LAN 接口。

(2) 将 BRANCH1 的 LAN2 子网的第一个有效主机地址分配给 Fa0/1 LAN 接口。

(3) 将从 HQ 到 BRANCH1 子网链路的最后一个有效主机地址分配给 WAN 接口。

步骤 3：为 BRANCH2 路由器分配地址。

(1) 将 BRANCH2 的 LAN1 子网的第一个有效主机地址分配给 Fa0/0 LAN 接口。

(2) 将 BRANCH2 的 LAN2 子网的第一个有效主机地址分配给 Fa0/1 LAN 接口。

(3) 将从 HQ 到 BRANCH2 子网链路的最后一个有效主机地址分配给 WAN 接口。

步骤 4：为主机 PC 分配地址。

(1) 将 HQ 的 LAN 子网的最后一个有效主机地址分配给 PC1。

(2) 将 BRANCH1 的 LAN1 子网的最后一个有效主机地址分配给 PC2。

(3) 将 BRANCH1 的 LAN2 子网的最后一个有效主机地址分配给 PC3。

(4) 将 BRANCH2 的 LAN1 子网的最后一个有效主机地址分配给 PC4。

(5) 将 BRANCH2 的 LAN2 子网的最后一个有效主机地址分配给 PC5。

5. 测试网络设计

检查在直连网络中所有设备之间能否 ping 通。

小　　结

通过本项目的训练，认知了 IP 地址分类、子网掩码的作用、识别网络标识号和主机标识号和子网的数目、主机的数目等知识点，实践完成了 IP 地址配置与子网划分训练。

习　　题

1. 什么是 IP 地址，查看与配置 IP 地址的方式有哪些？
2. 子网划分的作用是什么，怎样划分子网？

项目四　认知以太网技术

项目引导

中型局域网建设目前在我国需求很大，如许多小型企业发展成为中型企业、组建成立了中性局域网。许多高职院校的发展壮大也需要组建中型局域网等。本项目介绍以太网技术及虚拟网技术，以使学生对中型网络有全面的认识并能够组建中型网络。

知识目标：

- 以太网技术；
- 虚拟网络技术。

能力目标：

- 会规划组建中型局域网。

任务一　认知以太网技术

1. 以太网的定义

1976年7月，Bob在ALOHA网络的基础上，提出总线型局域网的设计思想，并提出冲突检测、载波侦听与随机后退延迟算法，将这种局域网命名为以太网(Ethernet)。以太网的核心技术是介质访问控制方法CSMA/CD，它解决了多节点共享公用总线的问题。每个站点都可以接收到所有来自其他站点的数据，目的站点将该帧复制，其他站点则丢弃该帧。

2. Ethernet地址

为了标识以太网上的每台主机，需要给每台主机上的网络适配器(网卡)分配一个全球唯一的通信地址，即Ethernet地址或称为网卡的物理地址、MAC地址。MAC地址长度为48 bit，共6 B，如00-0D-88-47-58-2C，其中，前3个字节为IEEE分配给厂商的厂商代码(00-0D-88)，后3个字节为厂商自己设置的网络适配器编号(47-58-2C)。

3. 以太网的帧格式

以太网的帧是数据链路层的封装，网络层的数据包被加上帧头和帧尾成为可以被数据链路层识别的数据帧(成帧)。以太网的帧长度是64～1518 B(不算8 B的前导字符)。

以太网的帧格式有多种，在每种格式的帧开始处都有64 bit(8 B)的前导字符，其中前7

个字节为前同步码(7 个 10101010)，第 8 个字节为帧起始标志(10101011)。图 4-1 所示为 Ethernet Ⅱ的帧格式(未包括前导字符)。

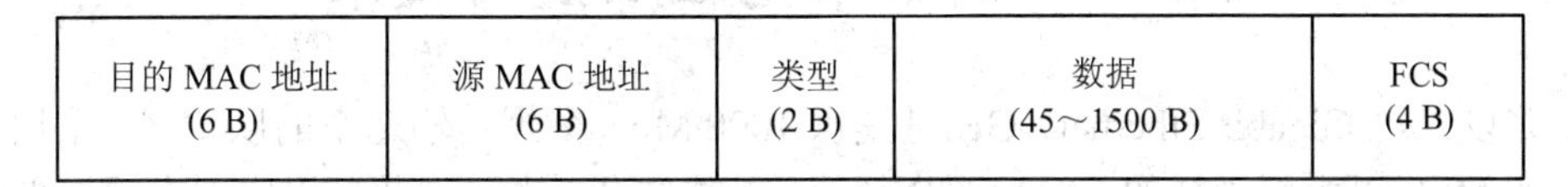

图 4-1 Ethernet Ⅱ的帧格式

4. 10 Mb/s 标准以太网

以前，以太网只有 10 Mb/s 的吞吐量，采用 CSMA/CD 的介质访问控制方法和曼彻斯特编码，这种早期的 10 Mb/s 以太网称为标准以太网。

以太网可以使用粗同轴电缆、细同轴电缆、非屏蔽双绞线、屏蔽双绞线和光纤等多种传输介质进行连接，并且在 IEEE 802.3 标准中，为不同的传输介质制定了不同的物理层标准，在这些标准中前面的数字表示传输速度，单位是 Mb/s，最后面的一个数字表示单段网线长度(基准单位是 100 m)，Base 表示“基带”的意思。表 4-1 是四种千兆以太网特性的比较。

表 4-1 四种 10 Mb/s 以太网特性比较

特　性	10Base-5	10Base-2	10Base-T	10Base-F
IEEE 标准	IEEE 802.3	IEEE 802.3a	IEEE 802.3i	IEEE 802.3j
速率/(Mb/s)	10	10	10	10
传输方法	基带	基带	基带	基带
无中继器，线缆最大长度/m	500	185	100	2000
站间最小距离/m	2.5	0.5		
最大长度(m)/媒体段数	2500/5	925/5	500/5	4000/5
传输介质	50 Ω 粗同轴电缆ϕ10)	50 Ω 粗同轴电缆(ϕ5)	UTP	多模光纤
拓扑结构	总线型	总线型	星型	星型
编码	曼彻斯特编码	曼彻斯特编码	曼彻斯特编码	曼彻斯特编码

在局域网发展历史中，10Base-T 技术是现代以太网技术发展的里程碑。使用集线器时，10Base-T 需要 CSMA/CD，但使用交换机时，则大多数情况下不需要 CSMA/CD。10Base-T 类型以太网的布线可总结为“54321 规则”：

5：允许 5 个网段。

4：在同一信道上允许连接 4 个中继器或集线器。

3：在其中的 3 个网段上可以增加节点。

2：另外 2 个网段，除做中继器链路外，不能接任何节点。

1：存在 1 个大型的冲突域。

任务二　认知千兆位以太网技术

千兆以太网(Gigabit Ethernet，GE)是提供1000 Mb/s数据传输速率的以太网，采用和传统10/100 Mb/s以太网同样的CSMA/CD协议、帧格式和帧长，因此可以实现在原有低速以太网基础上平滑、连续性的网络升级，从而能最大限度地保护用户以前的投资。

1. 千兆位以太网的技术特点

千兆位以太网的技术特点如下：

(1) 传输速率高，能提供1 Gb/s的独享带宽。

(2) 仍是以太网，但速度更快。千兆以太网支持全双工操作，最高速率可以达到2 Gb/s。

(3) 仍采用CSMA/CD介质访问控制方法，仅在载波时间和槽时间等方面有些改进。

(4) 与以太网完全兼容，现有网络应用均能在千兆以太网上运行。

(5) 技术简单，不必专门培训技术人员就能管理好网络。

(6) 支持RSVP、IEEE802.1P、IEEE802.1Q等技术标准，提供VLAN服务和质量保证服务，支持多媒体信息标准。

(7) 有很好的网络延展能力，易升级，易扩展。

(8) 对于传输数据(DATA)业务信息有极佳的性能。

目前，千兆以太网主要应用于主干网，是主干网的主流技术。

2. 千兆位以太网的标准

1995年11月IEEE802.3工作组委任了一个高速研究组，研究将快速以太网速度增至1000 Mb/s以太网的可行性和方法。1998年6月正式推出了千兆位以太网802.3z标准，该标准主要描述光纤通道和其他高速网络部件；1999年又推出了铜质千兆以太网802.3ab标准。千兆以太网标准的特征如下：

(1) 1000Base-SX：使用短波长激光作为信号源，配置波长为770～860 nm(一般为850 nm)的激光传输器，只能支持多模光纤。使用的光纤规格有两种：一种是62.5 μm多模光纤，在全双工方式下的最长传输距离为275 m；另一种是50 μm多模光纤，在全双工方式下的最长传输距离为550 m。

(2) 1000Base-LX：使用长波长激光作为信号源，配置波长为1270～1355 nm(一般为1300 nm)的激光传输器，既可以支持多模光纤，又可以支持单模光纤；使用的光纤规格为62.5 μm多模光纤、50 μm多模光纤和9 μm单模光纤。使用多模光纤，在全双工方式下的最长传输距离为550 m；使用单模光纤，在全双工方式下的最长传输距离为3000 m。

(3) 1000Base-CX：使用了一种特殊规格的铜质高质量平衡屏蔽双绞线，阻抗为150 Ω，最长有效距离为25 m，使用9芯D型连接器连接电缆。

(4) 1000Base-T：用于四对5类或超5类UTP作为网络传输介质，最长有效传输距离为100 m，可以将100 Mb/s平滑地升级为1000 Mb/s。

表4-2是四种千兆以太网特性的比较。

表 4-2 四种千兆位以太网特性比较

特 性	1000Base-SX	1000Base-LX	1000Base-CX	1000Base-T
IEEE 标准	IEEE 802.3z	IEEE 802.3z	IEEE 802.3z	IEEE 802.3ab
传输介质	62.5 μm/50 μm 多模 850 nm 的激光	62.5 μm/50 μm 多模 10 μm 单模 1310 nm 的激光	STP	5 类及以上 UTP
编码方式	8B/10B	8B/10B	8B/10B	4D-PAM5
最大的段距离/m	550	550 多模 3000 单模	25	100

任务三 认知万兆位以太网技术

1999 年年底成立了 IEEE 802.3ae 工作组进行万兆位以太网技术(10 Gb/s)的研究，并于 2002 年正式发布 IEEE 802.3ae 10GE 标准。万兆位以太网不仅再度扩展了以太网的带宽和传输距离，更重要的是使得以太网从局域网领域向城域网领域渗透。

1. 万兆位以太网的技术特点和优势

(1) 物理层结构不同；

(2) 提供五种物理接口；

(3) 带宽更宽，传输距离更长；

(4) 结构简单，管理方便，价格低廉；

(5) 便于管理；

(6) 应用更广；

(7) 功能更强，服务质量更好。

2. 万兆位以太网的物理层结构

万兆位以太网由 PMD(物理介质相关)子层、PMA(物理介质接入)子层、WIS(广域网接口)子层、PCS(物理编码)子层、RS(协调)子层和 XGMII 接口(10 Gb/s 介质无关接口)六部分组成。

(1) PMD 子层：功能是支持在 PMA 子层和介质之间交换串行化的符号代码位。将这些电信号转换成适合于在某种特定介质上传输的形式。PMD 是物理层的最低子层，标准中规定物理层负责从介质上发送和接收信号。

(2) PMA 子层：提供了 PCS 和 PMD 层之间的串行化服务接口。它与 PCS 子层的连接称为 PMA 服务接口。另外，它还从接收位流中分离出用于对接收到的数据进行正确的符号对齐(定界)的符号定时时钟。

(3) WIS 子层：是可选的物理子层，可用在 PMA 与 PCS 子层之间，产生适配 ANSI 定义的 SONET STS-192c 传输格式，或 ITU 定义 SDH VC-4-64c 容器速率的以太网数据流。该速率数据流可以直接映射到传输层而不需要高层处理。

(4) PCS 子层：位于 RS 子层和 PMA 子层之间，可将经过完善定义的以太网 MAC 功能映射到现存的编码和物理层信号系统的功能上。PCS 子层和上层 RS/MAC 的接口由 XGMII 提供，与下层 PMA 接口使用 PMA 服务接口。

(5) RS 子层和 XGMII 接口：功能是将 XGMII 的通路数据和相关控制信号映射到原始 PLS 服务接口定义(MAC/PLS)接口上。XGMII 接口提供了 10 Gb/s 的 MAC 和物理层间的逻辑接口。XGMII 和 RS 子层使 MAC 可以连接到不同类型的物理介质上。

任务四　认知交换机

一、交换机的基本功能

交换机可以实现数据交换功能，提高局域网的带宽，连接多个相同类型的网络。交换机主要完成地址学习、转发或过滤选择和防止交换机形成环路三项基本功能。

(1) 地址学习：交换机是一种基于 MAC 地址识别，能完成封装转发数据包功能的网络设备。交换机将目的地址不在交换机 MAC 地址对照表的数据包广播发送到所有端口，并把找到的这个目的 MAC 地址重新加入到自己的 MAC 地址列表中，这样下次再发送到这个 MAC 地址的节点时就直接转发。交换机的这种功能就称为“MAC 地址学习”功能。

(2) 转发或过滤选择：交换机根据目的 MAC 地址，通过查看 MAC 地址表，决定转发还是过滤。如果目标 MAC 地址和源 MAC 地址在交换机的同一物理端口上，则过滤该帧。

(3) 防止交换机形成环路：物理冗余链路有助于提高局域网的可用性，当一条链路发生故障时，另一条链路可继续使用，从而不会使数据通信中止。但是如果因冗余链路而让交换机构成环路，则数据会在交换机中无休止地循环，形成广播风暴。多帧的重复复制导致 MAC 地址表不稳定，解决这一问题的方法就是使用生成树协议(STP)。

二、交换机的分类

1. 根据应用领域分类

根据应用领域，交换机可分为广域网交换机和局域网交换机。顾名思义，广域网交换机是指应用于广域网的交换机，局域网交换机是指应用于局域网组建的交换机。

2. 根据结构分类

根据交换机的结构，可分为固定端口交换机和模块化交换机。

(1) 固定端口交换机。固定端口交换机是最简单的一种交换机，带有多个(8 个、12 个、16 个或 24 个)RJ-45 端口，如图 4-2 所示。端口密度是指交换机提供的端口数，通常为 8～24 个端口，端口速率为 10 Mb/s 或 100 Mb/s。LED 指示灯通常用来指示以太网交换机的信息或交换状态。高速端口用来连到服务器或主干网络上，可以是 100 Mb/s 或 1000 Mb/s 端口，可以连接 100 Mb/s 的 FDDI、快速以太网络(100Base-TX)或上连到千兆位交换网络。管理端口用来连接终端或调制解调器以实现网络管理，使用的接口通常为 RS-232C。

(2) 模块化交换机。模块化交换机又称为机架式交换机，它配有一个机架或卡箱，带多个插槽，每个插槽可插入一块通信卡(模块)，每个通信卡的作用就相当于一个独立型交换机，如图 4-3 所示。当通信卡插入机架内的卡槽中时，它们就被连接到机架的背板总线上，这样两个通信卡上的端口之间就可以通过背板的高速总线进行通信。

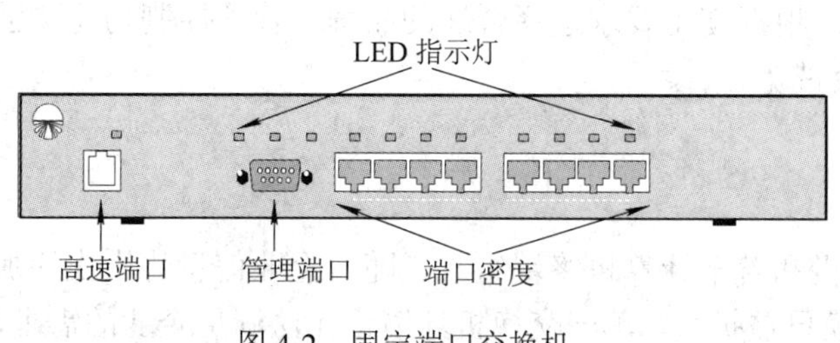

图 4-2　固定端口交换机

图 4-3　模块化交换机

3. 根据是否支持网管功能分类

根据是否支持网管功能，交换机可分为网管型和非网管型交换机。非网管型交换机不能被网络管理人员进行控制和管理，而网络管理人员可以对网管型交换机进行本地或远程控制和管理，使网络运行正常。

4. 根据规模应用分类

从规模应用上，交换机可分为企业级交换机(如图 4-4 所示)、部门级交换机(如图 4-5 所示)和工作组交换机(如图 4-6 所示)等。

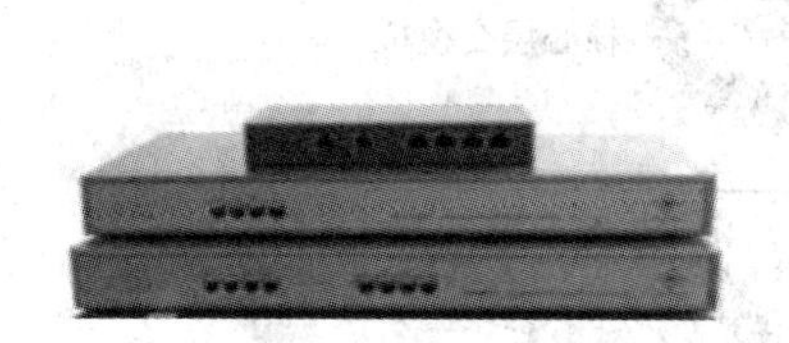

图 4-4　企业级交换机

图 4-5　部门级交换机

图 4-6　工作组交换机

企业级交换机可以支持许多不同类型的网络组件，以支持对多种设备的连接，比如以太网设备、快速以太网设备、FDDI 设备以及广域网的连接设备等，具有非常强大的管理功能。部门交换机的所有端口都支持全双工操作，以高速和高可靠的方式传输数据帧，并提供更多的管理功能。工作组交换机可以支持每个端口上 10/100 Mb/s 的自适应操作，每台交换机将监测与每个端口连接的设备的速度并进行自动的速率匹配，非常适合于应用在快速以太网中。

5. 根据交换机工作的协议分类

从交换机工作的协议层来分有第 2 层交换机、第 3 层交换机和第 4 层交换机。

对一般用户而言，在选择交换机时应注意以下几个方面：转发方式；尺寸合适；交换的速度要快；端口数要够将来升级用；根据使用要求选择合适的品牌；管理控制功能要强大；MAC 地址数；生成树协议；背板带宽。

三、交换机的互连方式

最简单的局域网通常由一台交换机和若干计算机终端组成。随着企业信息化步伐的加快，计算机数量成倍地增加，网络规模日益扩大，单一交换机环境已无法满足企业的需求，多交换机局域网应运而生。交换机互连技术得到了飞速的发展，交换机的互连方式主要有级联和堆叠两种。

级联交换机是指两台或两台以上的交换机通过一定的方式相互连接，使端口数量得以扩充。交换机级联模式是组建中、大型局域网的理想方式，可以综合利用各种拓扑设计技术和冗余技术来实现层次化的网络结构。常见的三层网络是交换机级联的典型例子。目前，中、大型企业网自上而下一般可以分为三个层次：核心层、汇聚层和接入层。核心层一般采用千兆甚至万兆以太网技术，汇聚层采用 100/1000 Mb/s 以太网技术，接入层采用 10/100 Mb/s 以太网技术。这种结构实际就是由各层次的许多台交换机级联而成的。核心层交换机下连接若干台汇聚层交换机，汇聚层交换机下连接若干台接入层交换机，如图 4-7 所示。

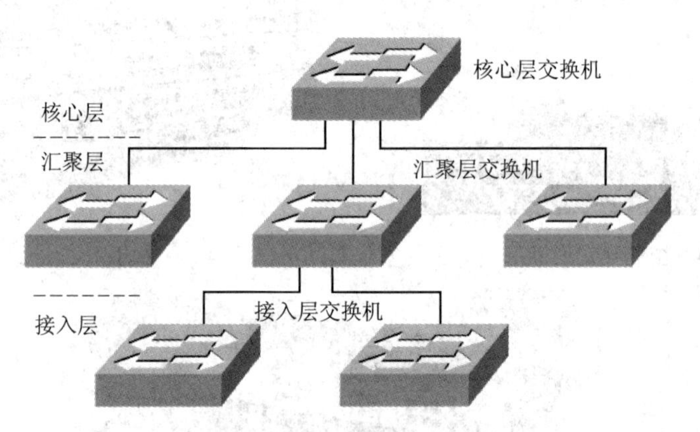

图 4-7　交换机的级联

级联既可使用交换机的普通端口，也可使用专用的 Uplink 级联端口。当相互级联的两个端口分别为普通端口和级联端口时，应使用直通双绞线。当相互级联的两个端口均为普通端口或均为级联端口时，则应当使用交叉双绞线。

无论是 100Base-TX 快速以太网还是 1000Base-T 千兆以太网，级联交换机所使用的双绞线最大长度均可达到 100 m，这个长度与交换机和计算机之间的最大长度完全相同。因此，级联除了能够扩充端口数量之外，还可延伸网络范围。

1. 使用级联端口(Uplink)级联

现在大多数交换机都提供有专用的 Uplink 端口(如图 4-8 所示)，使得交换机之间的连接变得更加简单。Uplink 端口是专门用于与其他交换机连接的端口，可利用直通双绞线将该端口连接至其他交换机上除 Uplink 端口外的任何普通端口。这种连接方式跟计算机与交换机之间的连接完全相同，如图 4-9 所示。另外，有些品牌的交换机使用一个普通端口兼作 Uplink 端口，并利用一个开关在两种端口间进行切换，如图 4-10 所示。

图 4-8　专用 Uplink 的端口

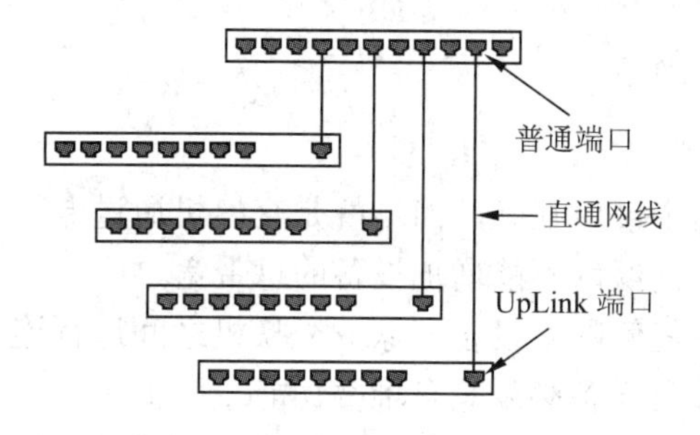

图 4-9　使用 Uplink 端口级联

图 4-10　普通端口兼作 Uplink 端口

1) 使用普通端口级联

如果交换机没有提供专门的级联端口，则使用交叉双绞线将两台交换机的普通端口连接在一起，以扩充网络端口数量，如图 4-11 所示。

2) 使用光纤端口级联

目前，中高端交换机上都提供有光纤端口。在中、大型企业网中，骨干交换机一般通过光纤端口与核心交换机进行级联。连接时需要注意，光纤的收发端口之间也必须进行交叉连接，如图 4-12 所示。

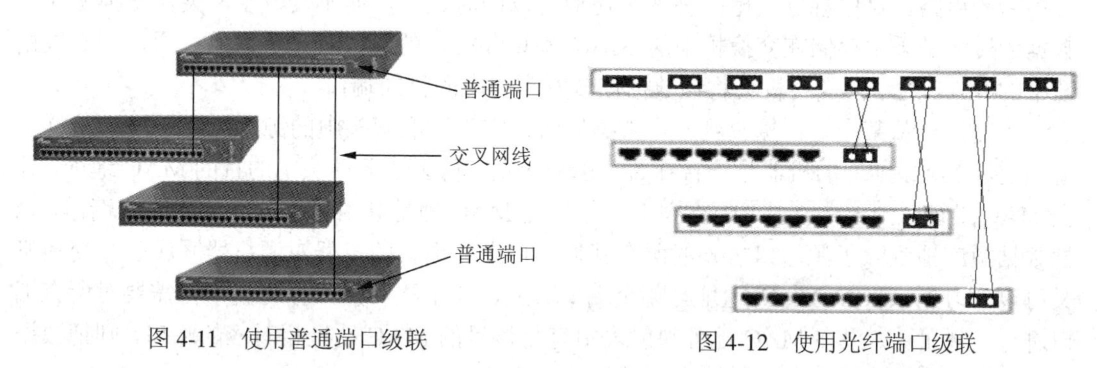

图 4-11　使用普通端口级联

图 4-12　使用光纤端口级联

2. 使用堆叠技术级联

堆叠技术是目前在以太网交换机上扩展端口的又一常用技术，是一种非标准化的技术。各个厂商的交换机之间不支持混合堆叠，堆叠模式由各厂商制定。只有支持堆叠的交换机之间才可进行堆叠，使用专用的堆叠线通过交换机上提供的堆叠接口采用一定的连接方式连接起来。多台交换机的堆叠是靠一个提供背板总线带宽的多口堆叠母模块与单口的堆叠子模块相连实现的(如图 4-13 所示)，并插入不同的交换机实现交换机的堆叠。

图 4-13　交换机的堆叠

3. 堆叠和级联的区别

(1) 连接方式不同：级联是两台交换机通过两个接口互联，而堆叠是交换机通过专门的背板堆叠模块相连。堆叠可以增加设备总带宽，而级联不能增加设备的总带宽。

(2) 通用行不同：级联可通过光纤或双绞线在任何网络设备厂家的交换机之间进行连接，而堆叠只有在自己厂家的设备之间进行连接，且设备必须具有堆叠功能才可实现。

(3) 连接距离不同：级联的设备之间可以有较远的距离(100 m 至几百米)，而堆叠的设备之间距离十分有限，必须在几米以内。

四、交换机的工作原理

以太网交换机是一种用于接入层的设备。如图 4-14 所示，交换机上含有一个 MAC 地址映射表，其中列出了包含所有活动端口以及与交换机相连主机的 MAC 地址。当信息在主机之间发送时，交换机将检查该表中是否存在目的 MAC 地址。如果存在，交换机就会在源端口与目的端口之间创建一个临时连接，称为电路。主机之间的每一次通信都会创建一条新的电路。这些独立的电路使多个通信可以同时进行，而不会发生冲突。交换机对于数据的转发是采用存储在交换机中的 MAC 地址和端口的对应表来进行的。通过判断数据帧中的 MAC 地址，交换机会将该数据帧转发到相应的目的端口。

当交换机从某个端口接收到一个数据帧时，它先读取帧头中的源 MAC 地址，这样它就知道源 MAC 地址的机器是连接在哪个端口上的。再去读取帧头中的目的 MAC 地址，并在 MAC 地址映射表中查找相应的端口。如果在 MAC 地址映射表中找不到相应的端口，则把数据帧广播到除了源端口之外的所有其他端口上。当目的机器对源机器回应时，交换机又可以学习到该目的 MAC 地址与哪个端口对应，在下次转发数据时就不再需要对所有端口进行广播了。如果在 MAC 地址映射表中有与该目的 MAC 地址相对应的端口，则把数据包直接转发到这个端口上，而不会向其他端口广播。

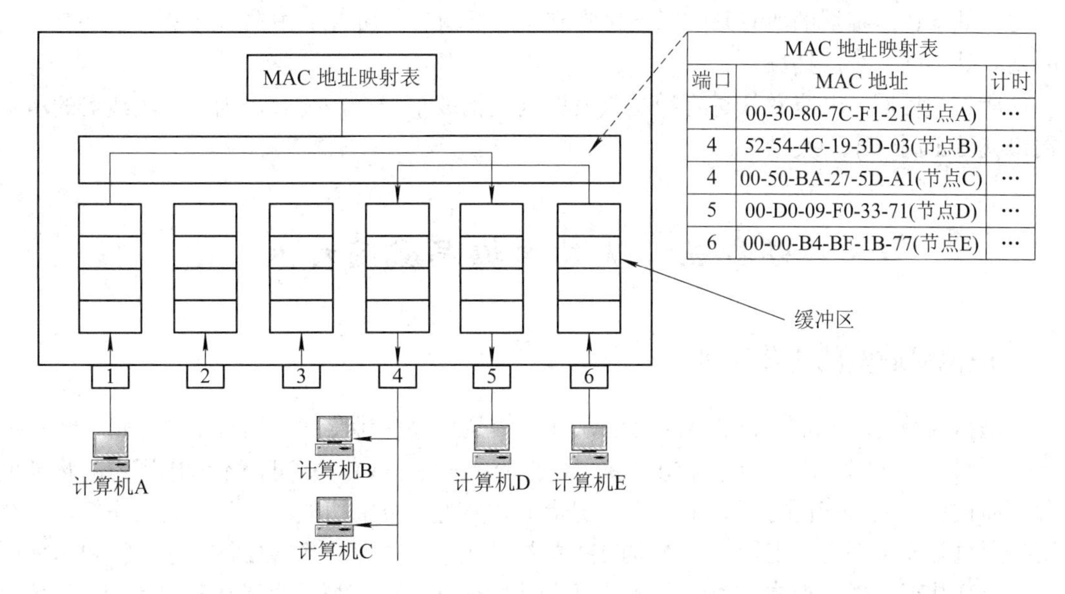

MAC 地址映射表

端口	MAC 地址	计时
1	00-30-80-7C-F1-21(节点A)	…
4	52-54-4C-19-3D-03(节点B)	…
4	00-50-BA-27-5D-A1(节点C)	…
5	00-D0-09-F0-33-71(节点D)	…
6	00-00-B4-BF-1B-77(节点E)	…

图 4-14　端口/MAC 地址映射表

交换机的数据帧转发方式可以分为以下三类：

(1) 直接交换方式：接收帧后立即转发，缺点是错误帧、碎片帧也会被转发。

(2) 存储转发交换方式：存储接收的帧并检查帧的错误，无错误再从相应的端口转发出去，缺点是数据检错增加了延时。

(3) 改进直接交换方式：接收帧的前 64 个字节后，判断以太网帧的帧头字段是否正确，如正确则转发。对长的以太网帧，交换延迟时间减少。

五、冲突域和广播域

在交换机中，所有的端口处于同一个广播域中，交换机每个端口均是不同的冲突域，如图 4-15 所示。在集线器中，所有的端口处于同一个冲突域中，也处于同一个广播域中。由于路由器的每个端口并不转发广播消息，因此路由器的每个端口均是不同的广播域。广播域可以跨网段，冲突域只能在同一个网段。

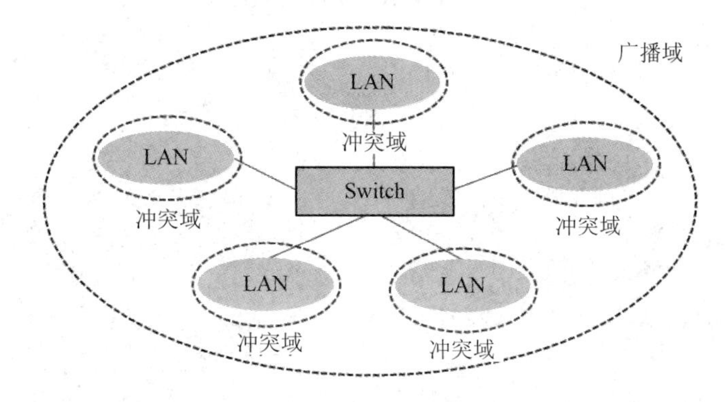

图 4-15　交换机的冲突域和广播域

广播域是能够接收同一个广播消息的集合。在该集合中，当任一站点发送一个广播消息时，处于该广播域的所有站点都能接收到该广播消息。所有工作在OSI第一层和第二层的站点处于同一个广播域中。

所有使用同一共享总线进行数据收发的站点构成了一个冲突域，因此，集线器的所有端口就处于同一个冲突域中。

任务五　认知虚拟局域网技术

一、虚拟局域网的工作原理

虚拟局域网(Virtual Local Area Network，VLAN)是一种将局域网设备从逻辑上划分成一个个网段，从而实现虚拟工作组的新兴数据交换技术。VLAN可以不考虑用户的物理位置，而根据功能、应用等因素将用户从逻辑上划分为一个个功能相对独立的工作组，每个用户主机都连接在一个支持VLAN的交换机端口上并属于某一个VLAN。同一个VLAN中的成员都共享广播，形成一个广播域，而不同VLAN之间广播信息是相互隔离的。这样，可将整个网络分割成多个不同的广播域。如果要在VLAN之间传送信息，就要用到路由器。

交换式以太网利用VLAN技术，在以太网帧的基础上增加了VLAN头，该VLAN头中含有VLAN标识符，用来指明发送该帧的工作站属于哪一个VLAN。同一个VLAN内的各个工作站没有限制在同一个物理范围中，即这些工作站可以在不同物理LAN网段。

图4-16所示为一个VLAN示例。

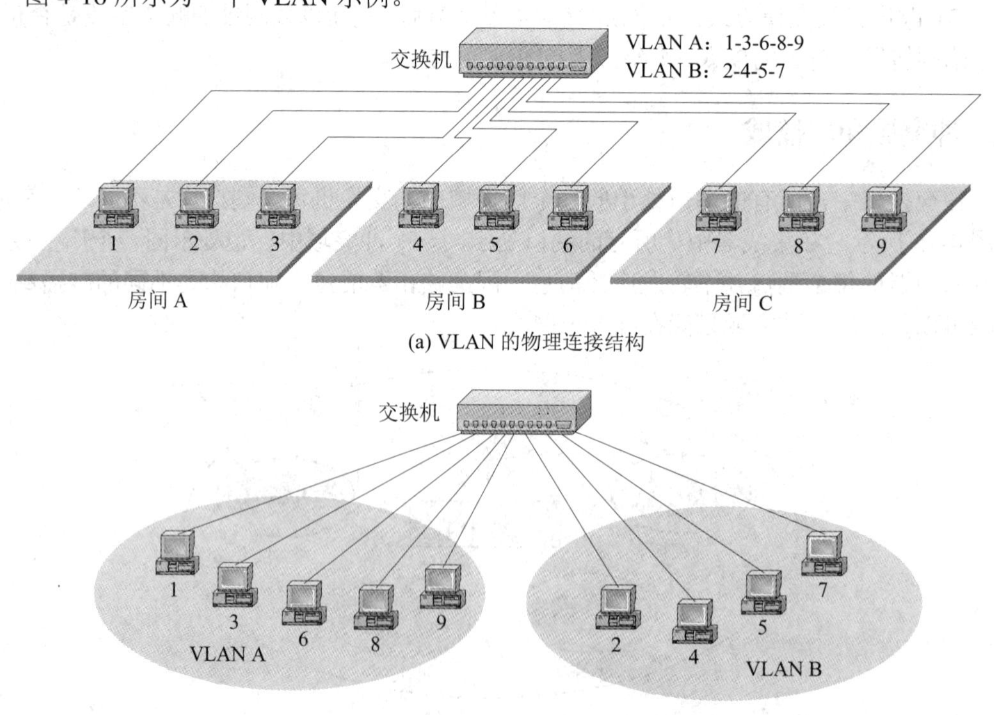

(a) VLAN的物理连接结构

(b) VLAN的逻辑结构

图4-16　VLAN示例

在采用 VLAN 后，在不增加设备投资的前提下，可在许多方面提高网络的性能，并简化网络的管理。VLAN 主要具有以下优点：

(1) 很好地控制了网络广播数据包，交换机中的一个 VLAN 广播不会影响到其他 VLAN 中的计算机。

(2) 提高了网络的安全性。VLAN 的数目及 VLAN 中的计算机数量由网络管理员决定，可将同一个部门的计算机放入同一个 VLAN，与其他部分的 VLAN 相互隔开，增强了局域网之间的安全性。

(3) 简化了网络管理。VLAN 可以在单独的交换机上实现，也可以跨越交换机实现，减少了网络设备的管理开销。

(4) VLAN 之间可以互通，也可以不相通。若要实现其中的某些 VLAN 能够互通，则使用一台中央路由器(或者路由交换机)将这些 VLAN 互联起来，从而形成一个完整的 VLAN。

二、虚拟局域网的划分

1. VLAN 的划分方法

VLAN 技术是建立在交换机基础之上的，将局域网中的节点按工作性质和需要划分成若干个逻辑工作组，一个逻辑工作组就是一个 VLAN。

VLAN 的划分方法主要有以下四种：

(1) 根据交换机端口号划分。从逻辑上可将交换机端口划分为不同的 VLAN，当某一端口属于某一个 VLAN 时，就不能属于另外一个 VLAN。

(2) 根据 MAC 地址划分。可利用 MAC 地址定义 VLAN。因为 MAC 地址是与物理相关的地址，因此也称为基于用户的 VLAN。

(3) 根据 IP 地址划分。可利用 IP 地址定义 VLAN。用户可按 IP 地址组建 VLAN，节点可随意移动而不需要重新配置。

(4) 根据 IP 广播组划分。可基于 IP 广播组动态建立 VLAN。广播包发送时，动态建立 VLAN，广播组中的所有成员属于同一个 VLAN，它们只是特定时间内的特定广播组成员。

2. VLAN 划分案例

(1) VLAN 划分要求：要实现不同部门用户的分组。

(2) VLAN 划分的实现思路：要实现不同部门用户的分组，需要在交换机上使用配置命令，建立对应不同部门的不同 VLAN，最简单的方式就是将交换机的端口分配给不同的 VLAN。

(3) VLAN 划分的实践步骤：

① 以交换机为中心正确连接网络中的各个设备，如图 4-17 所示。用户计算机 PC1～PC6 分别与交换机的端口 1～6 使用直通双绞线相连。在没有任何设置的情况下，这六台计算机可以相互通信，并且可以接收到彼此的广播信息。出于某种需要，要把 PC1、PC2、PC3 三台计算机与 PC4、PC5、PC6 三台计算机进行隔离，在不改变当前连接状态的情况下，使两部分不能直接通信，无法接收彼此的广播信息。这就需要用到虚拟局域网技术。如前所述，划分虚拟局域网有多种方式，此处以基于交换机端口划分为例。

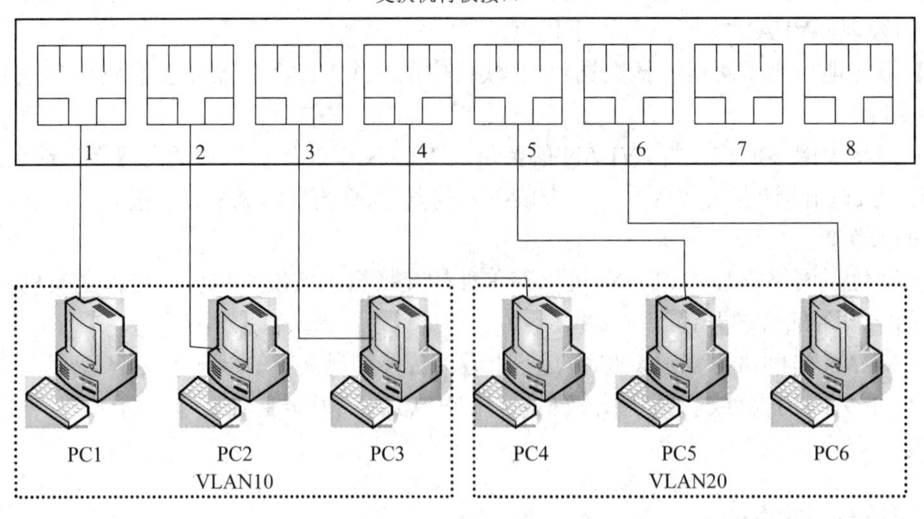

图 4-17　VLAN 划分

② 给 PC1～PC6 分别配置 IP 地址如下：

PC1：192.168.10.1；

PC2：192.168.10.2；

PC3：192.168.10.3；

PC4：192.168.10.4；

PC5：192.168.10.5；

PC6：192.168.10.6。

在任意计算机上使用 ping 命令测试与其他计算机的连通性，它们彼此是互通的。

进入交换机 IOS(Internet Operating System，网际操作系统)VLAN 配置模式，创建 VLAN10 和 VLAN20。将 f0/1 分配到 VLAN10 中(注意不同厂商的交换机设备操作命令稍有不同，实际配置可参考设备说明)，将 f0/2 和 f0/3 分配到 VLAN20 中。程序如下：

```
Switch#config terminal                          ；进入全局模式
Switch(config)#vlan 10                          ；创建 VLAN ID
Switch(config-vlan)#name sss                    ；VLAN name
Switch(config-vlan)# exit
Switch(config)#int f0/1                         ；进入端口 1
Switch(config-if)#switchport mode access
Switch(config-if)#switchport access vlan 10      ；当前端口 1 加入 VLAN10
Switch(config-if)#no shut                       ；激活端口
…
```

使用相同的方法将端口 2、3 加入到 VLAN10 中；创建 VLAN20，将端口 4、5、6 加入到 VLAN20 中。

③ 测试 PC1、PC2、PC3 与 PC4、PC5、PC6 的连通性，使用 ping 命令，如无法 ping 通，说明已经将两部分划分在不同的虚拟局域网中了。

三、Trunk 技术

虚拟局域网通常用一个 VLAN 号(VLAN ID)和 VLAN 名(VLAN Name)标识。多个交换机之间的虚拟局域网通过 VLAN 标记以及虚拟网中继(VLAN Trunk)技术实现。Trunk 是指主干链路(Trunk Link)，它是在不同交换机之间的一条链路，可以传递不同 VLAN 的信息，如图 4-18 所示。Trunk 的用途之一是实现 VLAN 跨越多个交换机进行定义。

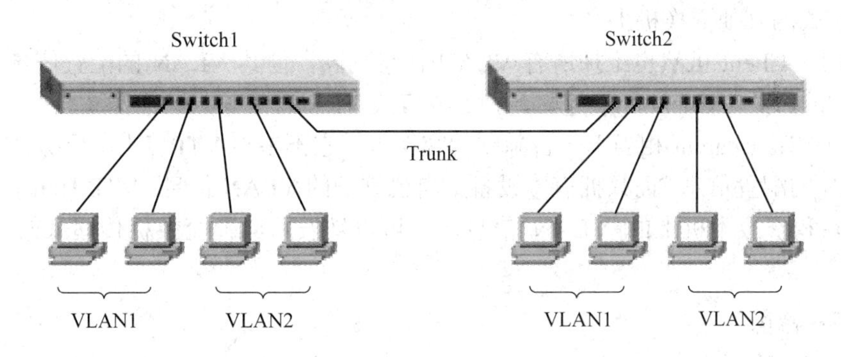

图 4-18　交换机之间的主干链路

Trunk 技术标准有以下两种：

(1) IEEE 802.1Q 标准。这种标准在每个数据帧中加入一个特定的标识，用以识别每个数据帧属于哪个 VLAN。IEEE 802.1Q 属于通用标准，许多厂家的交换机都支持此标准。

(2) ISL 标准。这是 Cisco 公司自有的标准，它只能用于 Cisco 公司生产的交换机产品，其他厂家的交换机不支持。Cisco 交换机与其他厂商的交换机相连时，不能使用 ISL 标准，只能采用 802.1Q 标准。

四、VLAN 中继协议

通常情况下，需要在整个园区网或者企业网中的一组交换机中保持 VLAN 数据库的同步，以保证所有交换机都能从数据帧中读取相关的 VLAN 信息并进行正确的数据转发。然而，对于大型网络来说，可能有成千台交换机，而一台交换机上都可能存有几十个乃至数百个 VLAN，如果仅由网络工程师手动配置，工作量是非常大的，并且也不利于日后维护，每次添加修改或删除 VLAN 都需要在所有的交换机上部署。VLAN 中继协议(VLAN Trunking Protocol，VTP)也称为 VLAN 干线协议，可解决各交换机 VLAN 数据库的同步问题。使用 VTP 协议可以减少 VLAN 相关的管理任务，把一台交换机配置成 VTP Server，其余交换机配置成 VTP Client，这样它们可以自动学习到 VTP Server 上的 VLAN 信息。下面介绍 VLAN 中继协议的相关定义。

1．VTP 域

VTP 使用“域”来组织管理互连的交换机，并在域内的所有交换机上维护 VLAN 配置信息的一致性。VTP 域是指一组有相同 VTP 域名并通过 Trunk 端口互连的交换机。每个域都有唯一的名称，一台交换机只能属于一个 VTP 域，同一域中的交换机共享 VTP 消息。VTP 消息是指创建、删除 VLAN 和更改 VLAN 名称等信息，它通过 Trunk 链路进行传播。

2. VTP 工作模式

VTP 有三种工作模式：VTP Server、VTP Client 和 VTP Transparent。

(1) VTP Server。新交换机出厂时，所有端口均预配置为 VLAN1，VTP 工作模式预配置为 VTP Server。一般情况下，一个 VTP 域内只设一个 VTP Server。VTP Server 维护该 VTP 域中所有 VLAN 配置信息，VTP Server 可以建立、删除或修改 VLAN。在一台 VTP Server 上配置一个新的 VLAN 时，该 VLAN 的配置信息将自动传播到本域内的所有处于 Server 或 Client 模式的其他交换机上。

(2) VTP Client 虽然也维护所有 VLAN 信息列表，但其 VLAN 的配置信息是从 VTP Server 学到的，VTP Client 不能建立、删除或修改 VLAN。

(3) VTP Transparent 相当于一台独立的交换机，它不参与 VTP 工作，不从 VTP Server 学习 VLAN 的配置信息，而只拥有本设备上自己维护的 VLAN 信息。VTP Transparent 可以建立、删除和修改本机上的 VLAN 信息，它可以转发从其他交换机传递来的任何 VTP 消息。

3. VTP 修剪

VTP 修剪(VTP Pruning)功能可以让 VTP 智能地确定在 Trunk 链路的另一端的指定的 VLAN 上是否有设备与之相连。如果没有，则在 Trunk 链路上修剪不必要的广播信息。通过修剪，只将广播信息发送到真正需要这个信息的 Trunk 链路上，从而增加可用的网络带宽。

任务六　认知生成树技术

1. 冗余链路

设计网络时必须考虑到冗余功能，从而保持网络高度可用，并消除任何单点故障，如图 4-19 所示。在关键区域内安装备用设备和网络链路即可实现冗余功能。使用备份连接，可以提高网络的健全性和稳定性。

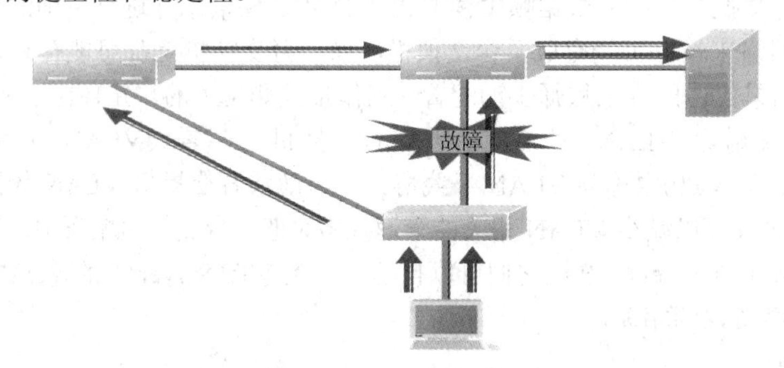

图 4-19　交换机之间的冗余链路

设计不当的冗余链路会产生环路，环路将会导致以下问题：

(1) 广播风暴。以太网流量的广播特性会造成交换环路。广播帧沿所有方向不断送出，从而导致广播风暴，如图 4-20 所示。

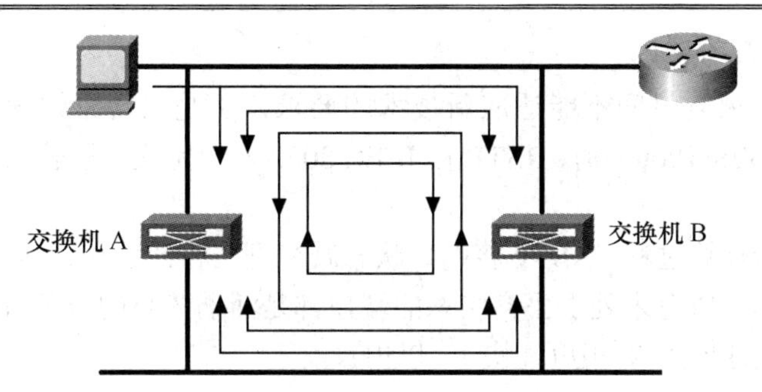

图 4-20　交换机之间的冗余链路产生环路

(2) 多帧复制。交换网络中的冗余线路有时会引起帧的多重传输。源主机向目的主机发送一个单播帧后，如果帧的目的 MAC 地址在任何所连接的交换机 MAC 表中都不存在，那么每台交换机便会从所有端口泛洪该帧。在存在环路的网络中，该帧可能会被发回最初的交换机。此过程不断重复，造成网络中存在该帧的多个副本。

(3) 地址表不稳定。当存在环路时，一台交换机可能将目的 MAC 地址与两个不同的端口关联。交换机接收不同端口上同源传来的信息，导致交换机连续更新其 MAC 地址表，结果造成帧转发出错。

2. 生成树技术简介

生成树协议(STP)是指临时关闭网络中冗余的链路，它是一种有效解决冗余链路产生环路问题的方法。STP 的主要思想是网络中存在备份链路时，只允许主链路激活，如果主链路因故障而被断开后，备用链路才会被打开。STP 的主要作用是避免环路及冗余备份。运行了 STP 以后，交换机将具有下列功能：

(1) 发现环路的存在；

(2) 将冗余链路中的一个设为主链路，其他设为备用链路；

(3) 只通过主链路交换流量；

(4) 定期检查链路的状况；

(5) 如果主链路发生故障，则将流量切换到备用链路。

STP 的基本做法就是把有环路的网络结构生成一个没有环路的树状网络结构。该树根可以是一台网桥或一台交换机，称之为根桥，由它作为核心基础来构成网络的主干与其他分支结构。根桥交换机定时发送配置数据包，非根桥交换机接收配置数据包并转发。如果某台交换机能够从两个或以上的端口接收到配置数据包，则说明从该交换机到根的路径不止一条，于是便形成了循环回路，此时交换机就根据端口配置选出一个端口并把其他端口阻塞，以消除循环。

STP 的应用也存在一定的缺点。打开交换机电源时，交换机的每个端口都会经过四种状态，即阻塞、侦听、学习和发送，如图 4-21 所示。生成树经过一段时间(默认值是 50 s 左右)稳定之后，所有端口要么进入转发状态，要么

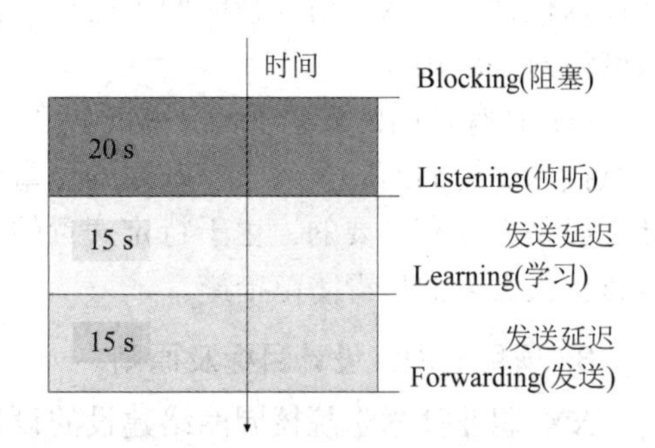

图 4-21　交换机端口的状态图

进入阻塞状态。

显然 50 s 的恢复时间不能适应新技术的要求，于是出现了快速生成树协议 RSTP (Rapid Spannning Tree Protocol)。RSTP 在 IEEE 802.1w 中定义，显著加速了生成树的重新计算速度。

为了加速重新计算过程，RSTP 将端口状态减少到三种：丢弃、学习和转发。RSTP 引入活动拓扑的概念，所有未处于丢弃状态的端口都是活动拓扑的一部分，会立即转换到转发状态，使得收敛速度大大加快(最快 1 s 以内)。

任务七　中型局域网组网实例

1. 项目组网的背景

XX 职业技术学院占地约 700 亩，在校人数约 6000 人，学院目前正加紧对信息化教育的规划和建设。开展的校园网络建设旨在推动学校信息化建设，其最终建设目标是建设成为一个借助信息化教育和管理手段的高水平的智能化、数字化的教学园区网络，最终完成统一软件资源平台的构建，实现统一网络管理、统一软件资源系统，为用户提供高速接入网络，并实现网络远程教学、在线服务、教育资源共享等各种应用；利用现代信息技术从事管理、教学和科学研究等工作。

2. 项目的组网需求分析

根据 XX 职业技术学院的特点，其校园网包含如下需求内容：

(1) 支持庞大的用户群：不仅包括全院各教学及办公部门，还包括提供面向教工宿舍和学生宿舍的桌面连接。

(2) 提供多样的网络服务：如提供 Web、E-mail、FTP 和视频等常规服务，还能提供网上教学、第二课堂、电子图书馆等服务。

(3) 具有很高的网络传输速率：在校园网络中，视频、音频、数据集于一体。对不同服务流进行详细的分类，划分优先级，以及尽可能地避免发生拥塞，充分利用现有的带宽。

(4) 具有很好的开放和互联性：提供面向学生、开放、独立的网段，为学生学习、操作、开发网络应用提供一个真实的计算机网络环境；具有很好的互联性和扩展性，能方便地接入校园主干网，访问校园网上的信息，实现全院各系部间的资源共享，并可以通过校园网访问 Internet。

(5) 具有较高的安全保障：校园网的信息点分布很广，用户的流动性大，信息点存在随意接入使用的问题。为了在发生安全事件后，能够有效、快捷地处理事故，采用上网审计手段是十分有必要的。由于特定病毒的传播以及由于病毒造成的流量拥塞，校园网络还应该提供必要的病毒防范措施。

3. 项目的网络设计目标及原则

XX 职业技术学院校园网络建设的设计目标是：建设高性能、高可靠性、高稳定性、高安全性、易管理的部分万兆和千兆骨干网络平台。

进行网络设计时应遵循以下原则：

(1) 实用性和经济性：采用面向应用、注重实效的方针，坚持实用、经济的原则，建设部分万兆和千兆骨干网络平台，保护用户的投资。

(2) 先进性和成熟性：网络建设设计既要采用先进的概念、技术和方法，又要注意结构、设备、工具的相对成熟。

(3) 可靠性和稳定性：应从系统结构、技术措施、设备性能、系统管理、厂商技术支持及保修能力等方面着手，确保系统运行的可靠性和稳定性，达到最大的平均无故障时间，选择国内外知名品牌。

(4) 安全性和保密性：既考虑信息资源的充分共享，更要注意信息的保护和隔离，因此系统应分别针对不同的应用和网络通信环境采取不同的措施，包括划分 VLAN、端口隔离、路由过滤、防 DDoS 拒绝服务攻击、防 IP 扫描、系统安全机制、多种数据访问权限控制等。

(5) 可扩展性和可管理性：为了便于扩展，对于核心设备必须采用模块化高密度端口的设备，便于将来升级和扩展。另外，全线采用基于 SNMP 标准的可网管产品，达到全程网管，以降低人力资源的费用，提高网络的易用性、可管理性，同时又具有很好的可扩充性。

4. 项目的网络结构总体设计

校园网在设计时应遵循分层网络的设计思想，采用三层设计模型，主干网采用星型拓扑结构，该拓扑结构实施与扩充方便灵活，便于维护，技术成熟。

1) 核心层

网络中心节点及其他核心节点作为校园网络系统的心脏，必须提供全线速的数据交换，当网络流量较大时，应对关键业务的服务质量提供保障。另外，作为整个网络的交换中心，核心层在保证高性能、无阻塞交换的同时，还必须保证稳定可靠的运行。具体来说，核心节点的交换机有两个基本要求：

(1) 高密度端口情况下，能保持各端口的线速转发；

(2) 关键模块必须冗余，如管理引擎、电源、风扇。

2) 汇聚层

汇聚层是各楼宇的数据汇聚平台，为全网提供了快速交换支持，是各楼宇数据、媒体流会聚的主节点。汇聚路由交换机需要具备高可靠性、高性能、高端口密度、高安全性、可管理性等要求，并具有网络可扩容升级能力和多种业务支持能力。

3) 接入层

接入层由楼栋交换节点和楼层交换节点组成，应该可以满足各种客户的接入需要，而且能够实现客户化的接入策略、业务 QoS 保证、用户接入访问控制等。楼层交换节点采用千兆智能堆叠交换机，提供智能的流分类和完善的 QoS 保证。本方案中各接入层交换机通过千兆链路上联到各汇聚层设备，对下联的桌面设备提供全双工的百兆连接。

XX 职业技术学院校园网分层规划以吉比特(Gb)为基础，10 Gb 为目标，采用核心层、分布层和接入层三层架构，网络规划拓扑图如图 4-22 所示。

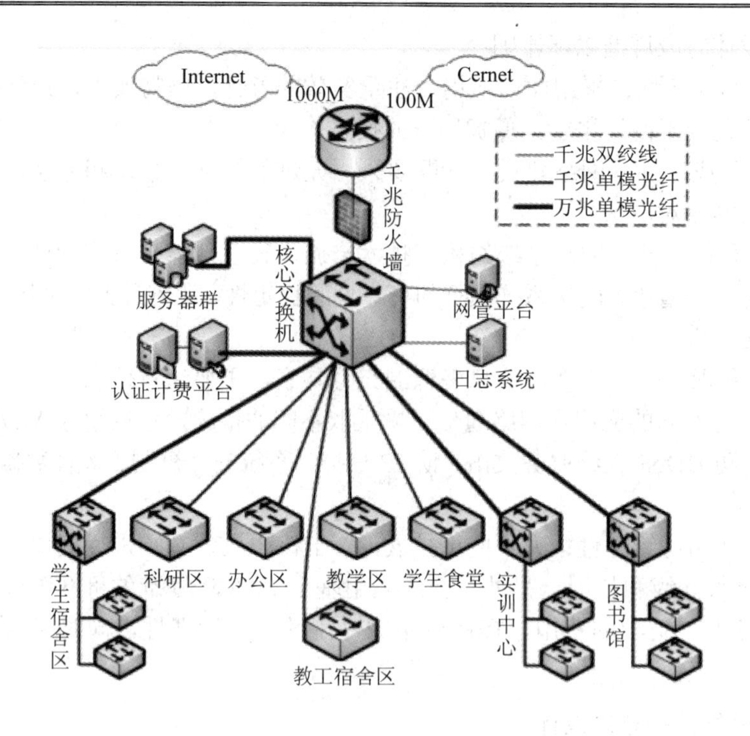

图 4-22　XX 职业技术学院网络规划拓扑图

5. 项目的组网技术选择

考虑到校园网对传输速率要求较高，并且学院以前有一些以太网设备，所以主干网络采用千兆以太网技术，对于部分流量特别大的部门采用万兆以太网技术，这样可以大大提高网络速度和充分利用网络带宽。

6. 项目的组网设备选择

这里仅对主干网络设备的选择作简要介绍，其他设备选型参见本书有关部分和其他资料。

(1) 核心层设备：主干核心交换机属于高端系列的产品，所以在本方案中，核心交换机建议采用多业务万兆/千兆核心路由交换机。核心路由交换机的参考型号为 Cisco C7609。

(2) 汇聚层设备：到学生宿舍区、实训中心和图书馆的数据流量大，采用的是万兆单模光纤连接，其设备也应该具有三层交换功能，可选择 Cisco Catalyst 6500 系列，到其他区域可以选择 Cisco Catalyst 3500 系列的三层交换机或 Cisco 2960 系列二层交换机。

(3) 接入层设备：选择具有二层交换功能的 LAN 交换机，如 Cisco 2950 系列交换机等。

项目实践一：交换机的基本配置

实践目标：

- 进一步认识以太网交换机；

- 能熟练地进行网络设备的连接；
- 理解交换机基本配置的步骤和命令；
- 掌握配置交换机的常用命令。

实践环境：

- 装有 Windows XP 操作系统的 PC 一台；
- Cisco 2950 交换机一台；
- Console 控制线一根。

1. 绘制网络拓扑结构图

交换机基本配置网络拓扑结构示意图如图 4-23 所示。

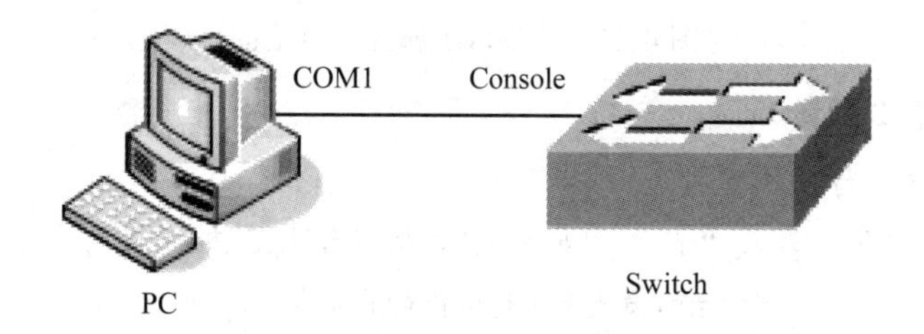

图 4-23　交换机基本配置网络拓扑结构示意图

2. 硬件连接

如图 4-23 所示，将 Console 控制线的一端插入计算机 COM1 串口，另一端插入交换机的 Console 接口，然后开启交换机的电源。

3. 通过超级终端连接交换机

(1) 选择菜单“开始”→“程序”→“附件”→“通讯”→“超级终端”命令，打开“连接描述”对话框，输入新建连接名称，如 cisco，如图 4-24 所示。

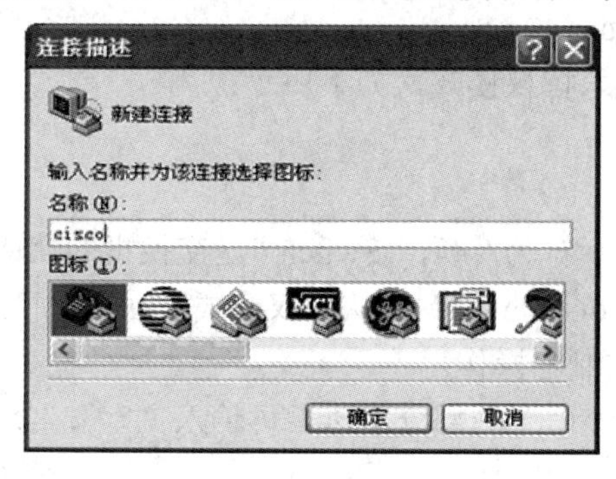

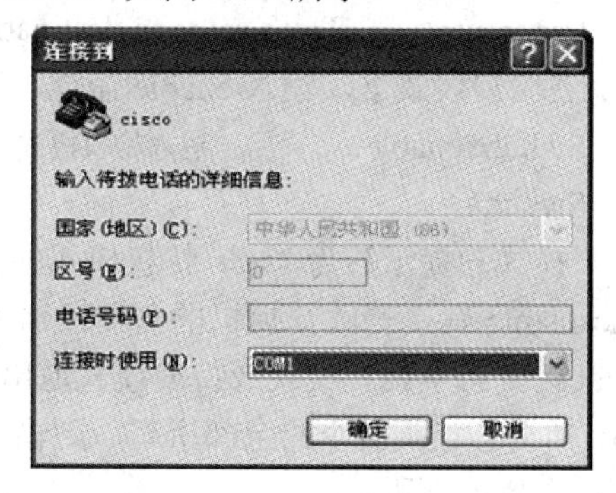

图 4-24　连接描述图

(2) 单击“确定”按钮后，打开“COM1 属性”对话框，如图 4-25 所示。单击该对话框右下方的“还原为默认值”按钮，此时，比特率已改为 9600 b/s。

(3) 单击“确定”按钮，如果连接正常且交换机已启动，只要在超级终端中按 Enter 键，超级终端窗口中就会出现交换机提示符或其他提示符，说明计算机已经连接到交换机上了。接下来就可以开始配置交换机。

图 4-25　“COM1 属性”对话框

4. 交换机的基本配置

1) 交换机的命令行使用方法

(1) 在任何模式下，输入“？”可显示相关帮助信息，如下所示：

```
Switch>?          ； 显示当前模式下所有可执行的命令
disable           Turn off privileged commands
enable            Turn on privileged commands
exit              Exit from the EXEC
help              Description of the interactive help system
ping              Send echo message
rcommand          Run command on remote switch
show              Show running system information
telnet            Open a telnet connection
traceroute        Trace route to destination
```

(2) 在用户模式下，输入 enable 命令，进入特权模式，如下所示：

```
Switch>enable       ；  进入特权模式
Switch#
```

用户模式的提示符为“>”，特权模式的提示符为“#”，“Switch”是交换机的默认名称，可用 hostname 命令修改交换机的名称。输入 disable 命令可从特权模式返回用户模式。输入 logout 命令可从用户模式或特权模式退出控制台操作。

(3) 如果忘记某命令的全部拼写，则输入该命令的部分字母后再输入“？”，会显示相关匹配命令，如下所示：

```
Switch#co?          ；显示当前模式下所有以 co 开头的命令
   configure copy
```

(4) 输入某命令后，如果忘记后面跟什么参数，可输入“？”，会显示该命令的相关参数，如下所示：

```
Switch#copy         ；显示 copy 命令后可执行的参数
```

```
flash              Copy from flash file system
running-config     Copy from current system configuration
startup-config     Copy from startup configuration
tftp               Copy from tftp file system
xmodem             Copy from xmodem file system
```

(5) 输入某命令的部分字母后，按Tab键可自动补齐命令，如下所示：

```
Switch#conf(按Tab键)        ；按Tab键自动补齐configure命令
Switch#configure
```

2) 交换机的口令设置

特权模式是进入交换机的第二个模式，比第一个模式(用户模式)有更大的操作权限，也是进入全局配置模式的必经之路。在特权模式下，可用enable password和enable secret命令设置口令。

(1) 输入enable password xxx命令，可设置交换机的明文口令为xxx，即该口令是没有加密的，在配置文件中以明文显示，如下所示：

```
SwitchA(config)#enable password xxx        ；设置特权明文口令为xxx
SwitchA(config)#
```

(2) 输入enable secret yyy命令，可设置交换机的密文口令为yyy，即该口令是加密的，在配置文件中以密文显示，如下所示：

```
SwitchA(config)#enable secret yyy        ；设置特权密文口令为yyy
SwitchA(config)#
```

enable password命令的优先级没有enable secret高，这意味着如果用enable secret设置过口令，则用enable password设置的口令就会无效。

(3) 设置console控制台口令，其方法如下：

```
SwitchA(config)#line console 0           ；进入控制台接口
SwitchA(config-line)#login               ；启用口令验证
SwitchA(config-line)#password cisco      ；设置控制台口令为cisco
SwitchA(config-line)#exit                ；返回上一层设置
SwitchA(config) #
```

由于只有一个控制台接口，所以只能选择线路控制台0(line console 0)。config-line是线路配置模式的提示符。exit命令是返回上一层设置。

(4) 设置telnet远程登录交换机的口令，其方法如下：

```
SwitchA(config)#line vty 0 4                  ；进入虚拟终端
SwitchA(config-line)#login                    ；启用口令验证
SwitchA(config-line)#password zzz             ；设置telnet登录口令为zzz
SwitchA(config-line)#exit-timeout 15 0        ；设置超时时间为15分钟0秒
SwitchA(config-line)#exit                     ；返回上一层设置
SwitchA(config)#exit
SwitchA#
```

只有配置了虚拟终端(vty)线路的密码后，才能利用 telnet 远程登录交换机。较早版本的 Cisco IOS 支持 vty line 0～4，即同时允许 5 个 telnet 远程连接。新版本的 Cisco IOS 可支持 vty line 0～15，即同时允许 16 个 telnet 远程连接。使用 no login 命令允许建立无口令验证的 telnet 远程连接。

3) 交换机的端口设置

(1) 在全局配置模式下，输入 interface fa0/1 命令，进入端口设置模式(提示符为 config-if)，可对交换机的 1 号端口进行设置，如下所示：

```
SwitchAconfig terminal                    ; 进入全局配置模式
SwitchA(config)#interface fa0/1           ; 进入端口 1
SwitchA(config-if)#
```

(2) 在端口设置模式下，通过 description、speed、duplex 等命令可设置端口的描述、速率、单双工模式等，如下所示：

```
SwitchA(config-if)#description“link to bangongshi”  ; 端口描述(连接至办公室)
SwitchA(config-if)#speed 100              ; 设置端口通信速率为 100 Mb/s
SwitchA(config-if)#duplex full            ; 设置端口为全双工模式
SwitchA(config-if)#shutdown               ; 禁用端口
SwitchA(config-if)#no shut down           ; 启用端口
SwitchA(config-if)#end                    ; 直接退回到特权模式
SwitchA#
```

4) 交换机可管理 IP 地址的设置

交换机的 IP 地址配置实际上是在 VLAN1 的端口上进行配置，默认时交换机的每个端口都是 VLAN1 的成员。

在端口配置模式下使用 ip address 命令可设置交换机的 IP 地址，在全局配置模式下使用 ip default-gateway 命令可设置默认网关，如下所示：

```
SwitchA#config terminal                   ; 进入全局配置模式
SwitchA(config)#interface vlan 1          ; 进入 VLAN 1
SwitchA(config-if)#ip address 192.168.1.100.255.255.255.0   ; 设置交换机可管理 IP 地址
SwitchA(config-if)#no shutdown            ; 启用端口
SwitchA(config)#exit                      ; 返回上一层设置
SwitchA(config)#ip default-gateway 192.168.1.1              ; 设置默认网关
SwitchA(config)#exit
SwitchA#
```

5) 保存或删除交换机配置信息

交换机配置完成后，在特权配置模式下，可利用 copy running-config startup-config 命令(当然也可利用简写命令 copy run start)或 write(wr)命令，将配置信息从 DRAM 内存中手工保存到非易失 RAM(NVRAM)中；利用 erase startup-config 命令可删除 NVRAM 中的内容，如下所示：

```
SwitchA#copy running-config startup-config      ; 保存配置信息至 NVRAM 中
SwitchA#erase startup-config                    ; 删除 NVRAM 中的配置信息
```

项目实践二：在交换机上划分 VLAN

实践目标：

- 进一步熟悉 VLAN 的基本原理；
- 能熟练地进行网络设备的连接；
- 理解在交换机上划分 VLAN 的步骤和命令；
- 掌握根据端口划分 VLAN 的基本方法。

实践环境：

- 网络实训室；
- 5 类非屏蔽 Console 配置双绞线两根，5 类非屏蔽直通双绞线四根，5 类非屏蔽交叉双绞线一根；
- 装有 Microsoft Windows XP 的 PC 四台；
- Cisco2960 以太网交换机两台，或装有 Cisco Packet Tracer 模拟软件的 PC 一台。

1. 绘制网络拓扑结构图

依据项目实践需求绘制的网络拓扑结构示意图如图 4-26 所示。

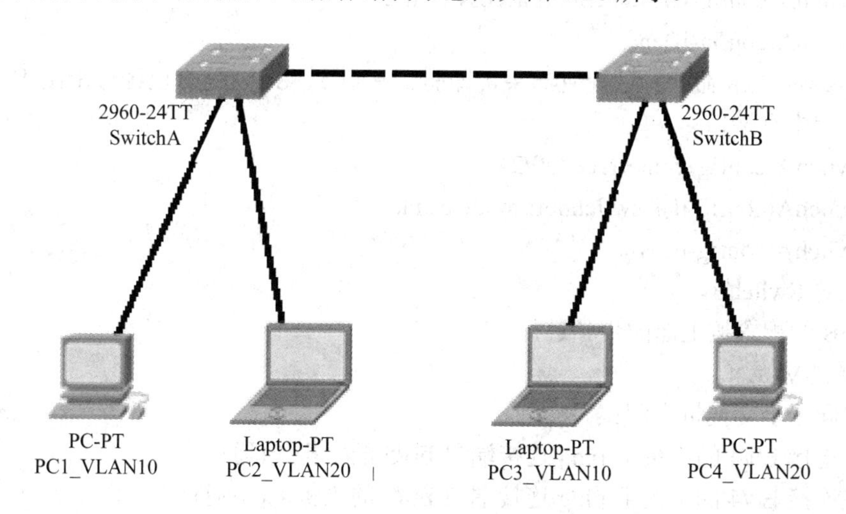

图 4-26　网络拓扑结构示意图

2. 配置交换机

(1) 配置产生出两个 VLAN。

① 显示当前交换机 VLAN 接口信息。

② 在交换机的特权模式下键入 show vlan，如下所示：

```
SwitchA#show vlan
```

③ 查看哪些交换机端口属于默认 VLAN1。

④ 产生并命名两个 VLAN。

⑤ 键入如下命令产生两个 VLAN：

SwitchA(config)# vlan 10；创建一个 VLAN 和进入 VLAN 配置模式

SwitchA(config)# vlan 20

(2) 分配端口给 VLAN10。

分配端口给 VLAN 时必须在接口配置模式下进行。

① 将端口 4、5、6 分配给 VLAN 10，如下所示：

```
SwitchA(config)#interface fastEthernet 0/4
SwitchA(config-if)#switchport access vlan 10
SwitchA(config-if)#interface fastEthernet 0/5
SwitchA(config-if)#switchport access vlan 10
```

或

```
SwitchA(config)# interface range fa0/4-6
SwitchA(config-if)#switchport access vlan 10
SwitchA(config-if)end
```

② 用 show vlan 命令验证配置结果，即验证端口 4、5、6 是否已经分配给 VLAN 10。

③ 分配端口 7、8、9 给 VLAN 20，如下所示：

```
SwitchA(config)# interface range fa0/7-9
SwitchA(config-if)#switchport access vlan 20
SwitchA(config-if)end
```

④ 用 show vlan 命令验证配置结果，即验证端口 7、8、9 是否已经分配给 VLAN 20。

(3) 配置中继端口。

```
SwitchA(config)# interface fa0/24
SwitchA(config-if)# switchport mode trunk
SwitchA(config-if)exit
```

(4) 配置 SwitchB。

SnitchB 的配置按上面的步骤进行。

(5) 测试 VLAN。

① 在同一个交换机上测试 VLAN。

② 在连接 E0/4 的主机上 ping 连接端口 E0/5 的主机。(通)

③ 在连接 E0/4 的主机上 ping 连接端口 E0/7 的主机。(不通)

④ 在不同交换机上测试 VLAN。

⑤ 在连接 SwitchA 的 E0/4 的主机上 ping 连接在 SwitchB 的 E0/4 的主机。(通)

(6) 从 VLAN 中除去一个端口。

① 设置在端口配置模式下进行，如下所示：

```
SwitchA(config)#interface FastEthernet0/5
SwitchA(config-if)#no switchport access vlan
SwitchA(config-if)end
```

② 使用 show vlan 命令验证配置结果。

问题：端口 E0/5 还是 VLAN10 的成员吗？

(7) 删除 VLAN。

① 进入全局视图，使用 no 格式命令，如下如下：

```
SwitchA(config)#no vlan 20
```

② 验证配置结果，如下所示：

```
SwitchA#show vlan
```

问题 1：VLAN 20 已经被删除了吗？

问题 2：当删除了 VLAN 后，对端口来说发生了些什么？

③ 在连接 SwitchA 的 E0/4 的主机上 ping 连接在 SwitchB 的 E0/7 的主机。(不通)

项目实践三：生成树协议配置

实践目标：

- 理解生成树协议的工作原理；
- 掌握快速生成树协议 RSTP 的基本配置方法。

实践环境：

- Switch-2960 交换机两台；
- 装有 Cisco Packet Tracer 模拟软件的 PC 两台。(按照拓扑图连接网络时应注意，两台交换机都配置快速生成树协议后，再将两台交换机连接起来。如果连接再配置会造成广播风暴，影响交换机的正常工作。)

1. 生成树协议技术原理

(1) 生成树协议的作用是在交换网络中提供冗余备份链路，并且解决交换网络中的环路问题。

(2) 生成树协议是利用 SPA 算法，在存在交换机环路的网络中生成一个没有环路的属性网络，运用该算法将交换网络的冗余备份链路从逻辑上断开，当主链路出现故障时，能够自动切换到备份链路，保证数据的正常转发。

(3) 生成树协议版本：STP\RSTP(快速生成树协议)\MSTP(多生成树协议)。

(4) 快速生成树在生成树协议的基础上增加了两种端口角色，替换端口或备份端口，分别作为根端口和指定端口。当根端口或指定端口出现故障时，冗余端口不需要经过 50 s 收敛时间，可以直接切换到替换端口或备份端口，从而实现 RSTP 协议小于 1 s 的快速收敛。

2. 操作二生成树协议配置步骤

(1) 新建 packet tracer 拓扑图，如图 4-27 所示。默认情况下 STP 协议是启用的。通过两台交换机之间传送 BPDU 协议数据单元，选出根交换机、根端口等，以便确定端口转发状态，图中 S1 的 2 号和 3 号端口、S2 的 2 号和 3 号端口处于 block 堵塞状态。

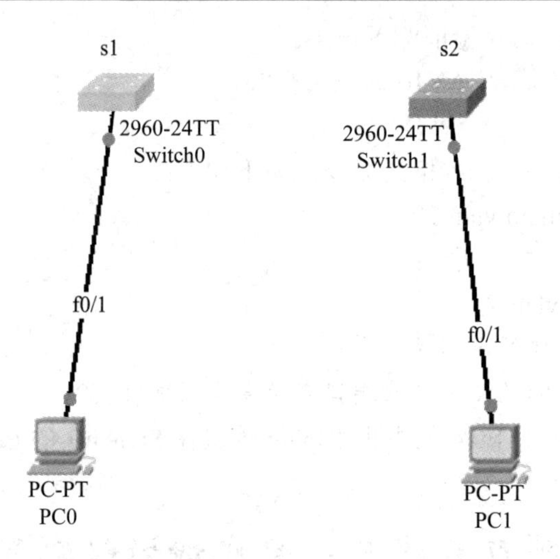

图 4-27　packet tracer 拓扑图

(2) 设置 RSTP。

(3) 查看交换机 show spanning-tree 状态，了解根交换机和根端口的情况。

(4) 通过更改交换机生成树的优先级 spanning-tree vlan 10 priority 4906 可以改变根交换机的角色。

(5) 测试。当主链路处于 down 状态时，能够自动切换到备份链路，保证数据的正常转发。

3. 生成树协议配置代码

(1) SW1 配置如下：

```
Switch>en
Switch#conf t
Enter configuration commands, one per line. End with CNTL/Z.
Switch (config)#int f0/1
Switch (config-if)#switchport access vlan 10
% Access VLAN does not exist. Creating vlan 10
Switch (config-if)#exit
Switch (config)#int range f0/2-3
Switch (config-if-range)#switchport mode trunk
Switch (config-if-range)#exit
Switch (config)#spanning-tree mode rap
Switch (config)#spanning-tree mode rapid-pvst
Switch (config)#end
Switch#
%SYS-5-CONFIG_I: Configured from console by console
```

(2) 查看 SW1 快速生成树协议，如下所示：

```
Switch#show spanning
```

```
Switch#show spanning-tree
VLAN0010
  Spanning tree enabled protocol rstp
  Root ID     Priority     32778
              Address      00D0.D34D.7EC1
              This bridge is the root
              Hello Time   2 sec Max Age 20 sec Forward Delay 15 sec

  Bridge ID   Priority     32778   (priority 32768 sys-id-ext 10)
              Address      00D0.D34D.7EC1
              Hello Time   2 sec Max Age 20 sec Forward Delay 15 sec
              Aging Time   20

Interface          Role  Sts   Cost        Prio.Nbr  Type
----------------------- ----- ----- ----------- ----------- ---------
Fa0/1              Desg  FWD 19            128.1     P2p

Wwitch#
```

(3) SW2 配置如下：

```
Switch>en
Switch#conf t
Enter configuration commands, one per line. End with CNTL/Z.
Switch(config)#int f0/1
Switch(config-if)#switchport access vlan 10
% Access VLAN does not exit. Creating vlan 10
Switch (config-if)#exit
Switch (config)#int range f0/2-3
Switch (config-if-range)#switchport mode trunk
Switch (config-if-range)#exit
Switch (config)#spanning-tree mode rap
Switch (config)#spanning-tree mode rapid-pvst
Switch (config)#end
Switch#
%SYS-5-CONFIG_I: Configured from console by console
```

(4) 查看 SW2 快速生成树协议，如下所示：

```
Switch#show spanning
Switch#show spanning-tree
VLAN0001
  Spanning tree enabled protocol rstp
```

```
Root ID       Priority      32769
              Address       00D0.BC8C.2991
              This bridge is the root
              Hello Time    2 sec Max Age 20 sec Forward Delay 15 sec

Bridge ID     Priority      32769   (priority 32768 sys-id-ext 1)
              Address       00D0.BC8C.2991
              Hello Time    2 sec Max Age 20 sec Forward Delay 15 sec
              Aging Time    20

   Interface         Role  Sts   Cost          Prio.Nbr    Type
----------------------- ----- ----- ----------- ----------- ---------
   Fa0/2              Desg FWD 19              128.2       P2p
   Fa0/3              Desg FWD 19              128.3       P2p
```

(5) 两台交换机配置完毕后链接起来，如图 4-28 所示左边 S1 的 3 号端口工作异常。

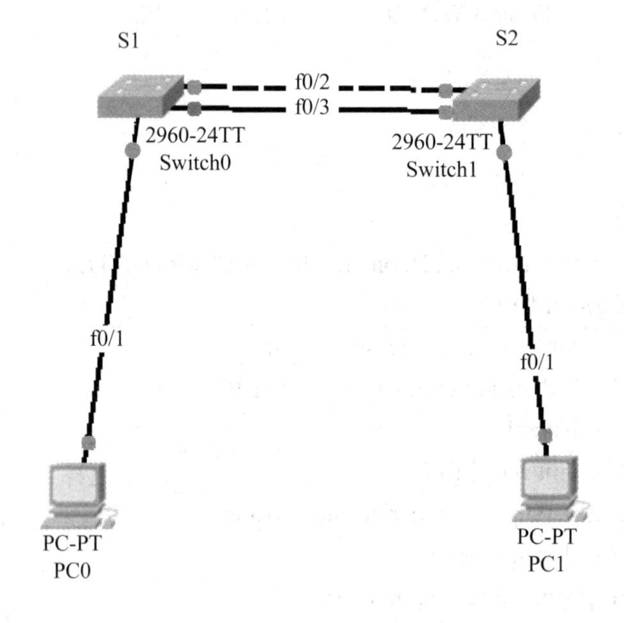

图 4-28　链接两台交换机

问题 1：为什么左边 S1 的 3 号端口工作异常？

(6) 查看左边 S1 的 2 号端和 3 号端口，如下所示：

```
   Switch#show spanning-tree tree int f0/2
   Vlan              Role  Sts    Cost          Prio.Nbr    Type
----------------------- ----- ----- ----------- ----------- ---------
   VLAN0001         Root  FWD    19            128.2       P2p
   VLAN0010         Root  FWD    19            128.2       P2p
```

```
Switch#show sp
Switch#show spanning-tree tree int f0/3
Vlan                 Role  Sts   Cost         Prio.Nbr  Type
-------------------- ----  ----- ------------ --------- ---------
VLAN0001             ALtn  BLK   19           128.3     P2p
VLAN0010             ALtn  BLK   19           128.3     P2p
Switch#
```

问题 2：自行查看右边 S2 的 2 号端口和 3 号端口的显示状况，并分析与图 4-28 左边 S1 的 2 号端口和 3 号端口的显示区别。

问题 3：回答完问题 2 后断掉两台交换机的 f0/2 号端口，看看它们的 f0/3 号端口是否作为备份链路自动启动。

小　结

通过本项目的训练，认知了以太网技术的基础理论、交换机的功能与配置、生成树技术、虚拟局域网技术等知识点，实践完成了中型局域网组网实例训练。

习　题

1. 交换机的功能与配置命令有哪些？
2. 简单阐述以太网结构的中型局域网的组网过程。

项目五 局域网互联

项目引导

本项目以实现组建大型局域网为目标，要求了解网络层的作用及提供的服务，熟悉广域网的协议、路由器的工作原理，掌握路由器的配置等知识。

知识目标：

- 熟悉网络层的作用、提供的服务及协议；
- 掌握路由器的工作原理及配置。

能力目标：

- 掌握路由器的基本配置及路由协议的配置；
- 掌握组建大型局域网的相关技能及配置命令。

任务一 认知网络层

随着社会经济的发展，我国出现了许多大型局域网的组建需求。比如，随着许多大学和高职院校的大力发展，在校人数由起初的几千人发展为目前的上万人甚至几万人，校园面积也扩大了数倍且分布在不同的区域；许多企业发展壮大，成为跨地区、跨行业的大型企业；电子政务网络正在不断拓展和渗透；“三网”(计算机网络、电话网和电视网)技术也在不断完善和深入；……种种迹象表明，大型局域网越来越占有举足轻重的位置。

1. 网络层的作用

在ISO参考模型中，网络层主要有以下三方面的功能：

(1) 路由选择。在点对点的通信子网中，信息从源节点发出，经过若干个中继节点的存储及转发后，最终到达目的节点。

(2) 拥塞控制。在ISO参考模型中，很多层次都需要考虑流量控制问题，网络层所做的流量控制则是对进入分组交换网的通信量加以一定的限制，以防止因通信量过大而造成通信子网性能下降甚至造成网络瘫痪。

(3) 网络互联。网络层可以实现不同网络、多个子网和广域网的互联。

2. 网络层提供的服务

网络层所提供的服务主要有两种：虚电路服务和数据报服务。

1) 虚电路服务

网络层所提供的虚电路服务就是通过网络建立可靠的通信，从而做到能先建立确定的连接(逻辑连接)再发送分组报文的通信过程。当两台计算机通过网络层的虚电路服务进行网络通信时，必须先建立一条从源节点到目的节点的虚电路 VC，以保证通信双方所需的一切网络资源，然后源节点和目的节点就可以通过建立的虚电路发送相应的分组报文，如图 5-1 所示。

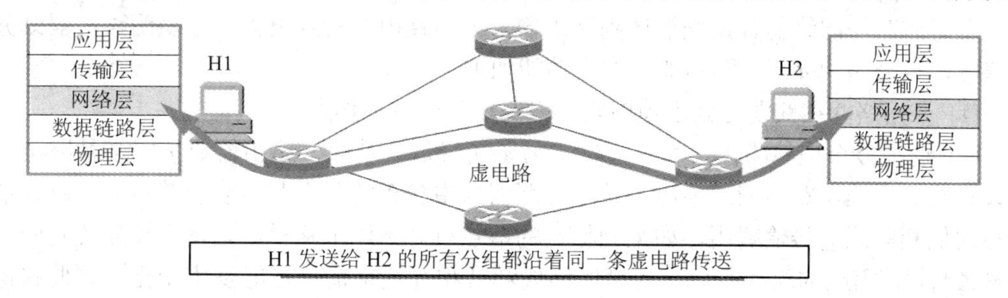

图 5-1　虚电路

注意：虚电路表示这只是一条逻辑上的连接，分组都沿着这条逻辑连接按照存储转发方式传送，而并不是真正建立了一条物理连接。

2) 数据报服务

网络层向上只提供简单灵活的、无连接的、尽最大努力交付的数据报服务。网络在使用数据报服务发送分组报文时，每一个分组报文(即 IP 数据报)都独立发送(如图 5-2 所示)，在传送报文的过程中，所传送的分组报文可能会出错、丢失及不按序到达，当然也不保证分组传送的时限。

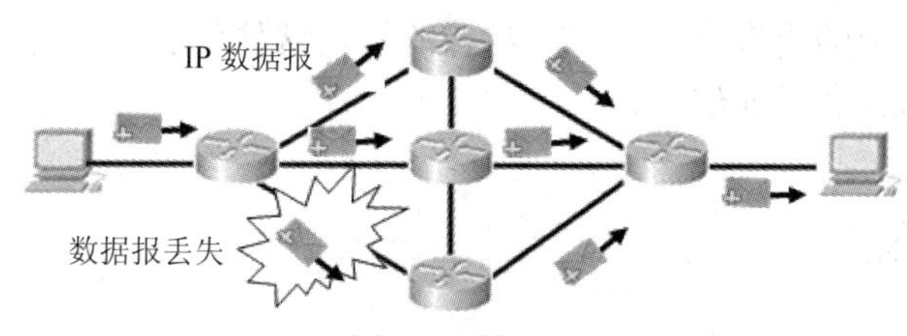

图 5-2　数据报

3. TCP/IP 网络互联层

网络层的主要功能是将来自应用层的不同数据视为具备相同的源地址和目的地址的数据传输单元，从源系统发送到目的系统。而这些功能的完成主要由网络中的路由器或三层交换机来实现。TCP/IP 网络层的主要协议有 IP(网际互联协议)、ARP(地址解析协议)、RARP(逆向地址解析协议)和 ICMP(网际控制报文协议)。

任务二　认知路由器

一、路由器的简介及功能

路由器(Router)是网络中进行网间连接的关键设备，是互联网络的枢纽。路由器系统构成了基于 TCP/IP 的国际互联网络 Internet 的主体骨架。在园区网、地区网乃至整个 Internet

研究领域中，路由器技术始终处于核心地位，其发展历程和方向成为整个 Internet 研究的一个缩影。路由器是工作在网络层，用于连接各局域网及广域网，会根据信道的使用情况自动选择和设定路由，以最佳路径、按一定顺序发送信号的设备。路由器利用网络层定义的“逻辑”上的网络地址(即 IP 地址)来区别不同的网络和网段，从而实现网络的互联和隔离，保持各个网络的相互独立性。路由器不转发广播消息，而把广播消息限制在各自的网络内部。发送到其他网络的数据先被送到路由器，再由路由器转发出去。这表明路由器既分割广播域，也分割冲突域。路由器的主要功能如下：

(1) 在网络间截获发送到远地网段的报文，起转发的作用。

(2) 选择最合理的路由，引导通信。为了实现这一功能，路由器要按照某种路由通信协议查找路由表，路由表中列出了整个互联网络中包含的各个节点以及节点间的路径情况和与它们相联系的传输费用。如果到特定的节点有一条以上路径，则基于预先确定的准则选择最优(最经济)的路径。由于各种网络段和其相互连接情况可能发生变化，因此路由情况的信息需要及时更新。更新是按路由信息协议的规定定时或者按变化情况完成的，网络中的每个路由器都按照规则动态地更新路由表，以便保持有效的路由信息。

(3) 为了便于在网络间传送报文，路由器在转发报文的过程中会按照预定的规则把大的数据包分解成适当大小的数据包，到达目的地后再把分解的数据包包装成原有形式。

(4) 多协议路由器可以作为不同通信协议网络段通信连接的平台，连接使用不同通信协议的网络段。

(5) 路由器的主要任务是把数据包引导到目的地网络，到达特定的节点站。这个功能是通过网络地址分解完成的。例如，把网络地址的一部分分别分解成网络、子网和区域中一组节点的地址，其余的用来指明子网中特定的站。这种分层寻址的方式允许路由器对有很多个节点站的网络存储寻址信息。

二、路由器的分类

1. 按处理能力分类

按处理能力划分，路由器可分为高端路由器和中低端路由器。通常将背板交换能力大于 40 GB 的路由器称为高端路由器，背板交换能力低于 40 GB 的路由器称为中低端路由器。

2. 按结构分类

按结构划分，路由器可分为模块化结构和非模块化结构。通常中高端路由器为模块化结构，低端路由器为非模块化结构。非模块化路由器采用不同的接口组合，这些接口不能升级，也不能进行局部变动。而模块化路由器通常做成插槽/模块结构，可插入不同网络模块和网络接口卡，使得路由器扩展灵活，方便用户。

3. 按所处网络位置分类

按所处网络位置划分，路由器可分为核心路由器和接入路由器。核心路由器位于网络中心，通常是使用高端路由器，要求快速的包交换能力与高速的网络接口，通常是模块化结构。接入路由器位于网络边缘，通常使用中低端路由器，要求相对低速的端口以及较强的接入控制能力。

4. 按功能分类

按功能划分，路由器可分为通用路由器和专用路由器。通常所说的路由器为通用路由器。专用路由器通常为实现某种特定功能对路由器接口、硬件等作专门优化。

图 5-3 所示为各类路由器。

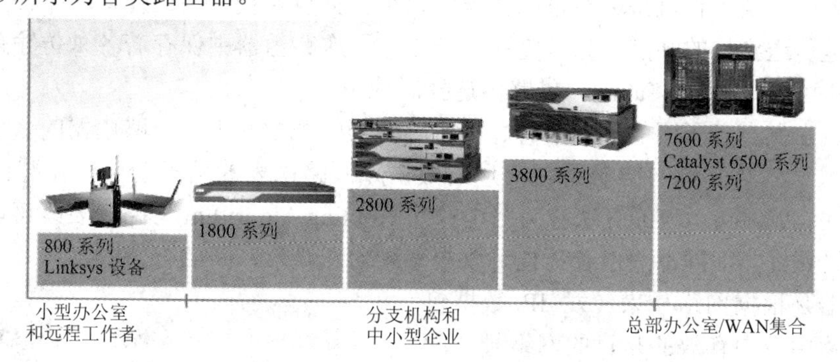

图 5-3　各类路由器

三、路由器的接口

路由器具有非常强大的网络连接和路由功能，可以物理连接各种不同的网络，这就决定了路由器的接口技术非常复杂，越是高档的路由器其接口种类也越多。路由器的端口主要分为局域网端口、广域网端口和配置端口三类，具体而言，有以下几种常见的端口(如图 5-4 所示)。

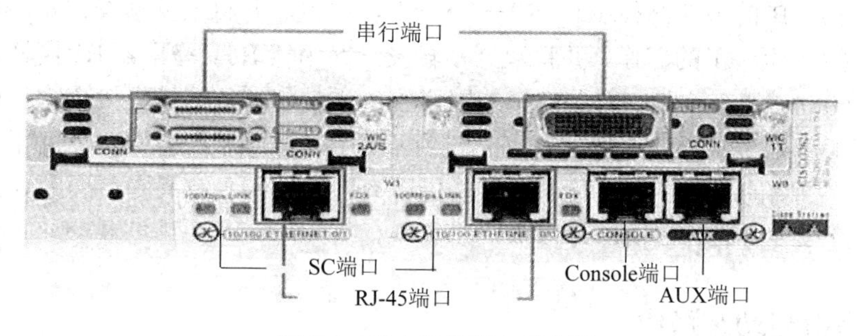

图 5-4　路由器各端口示意图

(1) Console 端口。Console 端口一般用于进行路由器本地配置，如图 5-4 所示。

(2) AUX 端口。AUX 端口为辅助端口，主要用于远程配置，也可用于拨号连接，还可通过收发器与 Modem 进行连接。

(3) RJ-45 端口。RJ-45 端口是常见的双绞线以太网端口，它大多为 10/100 Mb/s 自适应的。

(4) SC 端口。SC 端口即光纤端口，它用于与光纤的连接。

(5) 串行端口。串行(Serial)端口常用于广域网接入，如帧中继、DDN 专线等，也可通过 V.35 线缆进行路由器之间的连接。

(6) BRI 端口。BRI 端口是 ISDN 的基本速率端口，用于 ISDN 广域网接入，采用 RJ-45 标准。

以上端口中，Console 端口和 AUX 端口属于局域网端口，RJ-45 端口和 SC 端口属于局域网端口，串行端口和 BRI 端口属于配置端口。

四、路由器的工作原理

路由器的主要工作就是为经过路由器的每个数据包寻找一条最佳传输路径，并将该数据包有效地传送到目的站点。为了完成这项工作，在路由器中保存着各种传输路径的相关数据——路由表(Routing Table)，供路由选择时使用。

路由表中保存着子网的标志信息、网上路由器的个数和下一个路由器的名字等内容。路由表是保存到达其他网络的路由信息的数据库。路由表的信息随网络拓扑的变化而变化——建立、更新路由表的算法称为路由算法(Routing Algorithm)。路由表既可以由系统管理员固定设置好，即静态路由表；也可以由系统动态修改，即动态路由表。

路由器是根据网络号来转发 IP 数据包的，所以路由表中存放的是目的网络号，而不是目的主机号。例如，邮政局在城市间转发信件依据的是城市名。这样做的优点是路由表小(网络的数目要比主机少得多)，节省路由器的存储空间，路由表的路由更新速度快。路由器的工作原理如图 5-5 所示。

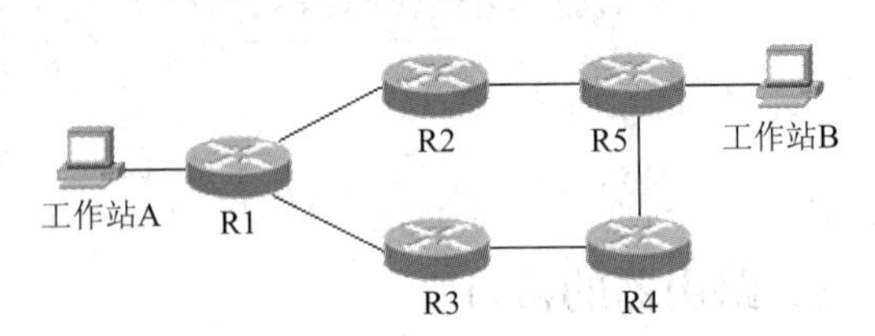

图 5-5　路由器的工作原理

工作站 A 将工作站 B 的 IP 地址 12.0.0.5 连同数据信息以数据帧的形式发送给路由器 R1。路由器 R1 收到工作站 A 的数据帧后，先从包头中取出地址 12.0.0.5，再根据路由表计算出发往工作站 B 的最佳路径 R1→R2→R5→工作站 B，并将数据帧发往路由器 R2。路由器 R2 重复路由器 R1 的工作，并将数据帧转发给路由器 R5。路由器 R5 同样取出目的地址，发现 12.0.0.5 就在该路由器所连接的网段上，于是将该数据帧直接交给工作站 B。工作站 B 收到工作站 A 的数据帧，一次通信过程宣告结束。事实上，路由器除了具有上述路由选择这一主要功能外，还具有流量控制功能。有的路由器仅支持单一协议，但大部分路由器可以支持多种协议的传输，即多协议路由器。

五、静态路由与动态路由

路由协议主要运行在路由器上，用来确定路径的选择，起到一个地图导航、负责找路的作用。路由协议工作在应用层，包括路由信息协议 RIP、内部网关路由协议 IGRP 和开放式最短路径优先协议 OSPF。路由协议选路过程实现的好坏将直接影响整个 Internet 的工作效率。

路由器可通过直连路由、静态路由和动态路由三种方式来获得路由信息。

(1) 直连路由。对于直接相连的网络，路由器会自动添加该网络的路由信息。

(2) 静态路由。静态路由是由网络管理员手工添加配置到路由器中的路由。静态路由中的静态路由表，在开始选择路由之前就由网络管理员根据网络的配置情况手工设定，网络结构发生变化后又只能由网络管理员手工修改静态路由表。静态路由一般用于网络规模不大、拓扑结构固定的网络中。

(3) 动态路由。动态路由又称自适应路由，它随网络运行情况的变化而变化，通过各路由器之间相互连接的网络，根据路由协议的功能自动计算数据传输的最佳路径，利用路由协议动态地相互交换路由信息，从而实现自动更新和维护动态路由表，指导数据包的发送。动态路由一般适用于大型、拓扑经常变动的网络中。该种路由的配置简单，并能实时地适应网络结构的变化。如果发生了网络变化，就会引起网络中所有路由器重新计算路由。但是各种动态路由协议会不同程度地占用网络带宽和 CPU 资源。

六、距离-矢量路由协议

常见的距离-矢量路由协议有 RIP 协议、IGRP 协议和 BGP 协议。

1. RIP 协议

RIP 的全称是 Routing Information Protocol，即路由信息协议，是一个分布式的基于距离-矢量的路由选择协议，是不同路由器之间使用的第一个开放协议，也是使用最广泛的路由协议。RIP 协议是向量-距离路由选择算法在局域网上的直接实现。RIP 通过广播 UDP 报文来交换路由信息，每 30 s 发送一次路由信息更新。RIP 用跳数作为尺度来衡量路由距离，跳数是一个数据包到达目的网络所必须经过的路由器的数目。如果到相同目的网络有两个不等速或不同带宽的路由器，但跳数相同，则 RIP 认为这两个路由是等距离的。RIP 最多支持的跳数为 15，跳数 16 表示不可达。RIP 协议除严格遵守向量-距离路由选择算法进行路由广播与刷新外，在具体实现过程中还做了某些改进，主要包括：

(1) 对相同开销路由的处理。在具体应用中可能会出现有若干条距离相同的路径可以到达同一网络的情况，对于这种情况，通常按照“先入为主”的原则解决。

(2) 对过时路由的处理。为了解决这个问题，RIP 协议规定，参与 RIP 路由选择的所有设备要为其路由表的每个表项增加一个定时器，在收到相邻路由器发送的路由刷新报文中如果包含了关于此路径的表项，则将定时器清零，重新开始计时。如果在规定时间内一直没有再收到关于该路径的刷新信息，定时器会超时，说明该路径已经崩溃，需要将它从路由表中删除。RIP 规定路径的超时时间为 180 s，相当于 6 个 RIP 刷新周期。

2. IGRP 协议

IGRP 的全称是 Interior Gateway Routing Protocol，即内部网关路由协议，是 Cisco 公司 20 世纪 80 年代开发的一种动态的、长跨度(最大跳数是 255 跳)的路由协议，其原理是使用向量来确定到达一个网络的最佳路由，由延时、带宽、可靠性及负载等来计算最优路由，在同一个自治系统内具有高跨度，适合于复杂的网络。

3. BGP 协议

BGP 的全称是 Border Gateway Protocol，即边界网关协议，是一种在自治网络系统之间动态交换路由信息的路由协议。BGP 应用于互联网的网关之间，用来连接 Internet 上独立的系统。BGP 路由表包含已知路由器的列表、路由器能够到达的地址以及到达每个路由器的路径的跳数。

七、路由选择算法

在互联网中，需要进行路由选择的设备一般采用表驱动的路由选择算法。每台路由设备保存一张 IP 路由表，该表存储着有关可能的目的地址和怎样到达目的地址的信息。在需要传送数据包时，路由设备通过查询该路由表决定把数据包发往何处。由于 IP 地址可以分为网络号和主机号两部分，而连接到同一网络的所有主机有相同的网络号，因此，可以把有关特定主机信息与它所在的网络环境隔离开来，IP 路由表中仅保存相关的网络信息，这样既可以减小路由表的长度，还可以提高路由算法的效率。

1. 标准路由选择算法

一个标准的路由表通常包含许多(N，R)对序偶，其中 N 表示目的网络，R 表示到目的网络 N 的路径上的“下一站”路由器的 IP 地址。路由表仅仅指定了从 R 到目的网络路径上的一步，而路由器并不知道到达目的网络的完整路径。

图 5-6 所示为简单的网络互联结构。表 5-1 所示为路由器 R 的路由表。

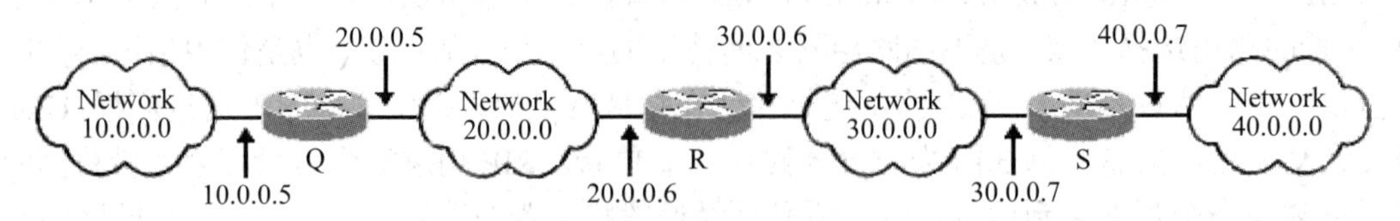

图 5-6　简单的网络互联结构

表 5-1　路由器 R 的路由表

要到达的网络	下一路由器
20.0.0.0	直接投递
30.0.0.0	直接投递
10.0.0.0	20.0.0.5
40.0.0.0	30.0.0.7

在图 5-8 中，网络 20.0.0.0 和网络 30.0.0.0 都与路由器 R 直接相连，路由器 R 如果收到目的 IP 地址的网络号为 20.0.0.0 或 30.0.0.0 的数据包，就可以将该数据包直接传送给目的主机。如果收到目的 IP 地址的网络号为 10.0.0.0 的数据包，那么路由器 R 就需要将数据包传送给与该网络直接相连的另一个路由器 Q，路由器 Q 再次投递该数据包。同理。如果收到的 IP 地址的网络号为 40.0.0.0 的数据包，那么路由器 R 就需要将该数据包传送给路由器 S。

2. 距离-矢量路由选择算法

RIP 是应用较早、使用较普遍的动态路由选择协议，适用于小型同类网络，它采用距离-矢量(Vector-Distance，V-D)路由选择算法。距离-矢量路由选择算法的基本思想是：路由器周期性地向其相邻路由器广播自己知道的路由信息，用于通知相邻路由器自己可以到达的网络以及到达该网络的距离(通常用“跳数”表示)，相邻路由器可以根据收到的路由信息修改和刷新自己的路由表。

图 5-7 所示为距离-矢量路由选择算法示例。

距离-矢量路由选择算法的最大优点是算法简单、易于实现。但是，由于路由器的路径变化需要像波浪一样从相邻路由器传播出去，过程非常缓慢，有可能造成慢收敛等问题，因此，它不适合应用于路由经常变化的或大型的互联网网络环境。另外，距离-矢量路由选择算法要求互联网中的每个路由器都参与路由信息的交换和计算，而且需要交换的路由信息与自己的路由表的大小几乎一样，因此，需要交换的信息量较大。

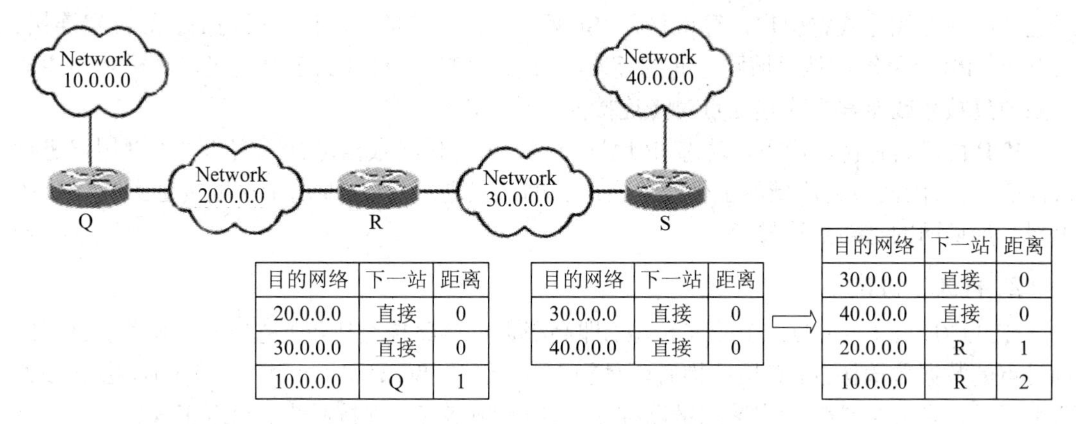

目的网络	下一站	距离
20.0.0.0	直接	0
30.0.0.0	直接	0
10.0.0.0	Q	1

目的网络	下一站	距离
30.0.0.0	直接	0
40.0.0.0	直接	0

目的网络	下一站	距离
30.0.0.0	直接	0
40.0.0.0	直接	0
20.0.0.0	R	1
10.0.0.0	R	2

图 5-7　距离-矢量路由选择算法示例

3. 链路-状态路由选择算法

为了克服距离-矢量路由协议的不足，可通过使用链路状态协议扩散链路状态信息，并根据收集到的相关链路状态信息计算出最优的网络拓扑。链路状态路由协议主要包括 OSPF 和 IS 两个协议。

(1) OSPF 协议。OSPF 的全称是 Open Shortest Path First，即开放式最短路径优先协议，是一种基于开放标准的链路状态路由选择协议。OSPF 协议采用链路状态路由选择算法，可以在大型的互联网环境中使用。其基本思想是：互联网上的每个路由器周期性地向其他所有路由器广播自己与相邻路由器的连接关系，以使各个路由器都可以“画”出一张互联网络拓扑结构图，利用这张图和最短路径优先算法，路由器就可以计算出自己到达各个网络的最短路径。

(2) IS-IS 协议。IS-IS 的全称是 Intermediate System to Intermediate System Routing Protocol，即中间系统到中间系统的路由选择协议。IS-IS 将网络路由分为 Level 1 和 Level 2。Level 1 中的路由器只知道它所在 AREA 的路由信息，也只知道它们本区域中的拓扑，包括所有的路由器和主机，而不知道区域以外的路由器及目的地。Level 1 路由器将去往其他区域的所有流量都转发给本区域内的一台 L1/L2 路由器，再由该 L1/L2 把流量转发给 L2 区域中的 L1/L2 路由器，再由 L2 区域中的 L1/L2 路由器转发给 L2 路由器，完成数据转发。每台路由器只能属于一个区域，区域边界在链路上。

任务三　认知广域网协议

广域网链路层协议定义了数据帧如何在广域网的线路上进行帧的封装、传输和处理。常用的广域网链路及封装协议有点到点协议(PPP)、高级数据链路控制协议(HDLC)、X.25 协议和帧中继(FR)协议。

1. 认知 PPP 协议

PPP(Point to Point Protocol)即点对点协议，是为相同层次单元之间传输数据包而设计的链路层协议。该协议提供全双工操作，并按照一定顺序传递数据包。PPP 协议常用于 Modem 通过拨号或专线方式将用户计算机接入 ISP 网络，也就是把用户计算机与 ISP 服务器连接。另一个 PPP 应用领域是局域网之间的互联。目前，PPP 已经成为各种主机、网桥和路由器之间通过拨号或专线方式建立点对点连接的首选方案。

PPP 协议具有协议简单、动态 IP 地址分配、可对传输数据进行压缩和对入网用户进行认证等优点，因此成为广域网上使用非常广泛的协议之一。其主要用于家庭拨号上网、ADSL 上网、局域网的点对点连接等。

2. HDLC 协议

HDLC(High Level Data Link Control)即高级数据链路控制协议，是一个工作在链路层的点对点的数据传输协议，其帧结构有两种类型：一种是 ISO HDLC 帧结构，有物理层及 LLC 两个子层，采用 SDLC(同步数据链路控制协议)的帧格式，支持同步、全双工操作；另一种是 Cisco HDLC 帧结构，无 LLC 子层，只进行物理帧封装，没有应答、重传机制，所有的纠错处理由上层协议处理。因此，ISO HDLC 与 Cisco HDLC 是相互不兼容的协议。

HDLC 和 PPP 虽然都是点对点的广域网传输协议，但是在具体组网时，都有各自的应用环境：在 Cisco 路由器之间用专线连接时，采用 Cisco HDLC 协议，因为此时使用 Cisco HDLC 比使用 PPP 协议具有更高的效率；在 Cisco 路由器与非 Cisco 路由器之间用专线连接时，不能用 Cisco HDLC，因为非 Cisco 路由器不支持 Cisco HDLC，此时就只能用 PPP 协议。

3. X.25 协议

X.25 协议是 CCITT 关于公用数据网上以分组方式工作的 DTE 与 DCE 之间的接口标准。X.25 协议以虚电路为基础，描述了连接建立、数据传输和连接终止的全过程控制。它定义了物理层、数据链路层和分组层三层协议，对应于 OSI 七层模型中的下三层。它允许不同网络中的计算机通过一台工作在网络层的中间计算机相互通信。早期的 X.25 网络工作在电话线上，电话线的可靠性不好，运行时速度较慢，仅能支持 64 kb/s 速率的线路。今天的 X.25 网络运行于同步分组模式主机或其他设备和公共数据网络之间的接口上，这个接口实际上是 DTE 和 DCE 接口。

X.25 的优点是安装容易、传输可靠性高、适用于误码率较高的通路；其缺点是反复的错误检查过程颇为费时，会加长传输时间，而且协议复杂、时延大，分组长度可变，存储管理复杂。

4. 帧中继协议

帧中继与 X.25 协议相比较，两者在很多方面都相似，但 X.25 协议不提供高速服务，而帧中继则提供高速服务。X.25 协议主要针对模拟电话网络链路质量差的特点，同时又要保证数据的正确传输，因而在传输过程中每个节点都要对收到的数据做大量的检查和处理，同时要保留原始帧的副本，进行从源端到目的端错误的检查和处理。这样的检查和处理在保证数据的正确传输的同时，却增大了数据在传输过程中的时间延迟，从而降低了网络的传输效率。

帧中继的基本工作原理是：节点收到帧的目的地址后便立即转发，而无需等待收到整个帧后才转发。这种正在接收一个帧时就对其转发的方式称为快速分组交换。如果帧在传输过程中出现差错，当节点见到该帧有错误时，节点立即停止转发，并发一个指示到下一个节点，下一个节点接到指示后立即终止转发，将该帧丢弃，并请求源节点重发。

任务四　认知 ARP/RARP/ICMP 协议

1. ARP/RARP 协议

ARP 的全称为 Address Resolution Protocol，即地址解析协议，用于将网络中的协议地址(IP 地址)解析为本地的硬件地址(MAC 地址)，即完成 TCP/IP 中 IP 地址与物理地址之间的映射工作。其工作过程如图 5-8 所示，在 TCP/IP 网络环境下，每个主机都分配了一个 32 位的 IP 地址，被称为主机的逻辑地址。为了让报文在物理网络上顺利传送，就必须知道目的主机的物理地址。为了正确地向目的主机传送报文，就必须把目的主机的 32 位 IP 地址转换为 48 位以太网的 MAC 地址。这就必须通过地址解析协议获得。ARP 协议的基本功能就是通过目标设备的 IP 地址，获得目标设备的 MAC 地址，以保证通信的顺利进行。

RARP 的全称为 Reverse Address Resolution Protocol，即反向地址转换协议，实现通过 MAC 地址映射为 IP 地址的过程。RARP 用于将本地的硬件地址(MAC 地址)解析为网络中的协议地址(IP 地址)。其工作过程是 ARP 协议的逆向过程。

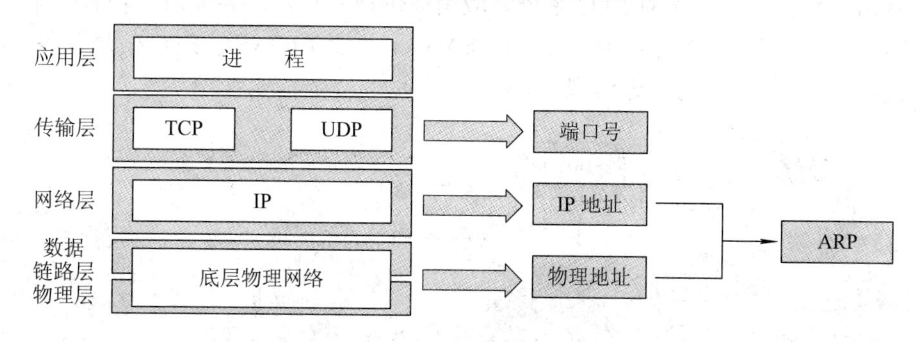

图 5-8　ARP 协议工作过程示意图

2. ICMP 协议

ICMP 的全称为 Internet Control Message Protocol，即 Internet 控制报文协议。它是 TCP/IP 协议族的一个子协议，是一种面向连接的协议，用于检查网络，在 IP 主机、路由器之间传递出错报告控制消息。其中的控制消息是指网络通不通、主机是否可达、路由器是否可用等网络本身的消息。当出现 IP 数据无法访问目标、IP 路由器无法按当前的传输速率转发数据包等情况时，会自动发送 ICMP 消息。ICMP 发出的出错报文返回到发送数据的源设备，源设备随后根据 ICMP 报文确定发生错误的类型，并确定如何才能更好地重发失败的数据报，从而保证数据在网络中的正常发送。但是 ICMP 的功能只是报告问题，而不具有纠正错误的功能，错误的纠正是由发送方完成的。在网络通信过程中，经常会使用到 ICMP 协议，比如用于检查网络是否畅通的 ping 命令，这个“ping”的工作过程实际上就是 ICMP 协议的工作过程。还有其他的网络命令如跟踪路由的 Tracert 命令也是基于 ICMP 协议的。

任务五　认知物联网

一、物联网的概念

1. 物联网的起源

1998 年，美国麻省理工学院(MIT)的 Sarma、Brock、Siu 创造性地提出将信息互联网络技术与 RFID 技术有机地结合，即利用全球统一的物品编码(Electronic Product Code，EPC)作为物品标识，利用 RFID 实现自动化的“物品”与 Internet 的连接，无需借助特定系统，即可在任何时间、任何地点实现对任何物品的识别与管理。

1999 年，由美国统一代码委员会(UCC)、吉列和宝洁等组织和企业共同出资，在美国麻省理工学院成立了 Auto-ID 中心。在随后的几年中，英国、澳大利亚、日本、瑞士、中国、韩国等国的六所著名大学相继加入 Auto-ID 中心，对“物联网”相关研究实行分工合作，开展系统化研究，提出了最初的物联网系统构架：射频标签；识读器；Savant 软件；对象名称解析服务(ONS)；实体标记语言服务器(PML-Server)。

2003 年 11 月 1 日，国际物品编码组织(GS1)出资正式接管 EPC 系统，并组成 EPC Global 进行全球推广与维护。与此同时，原六所大学的 Auto-ID 实验室转到 EPC Global 下的技术组，作为 EPC 实验室，继续对 EPC 系统的应用提供技术支持，并提出了物联网系统架构：EPC 编码；EPC 标签；读写器；中间件；对象名称解析服务(ONS)；EPC 信息服务(EPCIS)。

图 5-9 所示为物联网的理论模型。

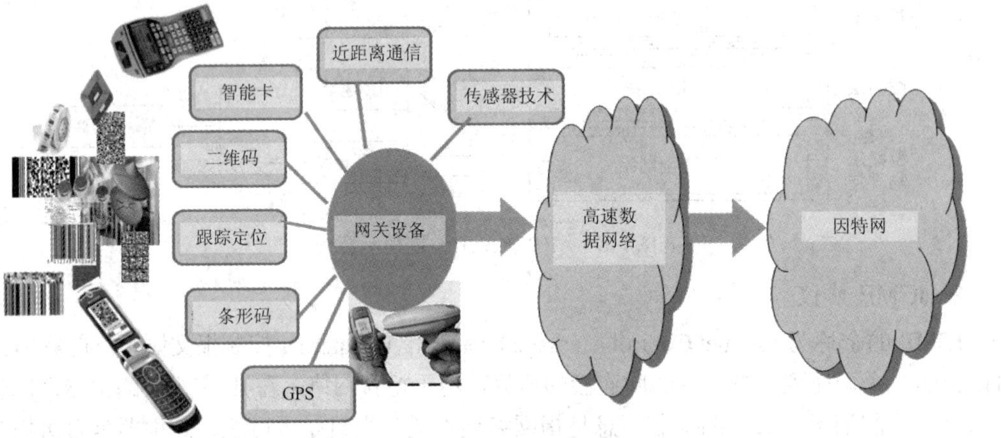

图 5-9　物联网的理论模型

2. 物联网的定义

早在 1995 年，比尔·盖茨在《未来之路》一书中就已经描述了物联的概念。实际上，真正的“物联网”概念是 1999 年由 EPC Global 的 Auto-ID 中心提出的，其定义为：把所有物品通过射频识别等信息传感设备与互联网连接起来，实现智能化识别和管理。

2005 年，国际电信联盟(ITU)给出了“物联网”的正式名称“Internet of Things”，并发表了年终报告《ITU 互联网报告 2005：物联网》。报告指出，无所不在的“物联网”通信时代即将来临，世界上所有的物体从轮胎到牙刷、从房屋到纸巾都可以通过因特网主动进行信息交换。该报告描绘出“物联网”时代的图景：当司机出现操作失误时汽车会自动报警；公文包会提醒主人忘带了什么东西；衣服会“告诉”洗衣机对颜色和水温的要求；等等。

现在较为普遍的理解是，物联网是将各种信息传感设备，如射频识别(RFID)装置、红外感应器、全球定位系统、激光扫描器等与互联网结合起来而形成的一个巨大网络。通过装置在各类物体上的电子标签(RFID)、传感器、二维码等经过接口与无线网络相连，从而给物体赋予智能，可以实现人与物体的沟通和对话，也可以实现物体与物体间的沟通和对话。

图 5-10 所示为物联网技术示意图。

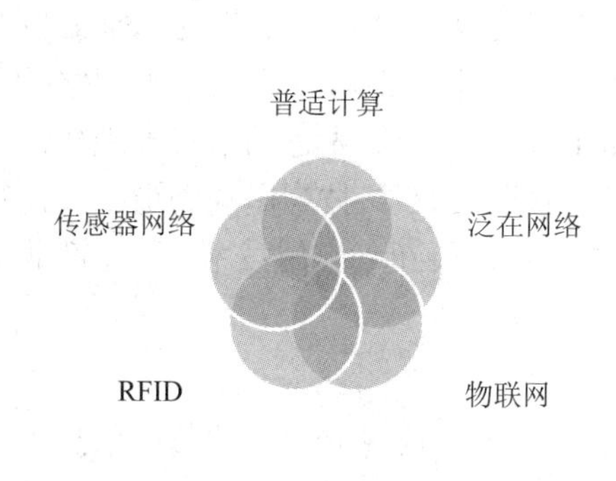

图 5-10　物联网技术示意图

3. 各国(地区)物联网的战略和计划

1) 美国的“智慧地球”计划

2008 年，美国提出了“智慧地球”计划，由 IBM 提出的“智慧地球”概念(建议政府投资新一代的智慧型基础设施)已上升至美国的国家战略。该战略认为 IT 产业下一阶段的任务是把新一代 IT 技术充分运用在各行各业之中，具体地说，就是把感应器嵌入和装备到电网、铁路、桥梁、隧道、公路、建筑、供水系统、大坝、油气管道等各种物体中，并且被普遍连接，形成“物联网”。图 5-11 所示为 IBM 提出的“智慧地球”结构。

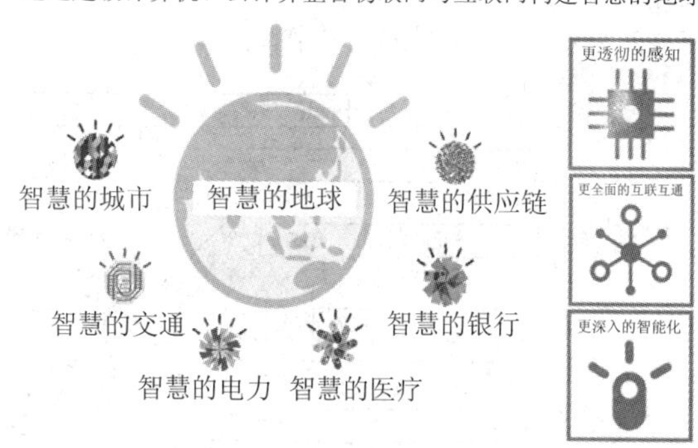

图 5-11　IBM 提出的“智慧地球”结构

2) 欧盟的物联网行动计划

2009 年，欧盟提出的物联网行动计划强调 RFID 的广泛应用，注重信息安全。2009 年 6 月，欧盟委员会向欧盟议会、理事会、欧洲经济和社会委员会及地区委员会递交了《欧盟物联网行动计划》(Internet of Things—An Action Plan for Europe)，以确保欧洲在建构物联网的过程中起主导作用。该行动计划共包括 14 项内容，主要有管理、隐私及数据保护、“芯片沉默”的权利、潜在危险、关键资源、标准化、研究、公私合作、创新、管理机制、国际对话、环境问题、统计数据和进展监督等一系列工作。

3) 日本的 i-Japan 战略

2009 年，日本提出了 i-Japan 战略。i-Japan 在 u-Japan 的基础上，强调电子政务和社会信息服务应用。2004 年，日本信息通信产业的主管机关总务省(MIC)提出 2006—2010 年间 IT 发展任务——u-Japan 战略。该战略的理念是以人为本，实现所有人与人、物与物、人与物之间的连接，即所谓 4U = ForYou(Ubiquitous，Universal，User-oriented，Unique)，希望在 2010 年将日本建设成一个“实现随时、随地、任何物体、任何人(anytime，anywhere，anything，anyone)均可连接的泛在网络社会”。

4) 韩国的 u-Korea 战略

继日本提出 u-Japan 战略后，韩国也在 2006 年确立了 u-Korea 战略。u-Korea 旨在建立无所不在的社会(ubiquitous society)，也就是在民众的生活环境里，布建智能型网络(如 IPv6、BcN、USN)、最新的技术应用(如 DMB、Telematics、RFID)等先进的信息基础建设，让民众可以随时随地享有科技智慧服务。其最终目的，除运用 IT 科技为民众创造食衣住行育乐各方面无所不在的便利生活服务，亦希望扶植 IT 产业发展新兴应用技术，强化产业优势与国家竞争力。

5) 中国的“感知中国”计划

2009 年 8 月 7 日，温家宝总理在无锡考察时提出要尽快建立中国的传感信息中心或者叫“感知中国”中心。

二、物联网的应用

随着各项信息化技术的日渐发展与成熟，物联网技术的应用也越来越广泛，现阶段物联网技术的主要应用领域有：面向智能工厂的生产过程监控、环境监测、协同供应链管理、智能电网、现代物流过程监控与跟踪定位、畜牧养殖和电子监管、智能楼宇和远程诊断。图 5-12 所示为物联网的应用图。

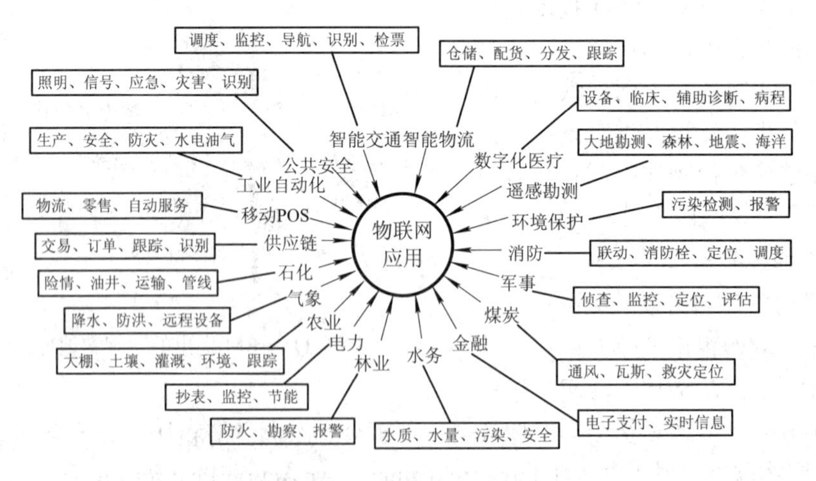

图 5-12　物联网的应用图

1. 物联网应用案例——世界上第一个无线葡萄园

2002 年，英特尔公司率先在俄勒冈建立了世界上第一个无线葡萄园。传感器节点被分布在葡萄园的每个角落，每隔一分钟检测一次土壤温度、湿度或该区域有害物的数量，以确保葡萄可以健康生长。研究人员发现，葡萄园气候的细微变化可极大地影响葡萄酒的质量。通过长年的数据记录以及相关分析，便能精确地掌握葡萄酒的质地与葡萄生长过程中的日照、温度和湿度的确切关系。这是一个典型的精准农业、智能耕种的实例。图 5-13 所示为葡萄园环境监测系统示意图。

图 5-13　葡萄园环境监测系统示意图

2. 物联网应用案例二——监视大鸭岛海鸟的栖息情况

2002 年，由英特尔的研究小组和加州大学伯克利分校以及巴港大西洋大学的科学家把无线传感器网络技术应用于监视大鸭岛海鸟的栖息情况。位于缅因州海岸的大鸭岛环境恶劣，海燕又十分机警，研究人员无法采用通常方法对其进行跟踪观察。为此他们使用了包括光、湿度、气压计、红外传感器、摄像头在内的近十种传感器类型数百个节点，系统通过自组织无线网络，将数据传输到 300 英尺外的基站计算机内，再由此经卫星传输至加州的服务器。在那之后，全球的研究人员都可以通过互联网查看该地区各个节点的数据，掌握第一手的环境资料，为生态环境研究者提供了一个极为有效便利的平台。图 5-14 所示为大鸭岛生态环境监测系统示意图。

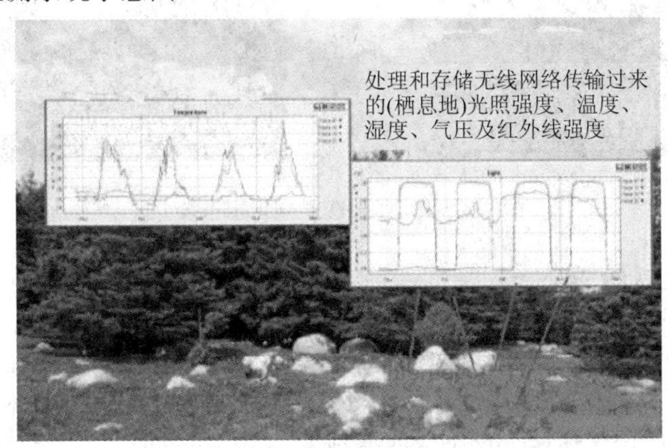

图 5-14　大鸭岛生态环境监测系统示意图

3. 物联网应用案例三——保护古老建筑

对珍贵的古老建筑进行保护，是文物保护单位长期以来的一个工作重点。将具有温度、湿度、压力、加速度、光照等传感器的节点布放在重点保护对象当中，无需拉线钻孔，便可有效地对建筑物进行长期的监测。此外，对于珍贵文物而言，在保存地点的墙角、天花板等位置，监测环境的温度、湿度是否超过安全值，可以更妥善地保护展览品的品质。图 5-15 所示为文物保护应用示例。

图 5-15　文物保护应用示例

4. 物联网应用案例四——汽车生产线的 RFID 射频识别系统

上汽、一汽均在其涂装、总装、发动机等主要生产车间应用了 RFID 射频识别系统，实现装配线的动态调度。依据客户个性化需求，自动安排车辆的生产计划。上海汽车制动系统有限公司在制动器生产流水线上采用 RFID 技术，满足了汽车召回制度对关键零部件进行标识和追溯的要求，如图 5-16 所示。

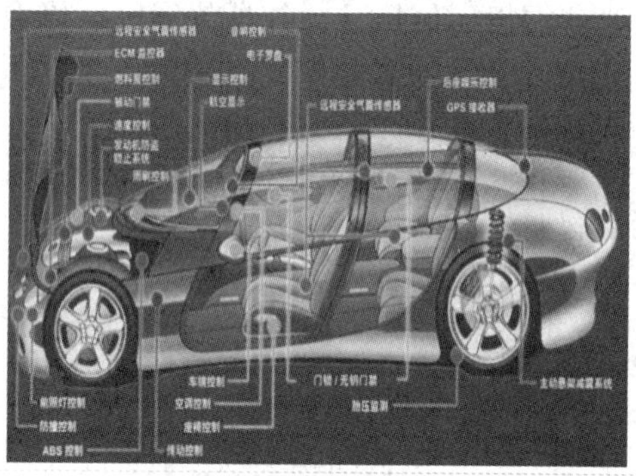

图 5-16　RFID 射频识别系统

三、物联网的核心技术

物联网技术由感知层、网络层和应用层三个方面的技术构成。其中，应用技术包括数据存储、并行计算、数据挖掘、平台服务和信息呈现等技术，网络技术包括低速低功耗近距离无线、IPv6、广域无线接入增强、网关技术、Ad Hoc 网络、区域宽带无线接入、广域核心网络增强和节点技术，感知技术包括传感器、执行器、RFID 标签和二维条码等技术。这些技术中，网络层与应用层技术已经较为成熟，其核心难点技术集中在感知层技术。下面重点介绍现阶段物联网主要的核心技术。

1. RFID 技术

RFID(Radio Frequency Identification)即射频识别技术，俗称电子标签，通过射频信号自动识别目标对象，并对其信息进行标识、登记、存储和管理。

RFID 系统由以下几个部分组成：

(1) 电子标签：由芯片和标签天线或线圈组成，通过电感耦合或电磁反射原理与读写器进行通信。

(2) 读写器：读取(在读写卡中还可以写入)标签信息的设备。

(3) 天线：可以内置在读写器中，也可以通过同轴电缆与读写器天线接口相连。

RFID 系统的工作原理如下：

(1) 读写器将要发送的信息，经编码后加载到高频载波信号上再经天线向外发送。

(2) 进入读写器工作区域的电子标签接收此信号，卡内芯片的有关电路对此信号进行倍压整流、调制、解码、解密，然后对命令请求、密码、权限等进行判断。

(3) 若为读命令，则控制逻辑电路从存储器中读取有关信息，经加密、编码、调制后通过片上天线再发送给阅读器，阅读器对接收到的信号进行解调、解码、解密后送至信息系统进行处理。

(4) 若为修改信息的写命令，则有关控制逻辑将引起电子标签内部电荷泵提升工作电压，提供电压擦写 E^2PROM。若经判断其对应密码和权限不符，则返回出错信息。

图 5-17 所示为 RFID 系统的工作原理示意图。

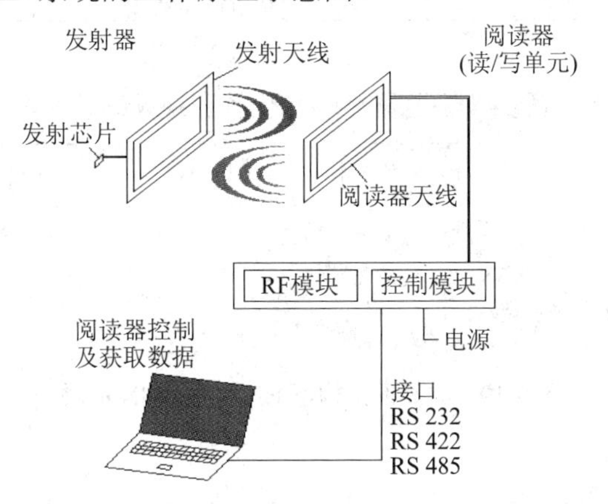

图 5-17　RFID 系统工作原理示意图

2. WSN 技术

WSN(无线传感器网络)是由大量传感器节点通过无线通信方式形成的一个多跳的自组织网络系统，其目的是协作地感知、采集和处理网络覆盖区域中感知对象的信息，它能够实现数据的采集量化、处理融合和传输应用。图 5-18 所示为 WSN 和其他无线通信技术的融合。

RFID 侧重于识别，能够实现对目标的标识和管理，同时 RFID 系统具有读写距离有限、抗干扰性差、实现成本较高的不足；WSN 侧重于组网，实现数据的传递，具有部署简单、实现成本低廉等优点，但一般 WSN 并不具有节点标识功能。RFID 与 WSN 的结合存在很大的契机。RFID 与 WSN 可以在两个不同的层面进行融合，即物联网架构下 RFID 与 WSN 的融合(如图 5-19 所示)和传感器网络架构下 RFID 与 WSN 的融合。

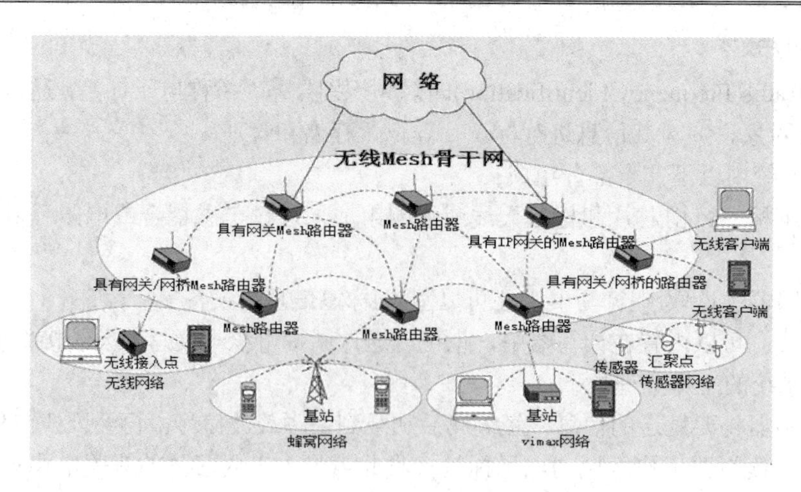

图 5-18　WSN 和其他无线通信技术的融合

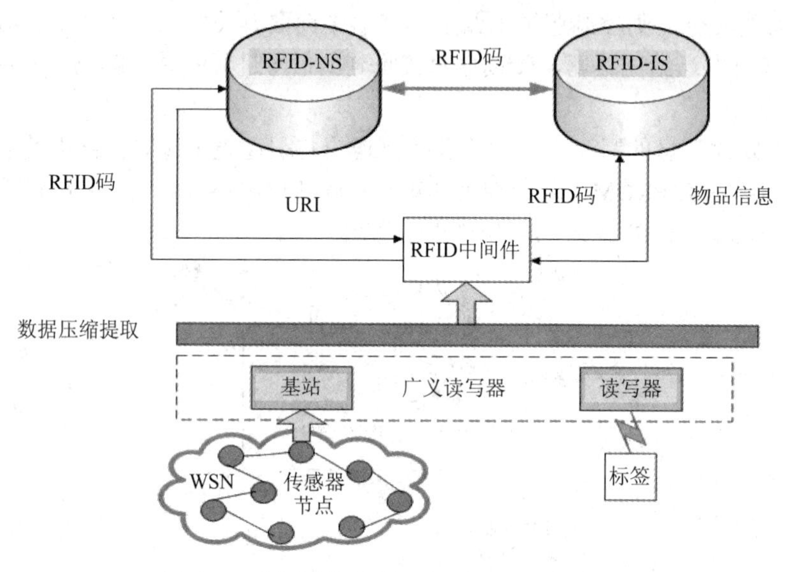

图 5-19　物联网架构下 RFID 与 WSN 的融合

任务六　组建大型网络案例

1. 案例任务背景

本任务模拟了一个企业网，该企业网有两个区域，相距甚远，R1 连接一个区域，R2 连接另一个区域。R1 连接的区域内构成了三层结构的网络，核心层和汇聚层采用了环形结构，使用 OSPF 协议，提高了网络的可靠性，根据需要将内部用户划分为三个不同的 VLAN，用第三层交换机实现 VLAN 间的路由。R1 和 R2 用静态路由连接，企业网用户通过缺省路由访问 ISP 及 Internet。

2. 组网结构图

图 5-20 所示为组网结构示意图。

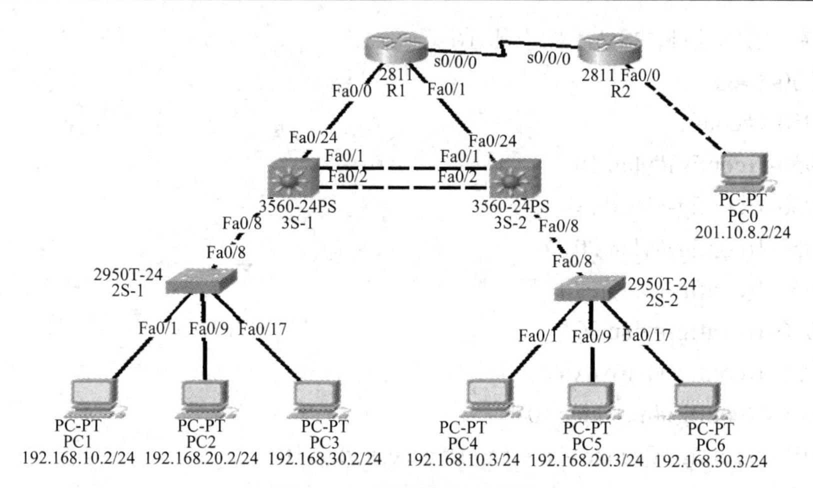

图 5-20 组网结构示意图

3. 各设备端口及 IP 地址规划

各设备端口及 IP 地址规划如图 5-21 所示。

设 备	端口	IP 地址
3S-1(S3560-1)	VLAN10	192.168.10.1/24
	VLAN20	192.168.20.1/24
	VLAN30	192.168.30.1/24
	fa0/24	10.1.1.2/24
	fa0/1-2	启用端口聚合协议
3S-2(S3560-2)	VLAN10	192.168.40.1/24
	VLAN20	192.168.50.1/24
	VLAN30	192.168.60.1/24
	fa0/24	20.2.2.2/24
	fa0/1-2	启用端口聚合协议
R1	fa0/0	10.1.1.1/24
	fa0/1	20.2.2.1/24
	s0/0/0	192.168.1.1/24
R2	fa0/0	201.10.8.1/24
	s0/0/0	192.168.1.2/24
7 台 PC	PC0	201.10.8.2/24 网关 201.10.8.1
	PC1	192.168.10.2/24 网关 192.168.10.1
	PC2	192.168.20.2/24 网关 192.168.20.1
	PC3	192.168.30.2/24 网关 192.168.30.1
	PC4	192.168.40.2/24 网关 192.168.40.1
	PC5	192.168.50.2/24 网关 192.168.50.1
	PC6	192.168.60.2/24 网关 192.168.60.1

图 5-21 各设备端口及 IP 地址规划

4. 各设备的配置

配置各设备的步骤如下：

(1) 配置二层交换机 2S-1，如下所示：

```
S2950-1>en
S2950-1#conf t
S2950-1(config)#vlan 10
S2950-1(config-vlan)#exit
S2950-1(config)#vlan 20
S2950-1(config-vlan)#exit
S2950-1(config)#vlan 30
S2950-1(config-vlan)#exit
S2950-1(config)#int range f0/1-7
S2950-1(config-if-range)#switchport access vlan 10
S2950-1(config-if-range)#exit
S2950-1(config)#int range f0/9-16
S2950-1(config-if-range)#switchport access vlan 20
S2950-1(config-if-range)#exit
S2950-1(config)#int range f0/17-24
S2950-1(config-if-range)#switchport access vlan 30
S2950-1(config-if-range)#exit
S2950-1(config)#int f0/8
S2950-1(config-if)#switchport mode trunk
S2950-1(config-if)#switchport trunk allowed vlan all
S2950-1(config-if)#end
S2950-1#
```

(2) 配置二层交换机 2S-2，如下所示：

```
S2950-2>en
S2950-2#conf t
S2950-2(config)#vlan 10
S2950-2(config-vlan)#exit
S2950-2(config)#vlan 20
S2950-2(config-vlan)#exit
S2950-2(config)#vlan 30
S2950-2(config-vlan)#exit
S2950-2(config)#int range f0/1-7
S2950-2(config-if-range)#switchport access vlan 10
S2950-2(config-if-range)#exit
S2950-2(config)#int range f0/9-16
S2950-2(config-if-range)#switchport access vlan 20
S2950-2(config-if-range)#exit
S2950-2(config)#int range f0/17-24
```

```
S2950-2(config-if-range)#switchport access vlan 30
S2950-2(config-if-range)#exit
S2950-2(config)#int f0/8
S2950-2(config-if)#switchport mode trunk
S2950-1(config-if)#switchport trunk allowed vlan all
S2950-2(config-if)#end
S2950-2#
```

(3) 配置三层交换机 3S-1，如下所示：

```
S3560-1>en
S3560-1#conf t
S3560-1(config)#vlan 10
S3560-1(config-vlan)#vlan 20
S3560-1(config-vlan)#vlan 30
S3560-1(config-vlan)#exit
S3560-1(config)#int vlan 10
S3560-1(config-if)#ip address 192.168.10.1 255.255.255.0
S3560-1(config-if)#no shutdown
S3560-1(config-if)#int vlan 20
S3560-1(config-if)#ip address 192.168.20.1 255.255.255.0
S3560-1(config-if)#no shutdown
S3560-1(config-if)#int vlan 30
S3560-1(config-if)#ip address 192.168.30.1 255.255.255.0
S3560-1(config-if)#no shutdown
S3560-1(config-if)#exit
S3560-1(config)#int f0/8
S3560-1(config-if)# switchport mode trunk
S3560-1(config-if)#switchport trunk allowed vlan all
S3560-1(config-if)#int f0/24
S3560-1(config-if)#ip address 10.1.1.2 255.255.255.0
S3560-1(config-if)#no shutdown
S3560-1(config-if)#exit
S3560-1(config)#interface range f0/1-2
S3560-1(config-if-range)#channel-protocol pagp   //启用端口聚合协议
S3560-1(config-if-range)#channel-group 1 mode desirable   //设置端口聚合(pAgp)的模式
S3560-1(config-if-range)#exit
S3560-1(config)#route ospf 1          //启用 OSPF 协议，使用 OSPF 进程编号 1
S3560-1(config-router)#network 10.1.1.0 0.0.0.255 area 0   //通告相应的网络，指定区域为 0
S3560-1(config-router)#network 192.168.10.0 0.0.0.255 area 0
S3560-1(config-router)#network 192.168.20.0 0.0.0.255 area 0
```

```
S3560-1(config-router)#network 192.168.30.0 0.0.0.255 area 0
S3560-1(config-router)#exit
S3560-1(config)#ip route 0.0.0.0 0.0.0.0 10.1.1.1
S3560-1(config)#exit
S3560-1#
```

(4) 配置三层交换机 3S-2，如下所示：

```
S3560-2>en
S3560-2#conf t
S3560-2(config)#vlan 10
S3560-2(config-vlan)#vlan 20
S3560-2(config-vlan)#vlan 30
S3560-2(config-vlan)#exit
S3560-2(config)#int vlan 10
S3560-2(config-if)#ip address 192.168.10.1 255.255.255.0
S3560-2(config-if)#no shutdown
S3560-2(config-if)#int vlan 20
S3560-2(config-if)#ip address 192.168.20.1 255.255.255.0
S3560-2(config-if)#no shutdown
S3560-2(config-if)#int vlan 30
S3560-2(config-if)#ip address 192.168.30.1 255.255.255.0
S3560-2(config-if)#no shutdown
S3560-2(config-if)#exit
S3560-2(config)#int f0/8
S3560-2(config-if)# switchport mode trunk
S3560-2(config-if)#switchport trunk allowed vlan all
S3560-2(config-if)#int f0/24
S3560-2(config-if)#ip address 20.2.2.2 255.255.255.0
S3560-2(config-if)#no shutdown
S3560-2(config-if)#exit
Switch(config-router)#network 192.168.40.0 0.0.0.255 area 0
Switch(config-router)#network 192.168.50.0 0.0.0.255 area 0
Switch(config-router)#network 192.168.60.0 0.0.0.255 area 0
Switch(config-router)#exit
S3560-2(config)#ip route 0.0.0.0 0.0.0.0 20.2.2.1
S3560-2(config)#exit
S3560-2#
```

(5) 配置路由器 R1，如下所示：

```
R1>en
R1#conf t
```

```
R1(config)#interface    f0/0
R1(config-if)#ip address 10.1.1.1 255.255.255.0
R1(config-if)#no shutdown
R1(config)#interface fa0/0.10                    //进入子接口
R1(config-subif)#encapsulation dot1Q 10          //子接口封装 802.1Q 协议
R1(config-subif)#no shutdown
R1(config-subif)#exit
R1(config)#interface fa0/0.20
R1(config-subif)#encapsulation dot1Q 20
R1(config-subif)#no shutdown
R1(config-subif)#exit
R1(config)#interface fa0/0.30
R1(config-subif)#encapsulation dot1Q 30
R1(config-subif)#no shutdown
R1(config-subif)#exit
R1(config-if)#int f0/1
R1(config-if)#ip address 20.2.2.1 255.255.255.0
R1(config-if)#no shutdown
R1(config-subif)#exit
R1(config-if)#int s0/0/0
R1(config-if)#ip address 192.168.1.1 255.255.255.0
R1(config-if)#encapsulation ppp          //封装 ppp 协议
R1(config-if)#clock rate 64000           //设置速率
R1(config-if)#no shutdown
R1(config-if)#exit                       //设置静态路由
R1(config)#ip route 201.10.8.0 255.255.255.0 192.168.1.2
R1(config)#router ospf 1
R1(config-router)#network 10.1.1.0 0.0.0.255 area 0
R1(config-router)#network 20.2.2.0 0.0.0.255 area 0
R1(config-router)#network 192.168.1.0 0.0.0.255 area 0
R1(config-router)#end
R1#
```

(6) 配置路由器 R2，如下所示：

```
R2>en
R2#conf t
R2(config)#int f0/0
R2(config-if)#ip address 201.10.8.1 255.255.255.0
R2(config-if)#no shutdown
R2(config-if)#exit
```

```
R2(config)#int s0/0/0
R2(config-if)#ip address 192.168.1.2 255.255.255.0
R2(config-if)#encapsulation ppp
R2(config-if)#no shutdown
R2(config-if)#exit                                   //设置静态路由
R2(config)#ip route 192.168.10.0 255.255.255.0   192.168.1.1
R2(config)#ip route 192.168.20.0 255.255.255.0   192.168.1.1
R2(config)#ip route 192.168.30.0 255.255.255.0   192.168.1.1
R2(config-router)#end
R2#
```

(7) PC 的配置。各 PC 的配置参见图 5-21。

(8) 测试整个网络，检验连通性。

项目实践一：路由器的基本配置

实践目标：

- 能熟练地进行网络设备的连接；
- 理解路由器基本配置的步骤和命令；
- 掌握配置路由器的常用命令。

实践环境：

- 网络实训室；
- 5 类非屏蔽 Console 双绞线一根；
- 装有 Microsoft Windows XP 的 PC 一台；
- Console 控制线一根；
- 路由器一台或 Cisco Packet Tracer 模拟软件。

1. 绘制网络拓扑结构图

图 5-22 所示为网络拓扑结构示意图。

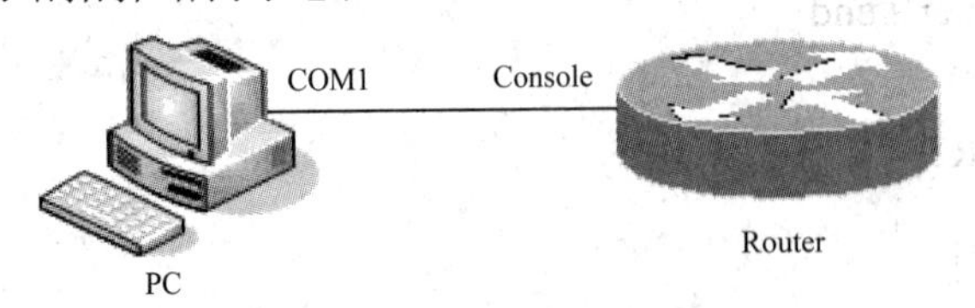

图 5-22　网络拓扑结构示意图

2. 硬件连接

如图 5-24 所示，将 Console 控制线的一端插入计算机 COM1 串口，另一端插入交换机的 Console 接口，然后开启路由器的电源。

3. 通过超级终端连接交换机

(1) 选择菜单“开始”→“程序”→“附件”→“通讯”→“超级终端”命令，打开“连接描述”对话框，输入新建连接名称，如cisco，如图5-23所示。

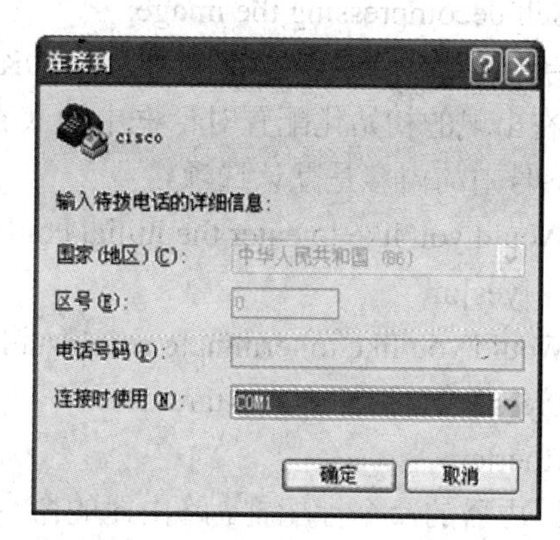

图5-23 通过超级终端连接交换机示意图

(2) 单击“确定”按钮后，打开“COM1属性”对话框，如图5-24所示。单击该对话框右下方的“还原为默认值”按钮，此时比特率已改为9600 b/s。

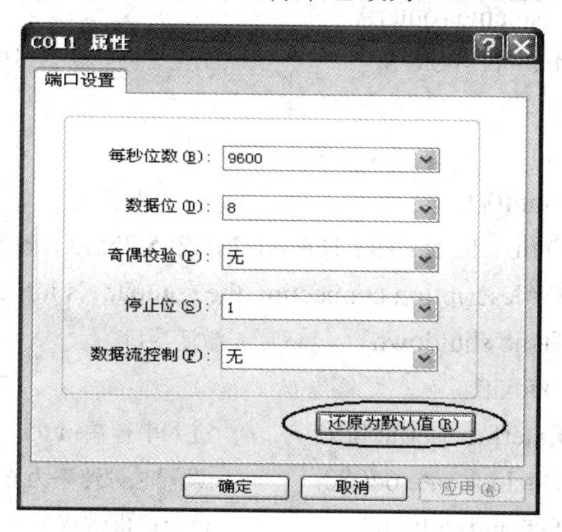

图5-24 “COM1属性”对话框

(3) 单击“确定”按钮，如果连接正常且交换机已启动，只要在超级终端中按Enter键，超级终端窗口中就会出现交换机提示符或其他提示符，说明计算机已经连接到交换机了，接下来就可以开始配置交换机。

4. 路由器的基本配置

(1) 关闭路由器电源，稍后重新打开电源，观察路由器的开机过程及相关显示内容，部分屏幕显示信息如下所示：

System Bootstrap, Version 12.4(1r) RELEASE SOFTWARE (fc1) ;显示BOOT ROM的版本
Copyright (c) 2005 by CISCO Systems, Inc.
Initializing memory for ECC
c2821 processor with 262144 Kbytes of main memory ;显示内存大小

```
Main memory is configured to 64 bit mode with ECC enabled
Readonly ROMMON initialized
program load complete, entry point: 0x8000 f000, size:0x274bf4c
Self decompressing the image:
###############################[OK]                    ; IOS 解压过程
```

(2) 在出现的初始化配置对话框中输入 n(No)和回车，再按回车键进入用户模式，如下所示(方括号中的内容是默认选项)：

```
Would you like to enter the initial configuration dialog?
   [yes]:n
Would you like to terminate autoinstall? [yes]:[Enter]
Press RETURN to get started!
Rourter>
```

① 路由器的命令行配置。路由器的命令行配置方法与交换机基本相同，以下是路由器的一些基本配置：

```
Router>enable
Router#configure terminal
Router(config)#hostname routerA
routerA(config)#banner motd $                ;配置终端登录到路由器时的提示信息
you are welcome!
$
routerA(config)# int f0/1                    ;进入端口 1
routerA(config-if)#ip address 192.168.1.1 255.255.255.0 ; 设置端口 1 的 IP 地址和子网掩码
routerA(config-if)#description connccting the company's intranet!   ; 端口描述
routerA(config-if)#no shutdown               ;激活端口
routerA(config-if)#exit
routerA(config)#interface serial 0/0         ;进入串行端口 0
routerA(config-if)#clock rate 64000          ;设置时钟速率为 64000 b/s
routerA(config-if)#bandwidth 64              ;设置提供带宽为 64 kb/s
routerA(config-if)#ip address 192.168.10.1 255.255.255.0 ; 设置 IP 地址
routerA(config-if)#no shutdown               ;激活端口
routerA(config-if)#exit
routerA(config)#exit
RourterA#
```

② 路由器的显示命令。通过 show 命令，可查看路由器的 IOS 版本、运行状态、端口配置等信息，如下所示：

```
routerA#show version             ; 显示 IOS 的版本信息
routerA#show running-config      ; 显示 RAM 中正在运行的配置文件
routerA#show startup-config      ; 显示 NVRAM 中的配置文件
routerA#show interface s0/0      ; 显示 s0/0 接口信息
```

```
routerA#show flash                 ; 显示 flash 信息
routerA#show ip arp                ; 显示路由器缓存中的 ARP 表
```

项目实践二：静态路由的配置

实践目标：

- 熟练地掌握静态路由的配置命令。

实践环境：

- 网络实训室；
- 5 类非屏蔽 Console 双绞线一根；
- 装有 Microsoft Windows XP 的 PC 两台；
- 路由器两台；
- 交叉双绞线两根；
- 连接两台路由器的串行电缆一根或 Cisco Packet Tracer 模拟软件。

1. 绘制网络拓扑结构图

图 5-25 所示为网络拓扑结构示意图。

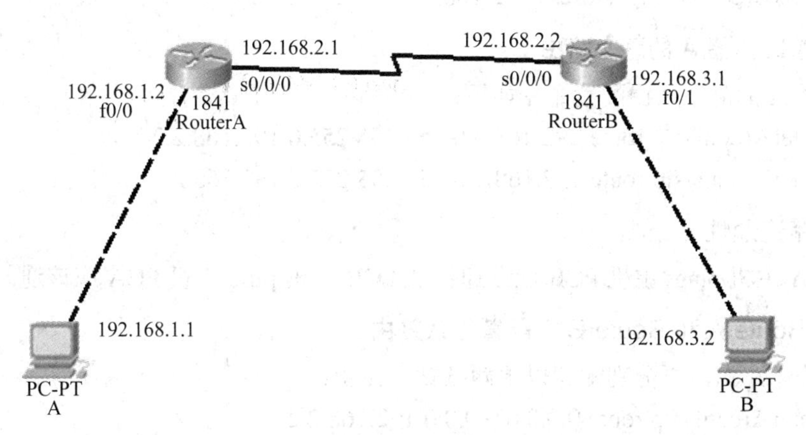

图 5-25　网络拓扑结构示意图

2. 配置路由器 A(用户端)的主机名和接口参数

路由器 A 的主机名和接口参数配置命令如下：

```
router> enable
router#configure terminal
router(conf)#hostname routerA
routerA(conf)#interface Serial0/0/0
routerA(conf-if)#ip address 192.168.2.1 255.255.255.0
```

```
routerA(conf-if)#encapsulation ppp
routerA(conf-if)#no shutdown
routerA(conf-if)#exit
routerA(conf)#interface fastethernet 0/0
routerA(conf-if)#ip address 192.168.1.2 255.255.255.0
routerA(conf-if)#no shutdown
```

3. 配置路由器 B(ISP 端)的主机名和接口参数

路由器 B 的主机名和参数配置命令如下：

```
router>enable
router#configure terminal
router(conf)#hostname routerB
routerB(conf)#interface Serial0/0/0
routerB(conf)#interface Serial0/0/0
routerB(conf-if)#ip address 192.168.2.2 255.255.255.0
routerB(conf-if)#encapsulation ppp
routerB(conf-if)#clock rate 64000
routerB(conf-if)#no shutdown
routerB(conf-if)#exit
routerB(conf)#interface fastethernet 0/1
routerB(conf-if)#ip address 192.168.3.1 255.255.255.0
```

4. 配置路由器 A 的静态路由

路由器 A 的静态路由配置命令如下：

```
routerA(conf)#ip route 192.168.3.0 255.255.255.0 192.168.2.2
routerB(conf)#ip route 192.168.1.0 255.255.255.0 192.168.2.1
```

5. 检验连通性

从 PCA 主机 ping 主机 PCB 应该通；从 PCB 主机 ping 主机 PCA 应该通。

6. 在 RouterA 和 RouterB 上配置默认路由

删除静态路由，再分别配置以下两条默认路由：

```
routerA(conf)#ip route 0.0.0.0 0.0.0.0 192.168.2.2
routerB(conf)#ip route 0.0.0.0 0.0.0.0 192.168.2.1
```

项目实践三：动态路由的配置

实践目标：

- 熟练地掌握动态路由 RIP、OSPF 的配置方法。

实践环境：

- 网络实训室；
- 5 类非屏蔽；
- Console 双绞线一根；
- 装有 Microsoft Windows XP 的 PC 两台；
- 路由器两台，交叉双绞线三根；
- 连接两台路由器的串行电缆一根或 Cisco Packet Tracer 模拟软件。

1. 绘制网络拓扑结构图

图 5-26 所示为网络拓扑结构示意图。

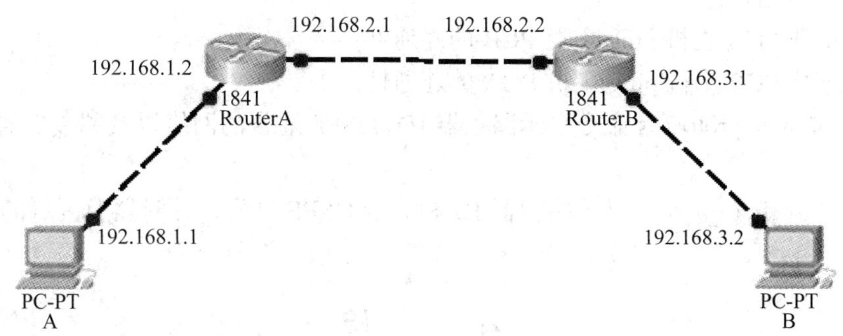

图 5-26　网络拓扑结构示意图

2. RIP 动态路由协议的配置

路由器端口的 IP 地址配置与静态路由的配置相同，下面主要介绍 RIP 动态路由配置命令。

(1) 在 RouterA 上配置动态路由(RIP)，如下所示：

```
routerA(conf)#router rip
routerA(config-router)#network 192.168.1.0
routerA(config-router)#network 192.168.2.0
routerA(config-router)#exit
```

(2) 在 RouterB 上配置动态路由(RIP)，如下所示：

```
routerB(conf)#router rip
routerB(config-router)#network 192.168.2.0
routerB(config-router)#network 192.168.3.0
routerB(config-router)#exit
```

(3) 检验连通性：

① 测试从 PCA 主机 ping 主机 PCB 的连通性；

② 测试从 PCB 主机 ping 主机 PCA 的连通性。

3. OSPF 动态路由协议的配置

将上面 RIP 的配置全部删除，保留各端口的 IP 配置，再进行 OSPF 动态路由的配置。

(1) 在 RouterA 上配置动态路由(OSPF)，如下所示：

```
routerA(conf)#router ospf 1                          //路由器 A 启用 OSPF，进程编号为 1
routerA(config-router)#network 192.168.1.0 0.0.0.255 area 0  //通告相应的网络，指定区域 0
routerA(config-router)#network 192.168.2.0 0.0.0.255 area 0
routerA(config-router)#exit
```

(2) 在 routerB 上配置动态路由(OSPF)，如下所示：

```
routerB(conf)#router ospf 1
routerB(config-router)#network 192.168.2.0 0.0.0.255 area 0
routerB(config-router)#network 192.168.3.0 0.0.0.255 area 0
routerB(config-router)#exit
```

(3) 检验连通性：

① 测试从 PCA 主机 ping 主机 PCB 的连通性；

② 测试从 PCB 主机 ping 主机 PCA 的连通性；

③ 用 show ip protocols 命令显示路由器 ID、OSPF 通告的网络以及邻接邻居的 IP 地址等信息；

④ 用 show ip ospf 命令显示路由器 ID 和关于 OSPF 过程、计时器及区域的详细信息。

小　　结

通过本项目的训练，认知了以广域网及其协议、路由器的功能与配置、物联网技术等知识点，实践完成了路由器基本配置实例、静态路由器和动态路由器配置实例训练。

习　　题

1. 路由器的功能与配置命令有哪些？
2. ARP/RARP/ICMP 协议的功能分别是什么？
3. 简单阐述路由器的基本配置过程。

工作情境三

构 建 无 线 网 络

项目六　认知无线局域网

项目引导

本项目以组建无线局域网为目标，认知无线传输介质、无线网络接入设备及无线局域网组网模式，最终完成网络工程师组建无线网络机房、无线校园网、无线家庭网等所必备的知识及实践。

知识目标：

- 认知无线局域网协议标准、网络结构、网络设备及组网模式；
- 认知无线局域网的应用及安全防范。

能力目标：

- 设计无线局域网的组网方案及搭建无线局域网。

任务一　认知无线局域网的概念及协议标准

一、无线局域网的概念

无线局域网络(Wireless Local Area Networks，WLAN)是利用无线通信技术在一定的局部范围内建立的网络，是计算机网络与无线通信技术相结合的产物。无线网络是利用无线电波来作为信息的传导，对于应用层面来讲，它与有线网络的用途完全相似，两者最大不同的地方是在于传输媒介不同。除此之外，正因它是无线，因此无论是在硬件架设或使用的机动性等方面均比有线网络要优越许多。

二、无线局域网的特点

无线局域网具有以下特点：

(1) 安装便捷，维护方便。无线局域网最大的优势就是免去或减少了网络布线的工作量，一般只要安装一个或多个接入点(Access Point，AP)设备，就可建立覆盖整个建筑或地区的局域网络。例如，基于 802.11b 开放标准设计的无线局域网可以在安装范围设置扩展天线，从而实现任何一款无线网卡的笔记本电脑或台式机进行相互通信。

(2) 使用灵活，移动简单。在有线网络中，网络设备的安放位置受到网络信息点位置的限制。而一旦无线局域网建成后，在无线网的信号覆盖区域内任何一个位置都可以接入网络。例如，11 Mb/s 的无线局域网适合于实现网络无缝扩展的企业，无论是在会议室、大厅还是移动应用，都不必担心失去网络的连接。它可提供对内外网络连接、企业资源共享等至关重要资源的无线访问。

(3) 经济节约，性价比高。无线局域网从总体上减少了用户的费用。无线局域网在人们的印象中是价格昂贵的，但实际上，在购买时不能只考虑设备的价格，因为无线局域网可以在其他方面降低成本。根据无线局域网协会的调查表明，无线局域网可极大地提高经济效益，提高生产率 48%，提高企业效率 6%，改善收益与利润 6%，降低成本 40%。使用无线局域网不仅可以减少对布线的需求和与布线相关的一些开支，还可以为用户提供灵活性更高、移动性更强的信息获取方法。

(4) 易于扩展，大小自如。无线局域网有多种配置方式，能够根据需要灵活选择。这样，无线局域网就能胜任从只有几个用户的小型局域网到上千用户的大型网络。也就是说，无线局域网适合各种规模的企业环境，可以提供和已有网络的紧密结合、移动的访问和简单的配置。

三、无线局域网的标准

1. IEEE 802.11x 系列标准

802.11 标准速率最高只能达到 2 Mb/s。802.11 标准规定了在物理层上允许三种传输技术：红外线、跳频扩频和直接序列扩频。红外无线数据传输技术主要有三种：定向光束红外传输、全方位红外传输和漫反射红外传输。

802.11b 即 Wi-Fi(Wireless Fidelity，无线相容认证)，它采用 2.4 GHz 频段。2.4 GHz 的 ISM(Industrial Scientific Medical)频段为世界上绝大多数国家通用，因此 802.11b 得到了最为广泛的应用。802.11b 的最大数据传输速率为 11 Mb/s，无需直线传播。在动态速率转换时，如果无线信号变差，可将数据传输速率降为 5.5 Mb/s、2 Mb/s 和 1 Mb/s。支持的范围是在室外为 300 m，在办公环境中最长为 100 m。802.11b 是所有 WLAN 标准演进的基石，未来许多的系统大都需要与 802.11b 向后兼容。

802.11a(Wi-Fi5)标准是 802.11b 标准的后续标准。它采用 5 GHz 频段，传输速率可达 54 Mb/s。由于 802.11a 工作在 5 GHz 频段，因此它与 802.11、802.11b 标准不兼容。

802.11g 是为了提高传输速率而制定的标准，它采用 2.4GHz 频段，使用 CCK(补码键控)技术与 802.11b(Wi-Fi)向后兼容，同时它又通过采用 OFDM(正交频分复用)技术支持高达 54 Mb/s 的数据流。

802.11n 可以将 WLAN 的传输速率由目前 802.11a 及 802.11g 提供的 54 Mb/s 提高到 300 Mb/s 甚至 600 Mb/s。它得益于将 MIMO(多入多出)与 OFDM 技术相结合而应用的 MIMO OFDM 技术，提高了无线传输质量，也使传输速率得到极大提升。和以往的 802.11 标准不同，802.11n 协议为双频工作模式(包含 2.4GHz 和 5 GHz 两个工作频段)，这样 802.11n 保障了与以往的 802.11b、802.11a、802.11g 标准的兼容。

2. 其他无线局域网标准

除了现阶段主流的 IEEE 802.11x 无线局域网络技术之外，还存在其他无线局域网技术。

1) 蓝牙技术

蓝牙技术(Bluetooth Technology)是使用 2.4 GHz 频段传输的一种短距离、低成本的无线接入技术，主要应用于近距离的语言和数据传输业务。蓝牙设备的工作频段选用全世界范围内都可自由使用的 2.4 GHz ISM 频段，其数据传输速率为 1 Mb/s，蓝牙系统具有足够高的抗干扰能力，设备简单，性能优越。根据其发射功率的不同，蓝牙设备之间的有效通信距离大约为 10～100 m。

2) UWB 技术

UWB(Ultra-Wideband)是一种新兴的高速短距离通信技术，在短距离(10 m 左右)有很大优势，最高传输速率可达 1 Gb/s。UWB 技术覆盖的频谱范围很宽，是实现个人通信和无线局域网的一种理想调制技术，完全可以满足短距离家庭娱乐应用需求，可直接传输宽带视频数码流。

3) ZigBee 技术

ZigBee(IEEE 802.15.4)是一种新兴的短距离、低功率、低速率无线接入技术，工作在 2.4 GHz ISM 频段，传输速率为 250 kb/s～10 Mb/s，传输距离为 10～75 m，技术和蓝牙接近。ZigBee 采用基本的主从结构配合静态的星形网络，因此更适合于使用频率低、传输速率低的设备。由于它具有激活时延短(仅 15 ms)、低功耗等特点，因此将成为未来自动监控、遥控领域的新技术。

4) WiMax 技术

WiMax(Worldwide Interoperability for Microwave Access，全球微波互联接入)是一项新兴的宽带无线接入技术，能提供面向互联网的高速连接，数据传输距离最远可达 50 km。WiMax 又是一种为企业和家庭用户提供“最后一公里”的宽带无线连接方案。

5) IrDA(Infrared)红外技术

红外通信一般采用红外波段内的近红外线，波长在 0.75～25 μm。由于波长短，对障碍物的衍射能差，所以更适合应用在需要短距离无线点对点场合。1993 年，IrDA 协会发布其第一个标准后又发布 FIR，速率高达 4 Mb/s。目前其应用已相当成熟，其规范协议主要有物理层规范、连接建立协议和连接管理协议等。IrDA 以其低价和广泛的兼容性，得到了广泛应用。

6) HomeRF 技术

HomeRF 工作组是由美国家用射频委员会于 1997 年成立的，其主要工作任务是为家庭用户建立具有互操作性的话音和数据通信网。作为无线技术方案，它代替了需要铺设昂贵传输线的有线家庭网络，为网络中的设备，如笔记本电脑和 Internet 应用提供了漫游功能。

任务二　认知无线局域网的网络结构

无线局域网组网模式主要有两种：一种是无基站的 Ad-Hoc(自组网络)模式，另一种是有固定基站的 Infrastructure(基础结构)模式。

1. 点对点 Ad-Hoc 结构

点对点 Ad-Hoc 对等结构就相当于有线网络中的多机直接通过无线网卡互联，信号是直接在两个通信端点对点传输，如图 6-1 所示。这种网络中节点自主对等工作，对于小型的无线网络来说，是一种方便的连接方式。由于省去了无线 AP，Ad-Hoc 无线局域网的网络架设过程十分简单，不过一般的无线网卡在室内环境下传输距离通常为 40 m 左右，当超过此有效传输距离时，就不能实现彼此之间的通信。因此，该种模式非常适合一些简单甚至是临时性的无线互联需求。

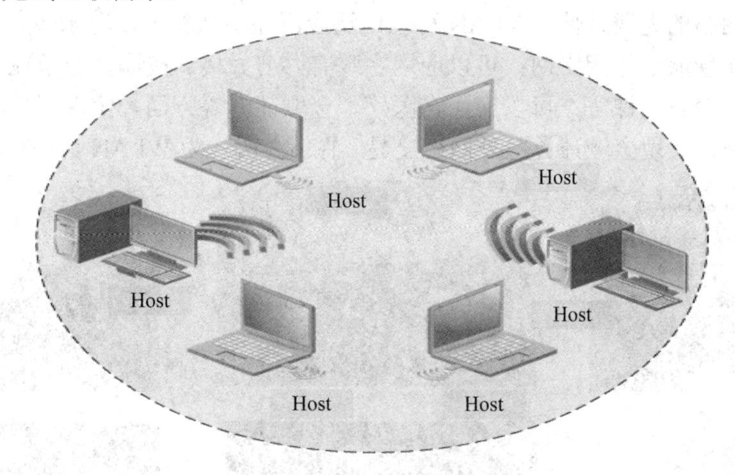

图 6-1 点对点 Ad-Hoc 结构组网模式示意图

2. 基于 AP 的 Infrastructure 结构

Infrastructure 结构与有线网络中的星形交换模式差不多，属于集中式结构类型。此时，需要无线 AP 的支持，其中的无线 AP 相当于有线网络中的交换机，起着集中连接和数据交换的作用，如图 6-2 所示。AP 负责监管一个小区，并作为移动终端和主干网之间的桥接设备。这种网络结构模式的优势主要表现在网络易于扩展、便于集中管理、能提供用户身份验证等，另外数据传输性能也明显高于 Ad-Hoc 对等结构。在这种 AP 网络中，AP 和无线网卡还可针对具体的网络环境调整网络连接速率。另外，基础结构的无线局域网不仅可以应用于独立的无线局域网中，如小型办公室无线网络、SOHO 家庭无线网络，也可以以它为基本网络结构单元组建成庞大的无线局域网系统，如 ISP 在“热点”位置为各移动办公用户提供的无线上网服务，在宾馆、酒店、机场为用户提供的无线上网区等。不过这时就要充分考虑到各 AP 所用的信道了，在同一有效距离内只能使用三个不同的信道。

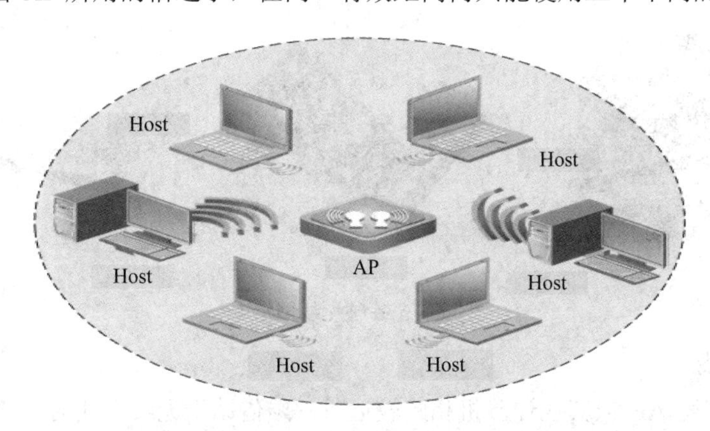

图 6-2 基于 AP 的 Infrastructure 结构组网模式示意图

任务三　认知无线局域网的应用场合

作为有线网络的无线延伸，WLAN 可以广泛应用在生活社区、游乐园、旅馆、机场车站等游玩区域实现旅游休闲上网；可以应用在政府办公大楼、校园、企事业等单位实现移动办公，方便开会及上课等；可以应用在医疗、金融证券等方面，实现医生在路途中对病人进行网上诊断，实现金融证券室外网上交易。图 6-3 所示为 WLAN 的应用示意图。

图 6-3　WLAN 的应用示意图

任务四　认知常见的无线网络设备

1. 无线网卡

无线网卡的作用类似于以太网中的网卡，作为无线局域网的接口，可实现与无线局域网的连接。图 6-4 所示为各种无线网卡。

图 6-4　各种无线网卡

2. 无线天线

计算机与无线 AP 或其他计算机相距较远时，须借助于无线天线对所接收或发送的信号进行增益(放大)。图 6-5 所示为各种无线天线。

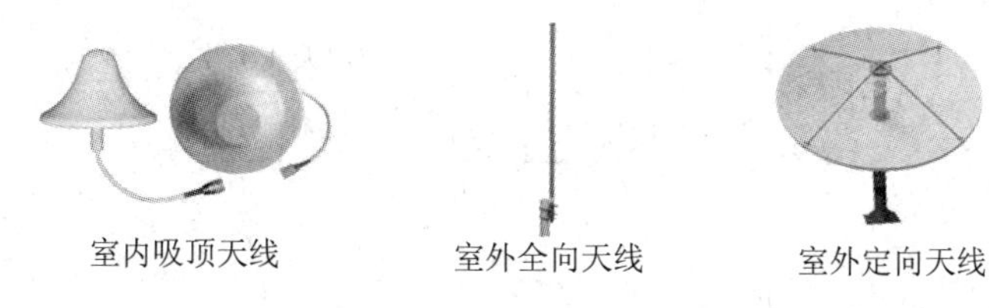

图 6-5　各种无线天线

3. 无线 AP

无线 AP 即无线接入点，它是用于无线网络的无线交换机，也是无线网络的核心，主要提供无线工作站对有线局域网的访问和从有线局域网对无线工作站的访问。图 6-6 所示为 H3C 无线 AP。

图 6-6　H3C 无线 AP

4. 无线路由器

无线路由器(Wireless Router)是将单纯性无线AP和宽带路由器合二为一的扩展型产品，如图 6-7 所示。

图 6-7　无线路由器

5. 无线网桥

将两个或多个不同建筑物间的局域网络用无线连接起来的设备叫无线网桥，它可以提供点到点、点到多点的连接方式，与功率放大器、定向天线配合使用可以传输几十公里的距离，主要应用于室外。使用无线网桥不可能只使用一个，必须使用两个以上，而 AP 可以单独使用。现在大多数 2.4 GHz 的无线网桥不但具有无线桥接功能，还具有无线覆盖功能，这是设备本身带有的两种模式功能。

无线网桥的作用类似于以太网中的集线器或接入层交换机。它是传统的有线局域网络与无线局域网络之间的桥梁，是无线网络中数据传输的“中转站”。任何一台装有无线网卡的 PC 均可通过 AP 去分享有线局域网络甚至广域网络的资源。AP 的应用范围很广，既可以用于装有无线网卡的计算机之间的数据交换，也能够用于装有无线网卡计算机与有线网络之间的数据交换。网络中增加一个无线 AP 后，即可成倍地扩展网络覆盖直径。图 6-8 所示为无线网桥连接示意图。

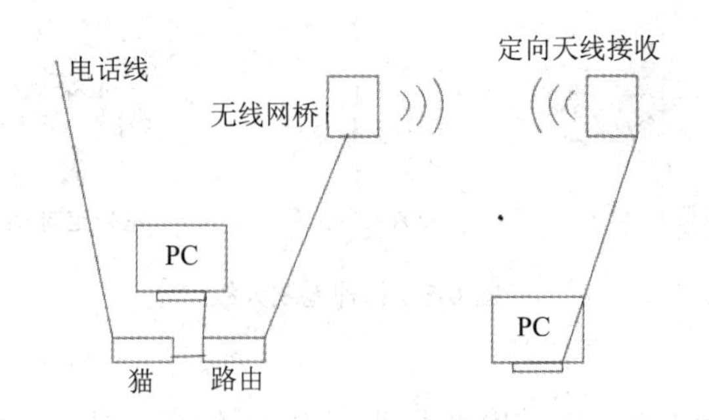

图 6-8　无线网桥连接示意图

任务五　认知无线局域网安全与防范

无线局域网的安全性主要包括访问控制和加密两大部分。访问控制保证只有授权用户能访问敏感数据，加密保证只有正确的接收者才能理解数据。目前使用最广泛的 802.11b/g 标准提供了两种手段来保证 WLAN 的安全—— SSID 服务配置标示符和 WEP(Wired Equivalent Privacy，有线等效保密)无线加密协议。SSID 提供低级别的访问控制。WEP 是可选的加密方案，它使用 RC4 加密算法，一方面用于防止没有正确的 WEP 密钥的非法用户接入网络，另一方面只允许具有正确的 WEP 密钥的用户对数据进行加密和解密。

WEP 无线加密协议定义了两种身份验证的方法，即开放系统和共享密钥。在缺省的开放系统方法中，用户即使没有提供正确的 WEP 密钥也能接入访问点，共享密钥方法则需要用户提供正确的 WEP 密钥才能通过身份验证。WEP 的安全性较差，为了进一步提高安全性，可选择 WPA/WPA2 或 WPA-PSK/WPA2-PSK 无线加密协议。

目前，无线局域网还不能完全脱离有线网络，无线网络与有线网络是互补的关系，而不是竞争，更不是代替。

项目实践一：组建 Ad-Hoc 模式无线对等网

实践目标：

- 熟悉无线网卡的安装；
- 组建 Ad-Hoc 模式无线对等网络，熟悉无线网络安装配置过程。

实践环境：

- 装有 Windows XP 操作系统的 PC 两台；
- 无线网卡两块(USB 接口，TP-LINK TL-WN322G+)。

1. 绘制网络拓扑结构图

图 6-9 所示为网络拓扑结构示意图。

图 6-9 网络拓扑结构示意图

2. 安装无线网卡及其驱动程序

(1) 安装无线网卡硬件。把 USB 接口的无线网卡插入 PC1 计算机的 USB 接口中。

(2) 安装无线网卡驱动程序。安装好无线网卡硬件后，Windows XP 操作系统会自动识别到新硬件，提示开始安装驱动程序。安装无线网卡驱动程序的方法和安装有线网卡驱动程序的方法类似，这里不再赘述。无线网卡安装成功后，在桌面任务栏上会出现无线网络连接图标，如图 6-10 所示。

图 6-10 无线网络连接图标

3. 配置 PC1 计算机的无线网络

可用无线网卡的客户端程序，也可用 Windows XP 来配置无线网络。如果用 Windows XP 来自动配置，需启动“Wireless Zero Configuration”(无线零配置)组件服务。下面用 Windows XP 来配置无线网络。

(1) 在“管理工具”窗口中，双击“组件服务”图标，打开“组件服务”窗口。选择左窗格中的“服务(本地)”选项，在右窗格中向下拖动垂直滚动条，找到“Wireless Zero Configuration”选项并右击，在弹出的快捷菜单中选择“属性”命令，打开“Wireless Zero Configuration 的属性(本地计算机)”对话框，如图 6-11 所示。在“常规”选项卡中，选择启动类型为“自动”，单击“启动”按钮，再单击“确定”按钮。

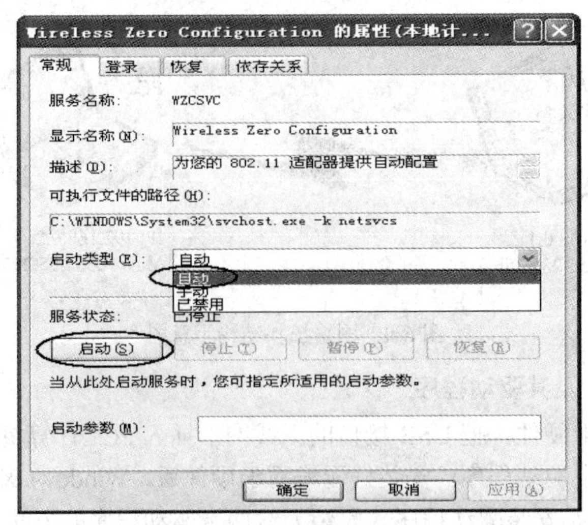

图 6-11　“Wireless Zero Configuration 的属性(本地计算机)”对话框

(2) 右击桌面上的“网上邻居”图标，在弹出的快捷菜单中选择“属性”命令，打开“网络连接”窗口，如图 6-12 所示。

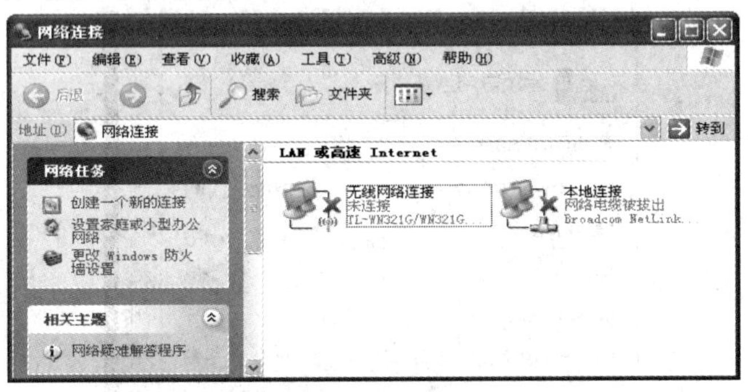

图 6-12　“网络连接”窗口

(3) 右键选择无限网络连接图标，在弹出的快捷菜单中选择“属性”命令，打开“无线网络连接 属性”窗口，如图 6-13(a)所示。双击图中椭圆圈起部分，再配置无线网卡的 IP 地址为 192.168.0.1，子网掩码为 255.255.255.0，如图 6-13(b)所示。

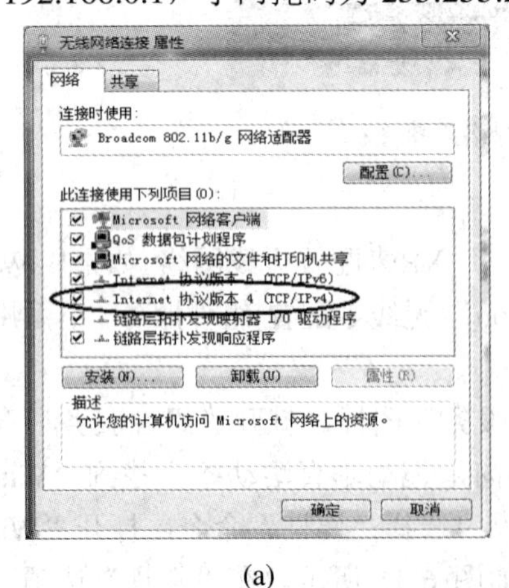

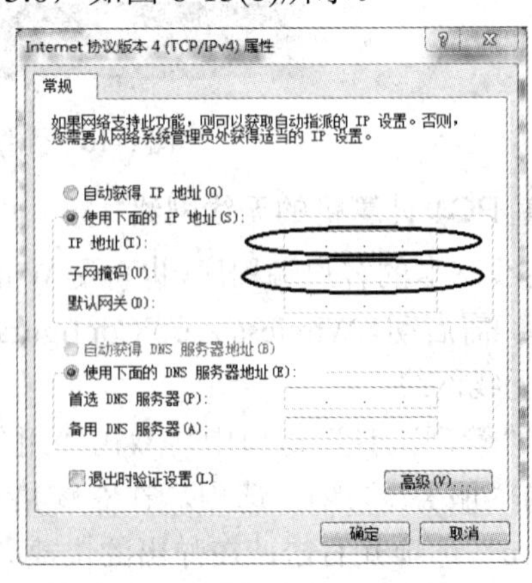

(a)　　　　　　　　　　(b)

图 6-13　无线网络连接属性配置对话框

(4) 在图 6-13(a)所示的对话框中，选择“无线网络配置”选项卡，并选中“用 Windows 配置我的无线网络设置”复选框，如图 6-14(a)所示。再单击“高级”按钮，在打开的“高级”对话框中，选中“仅计算机到计算机(特定)”单选按钮，如图 6-14(b)所示。然后单击“关闭”按钮，返回“无线网络连接 属性”对话框。

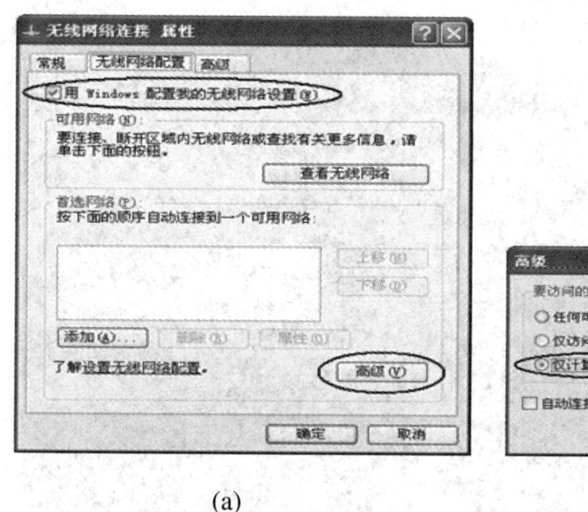

(a)

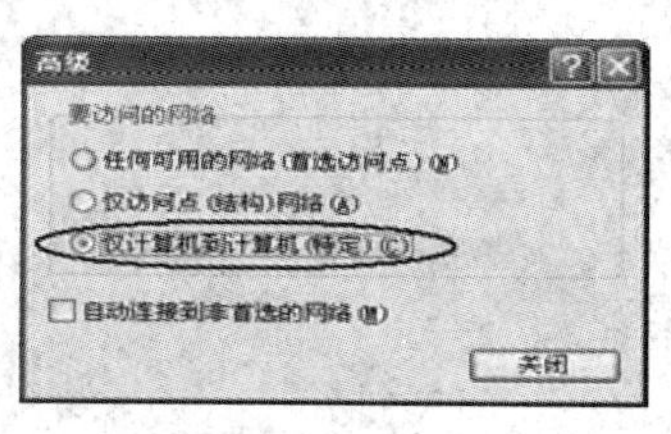

(b)

图 6-14 无线网络连接属性高级配置对话框

(5) 在图 6-14(a)所示的对话框中，单击“添加”按钮，打开“无线网络属性”对话框。在“关联”选项卡中，设置网络名(SSID)为某一值，如“tzkj”，并选中“即使此网络未广播，也进行连接”复选框。选择网络身份验证方式为“开放式”，数据加密方式为“WEP”，取消选择“自动为我提供此密钥”复选框，再设置并确认网络密钥，如“1234567890”(密钥必须为 5 或 13 个 ACSII 字符，也可以是 10 或 26 个十六进制字符)，如图 6-15 所示。

(6) 在图 6-15 所示的对话框中选择“连接”选项卡，在弹出的对话框中选中“当此网络在区域内时连接”复选框，如图 6-16 所示，表示一旦检测到此网络(SSID 为 tzkj 的无线网络)，Windows 可以自动连接。单击“确定”按钮，返回“无线网络连接 属性”对话框，再单击“确定”按钮。

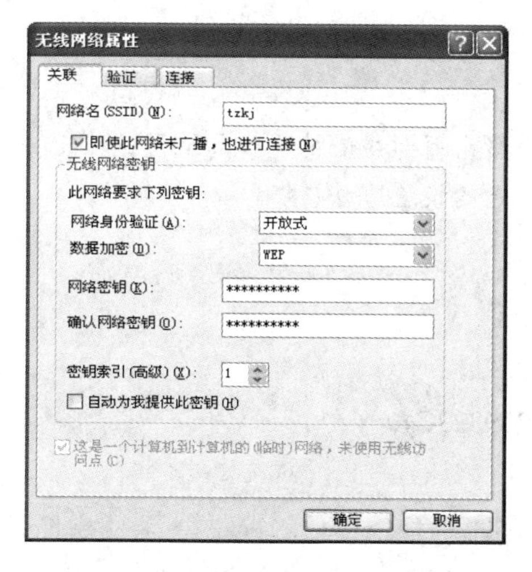

图 6-15 “无线网络属性”对话框

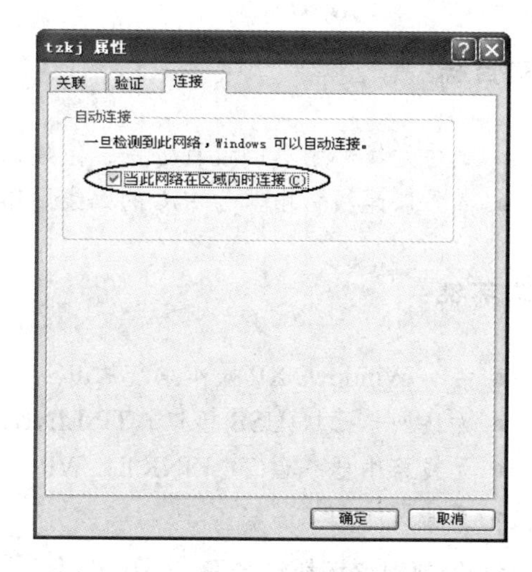

图 6-16 配置 PC2 计算机的无线网络

(7) 在 PC2 计算机中安装无线网卡，并安装该无线网卡的驱动程序。

(8) 设置无线网卡的IP地址为192.168.0.2，子网掩码为255.255.255.0，其他设置同PC1。

4. 连通性测试

(1) 测试与PC2计算机的连通性。在PC1计算机中，运行“ping 192.168.0.2”命令，如图6-17所示，表明与PC2计算机连通良好。

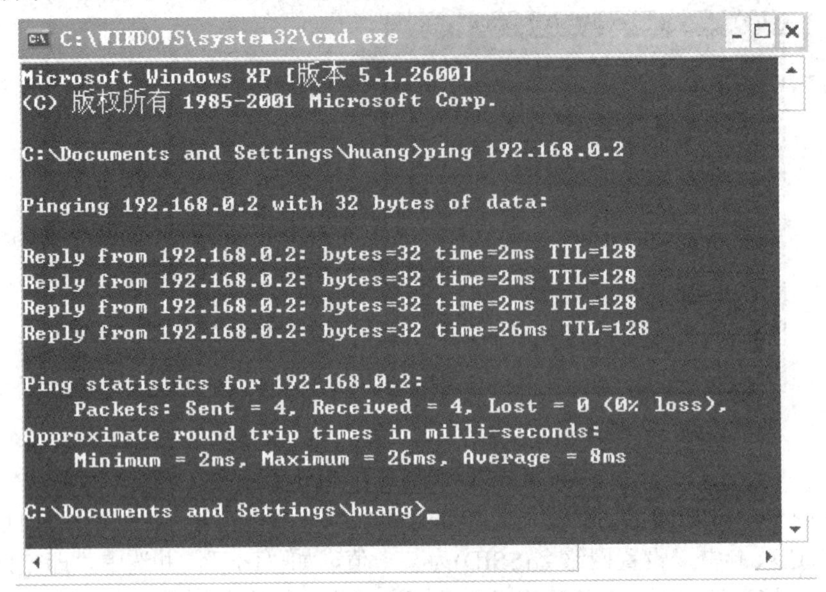

图6-17　测试过程示意图

(2) 测试与PC1计算机的连通性。在PC2计算机中，运行“ping 192.168.0.1”命令，测试与PC1计算机的连通性。

项目实践二：组建Infrastructure模式无线局域网

实践目标：

- 熟悉无线路由器的设置方法，组建以无线路由器为中心的无线局域网；
- 熟悉以无线路由器为中心的无线网络客户端的设置方法。

实践环境：

- 装有Windows XP操作系统的PC三台；
- 无线网卡三块(USB接口，TP-LINK TL-WN322G)；
- 无线路由器一台(TP-LINK TL-WR541G+)；
- 直通网线两根。

1. 绘制网络拓扑结构图

图6-18所示为网络拓扑结构示意图。

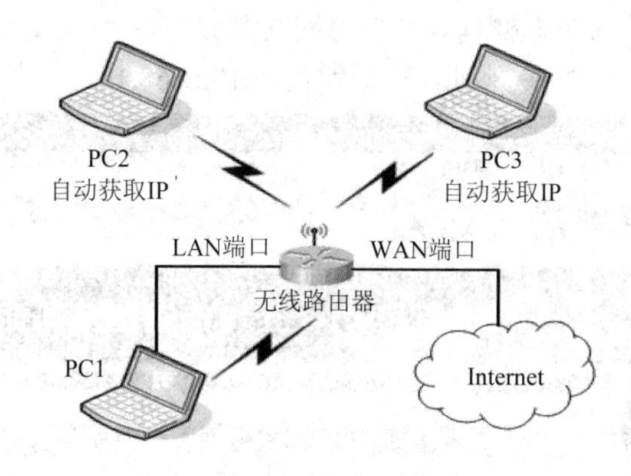

图 6-18　网络拓扑结构示意图

2. 配置无线路由器

(1) 把连接外网(如 Internet)的直通网线接入无线路由器的 WAN 端口，把另一直通网线的一端接入无线路由器的 LAN 端口，另一端口接入 PC1 计算机的有线网卡端口，如图 6-18 所示。

(2) 设置 PC1 计算机有线网卡的 IP 地址为 192.168.1.10，子网掩码为 255.255.255.0，默认网关为 192.168.1.1。再在 IE 地址栏中输入 192.168.1.1，打开无线路由器登录界面，输入用户名为 admin，密码为 admin，如图 6-19 所示。

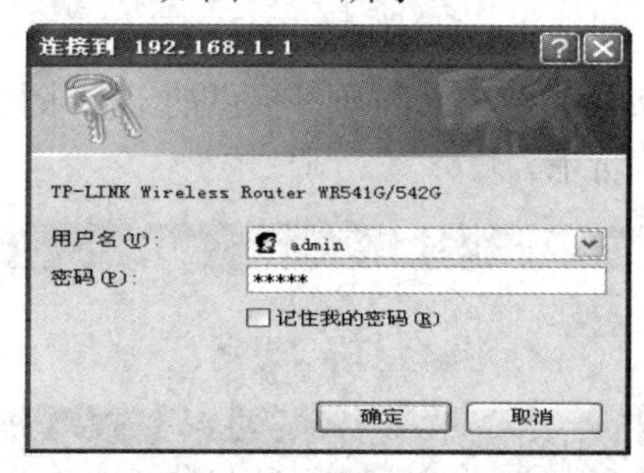

图 6-19　无线路由器登录界面

(3) 进入设置界面以后，通常都会弹出一个设置向导的小页面，如图 6-20 所示。对于有一定经验的用户，可选中“下次登录不再自动弹出向导”复选框，以便进行各项参数的细致设置。然后单击“退出向导”按钮。

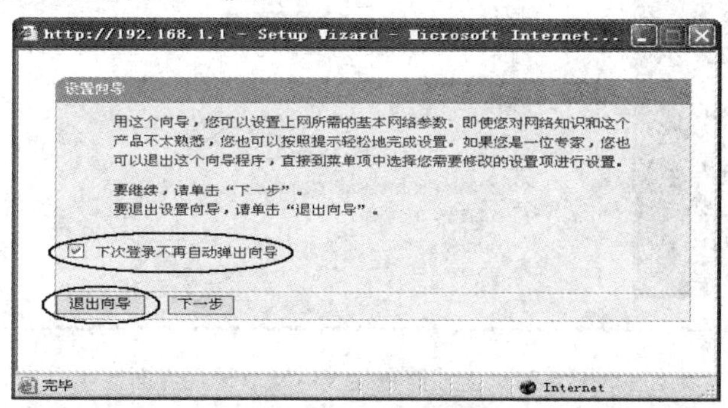

图 6-20　无线路由器配置向导

(4) 在设置界面中，选择左侧向导菜单“网络参数”→“LAN 口设置”链接后，在右侧对话框中可设置 LAN 口的 IP 地址，一般默认为 192.168.1.1，如图 6-21 所示。

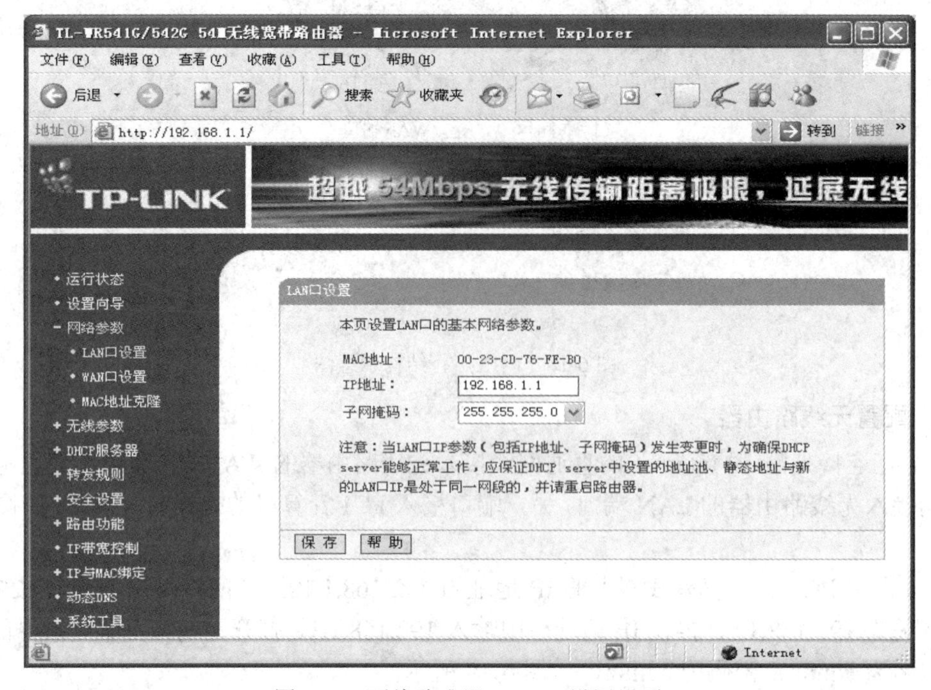

图 6-21　无线路由器 LAN 口设置界面

(5) 设置 WAN 口的连接类型，输入服务商提供的上网账号和上网口令(密码)，最后单击“保存”按钮，如图 6-22 所示。

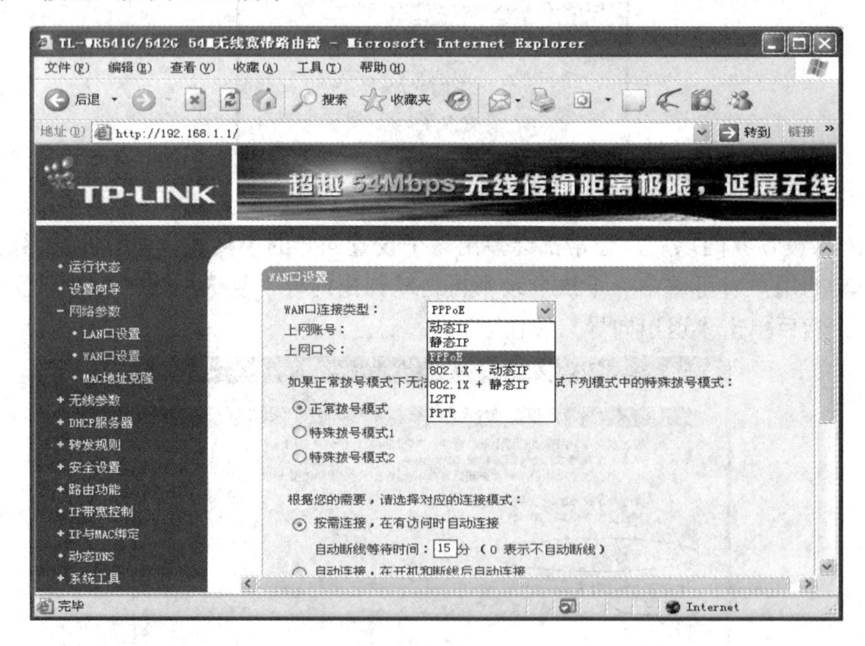

图 6-22　无线路由器 WAN 口设置界面

(6) 设置“DHCP 服务”，如图 6-23 所示。

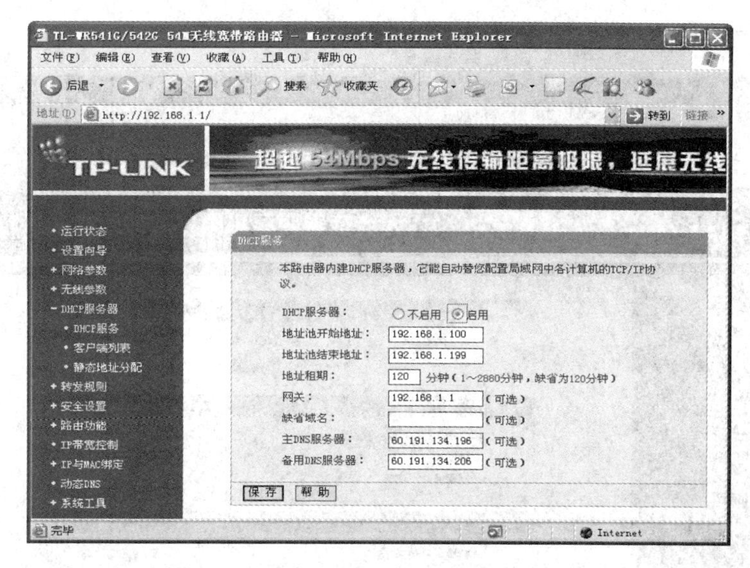

图 6-23　无线路由器 DHCP 服务设置界面

(7) 设置 SSID 号、“WEP”加密等，如图 6-24 所示。

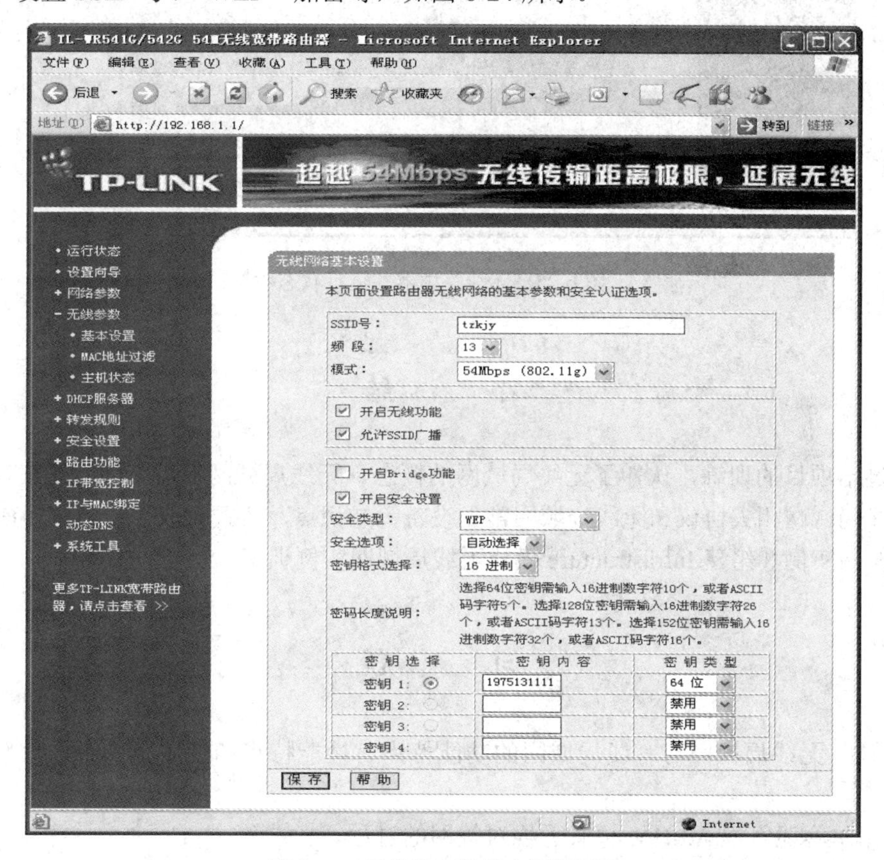

图 6-24　无线路由器基本设置界面

(8) 在图 6-24 所示的对话框中点击左侧的“运行状态”，查看无线路由器的运行状态，如图 6-25 所示。

(9) 重启路由器。

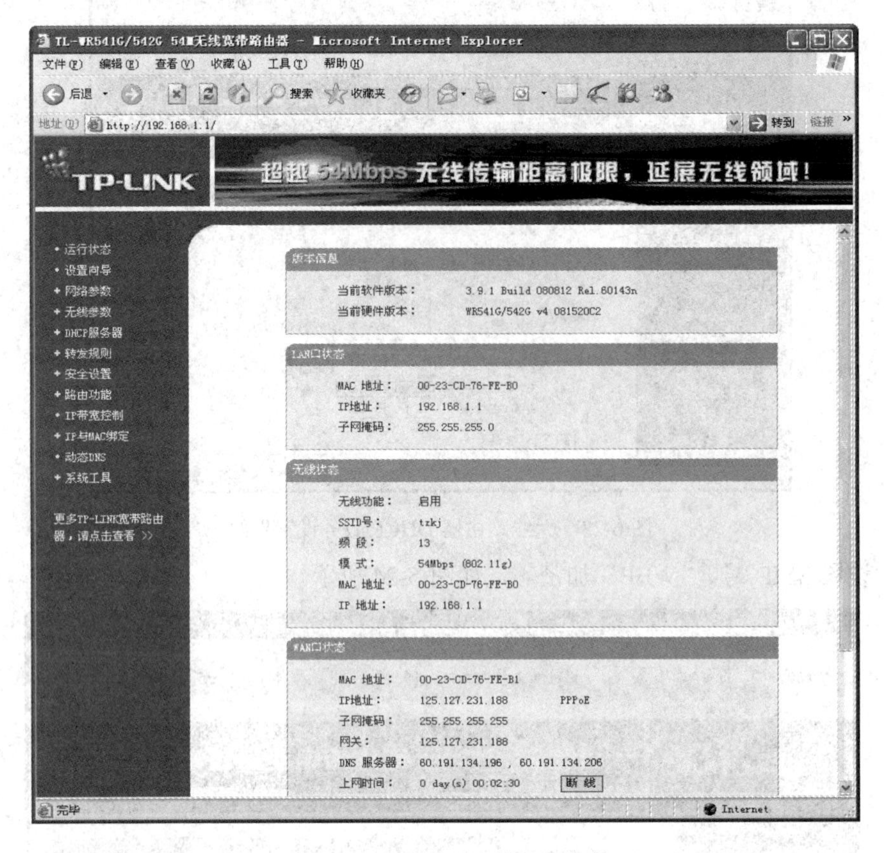

图 6-25　无线路由器的运行状态

小　　结

通过本项目的训练，认知了无线局域网的概念、无线局域网应用范围、无线局域网结构、无线局域网相关协议和无线局域网常见设备等知识点，实践完成了组建 Ad-Hoc 模式无线对等网实例和组建 Infrastructure 模式无线局域网实例训练。

习　　题

1. 试从无线局域网与有线局域网的功能特点、性能特点和使用范围方面比较二者的区别。

2. 简单阐述组建 Ad-Hoc 模式无线对等网的过程。

3. 简单阐述组建 Infrastructure 模式无线局域网的过程。

工作情境四

Internet 的接入

项目七　Internet 接入的应用

项目引导

本项目以局域网接入 Internet 为目标，认知接入各种 Internet 方式的特点以及适用范围，以真实的工作情景，完成网络管理员岗位两项基本的职业任务——网卡安装与网线制作。

知识目标：

- 认知 ADSL 方式、代理服务器方式接入 Internet 的原理；
- 认知 ADSL 方式、代理服务器方式接入 Internet 的特点以及适用范围。

能力目标：

- 使用 ADSL 方式实现局域网与 Internet 的连接；
- 使用代理服务器的方式实现局域网与 Internet 的连接。

任务一　接入 Internet

1. 接入 Internet 的方式

目前国内常见的 Internet 接入方式有以下八种。

1) PSTN 接入

PSTN 就是公用电话交换网(Public Switch Telephone Network)，即我们日常生活中常用的电话。PSTN 是一种以模拟技术为基础的电路交换网络，这是最容易实施的方法，费用低廉，只要一条可以连接 ISP 的电话线和一个账号即可。其缺点是传输速度低、线路可靠性差，适合对可靠性要求不高的办公室及小型企业。如果用户多，可以多条电话线共同工作，提高访问速度。图 7-1 所示为 PSTN 接入方式。

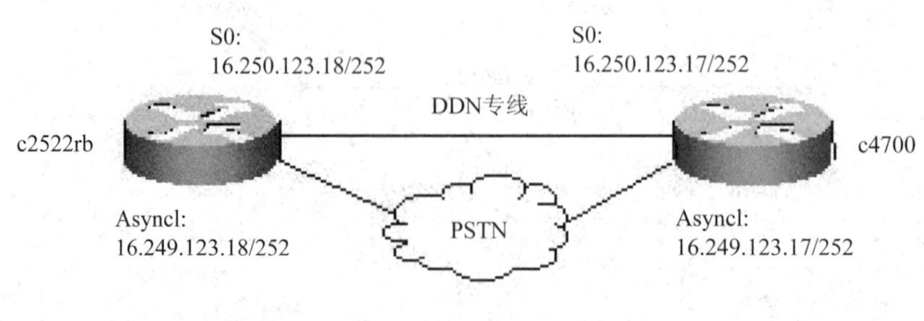

图 7-1　PSTN 接入方式

2) ISDN 接入

ISDN 是综合业务数字网，俗称“一线通”，如图 7-2 所示。ISDN 目前在国内迅速普及，价格大幅度下降，有的地方甚至免初装费用。它具有两个信道 128 kb/s 的速率、快速的连接以及比较可靠的线路，可以满足中小企业浏览以及收发电子邮件的需求，而且还可以通过 ISDN 和 Internet 组建企业 VPN。这种方式的性能价格比很高，在国内大多数的城市都有 ISDN 接入服务。

图 7-2 ISDN 接入方式

3) ADSL 接入

ADSL(Asymmetric Digital Subscriber Line)即非对称数字用户线路，亦可称做非对称数字用户环路，是一种新的数据传输方式，如图 7-3 所示。它因为上行和下行带宽不对称，因此称为非对称数字用户线环路。ADSL 可以在普通的电话铜缆上提供 1.5～8 Mb/s 的下行和 10～64 kb/s 的上行传输，可进行视频会议和影视节目传输，非常适合中小企业。但 ADSL 有一个致命的弱点：用户距离电信交换机房的线路距离不能超过 4～6 km，因而限制了它的应用范围。

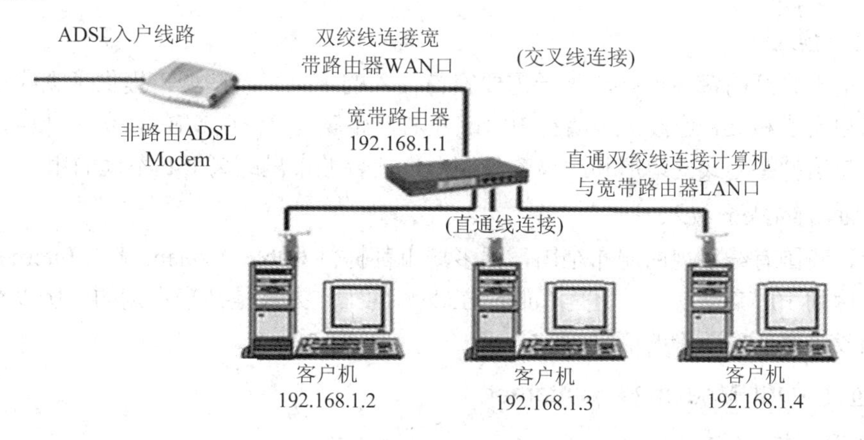

图 7-3 ADSL 接入方式

4) DDN 专线接入

DDN 专线接入向用户提供的是永久性的数字连接，如图 7-4 所示。这种方式适合对带宽要求比较高的应用，如企业网站。它的特点也是速率比较高，范围为 64 kb/s～2 Mb/s。但是，由于整个链路被企业独占，所以 DDN 专线接入的费用很高，因此中小企业较少选用。这种接入方式的优点很多：有固定的 IP 地址、可靠的线路运行、永久的连接等。但是其性价比太低，除非用户资金充足，否则不推荐使用这种方式。

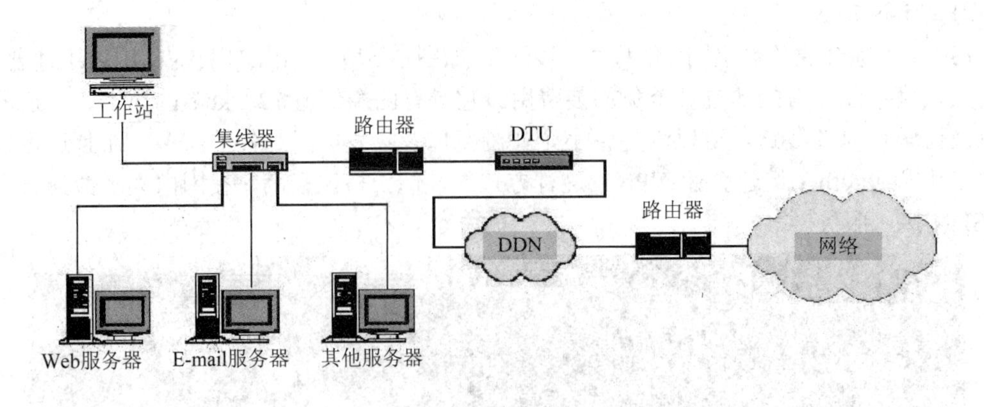

图 7-4 DDN 专线接入网络示意图

5) 卫星接入

目前，国内一些 Internet 服务提供商开展了卫星接入 Internet 的业务，这种方式适合偏远地方又需要较高带宽的用户。卫星用户一般需要安装一个甚小口径终端(VSAT)，包括天线和其他接收设备，下行数据的传输速率一般为 1 Mb/s 左右，上行通过 PSTN 或者 ISDN 接入 ISP。其终端设备和通信费用都比较低。

6) 光纤接入

目前在一些城市开始兴建高速城域网，主干网速率可达几十吉比特每秒(Gb/s)，并且推广宽带接入。光纤可以铺设到用户或者大楼，可以以 100 Mb/s 以上的速率接入，适合大型企业。

7) 无线接入

由于铺设光纤的费用很高，对于需要宽带接入的用户，一些城市提供了无线接入。用户通过高频天线和 ISP 连接，距离在 10 km 左右，带宽为 2～11 MB/s，费用低廉，性价比很高。但是这种接方式受地形和距离的限制，仅适合城市里距离 ISP 不远的用户。

8) Cable Modem 接入

目前，我国有线电视网遍布全国，很多城市都提供 Cable Modem 接入 Internet 方式，速率可以达到 10 Mb/s 以上。但是 Cable Modem 的工作方式是共享带宽的，所以有可能在某个时间段出现速率下降的情况。

2. 通过 ADSL Modem 接入 Internet

1) ADSL 的基本概念

ADSL 因为上行(从用户到电信服务提供商的方向，如上传动作)和下行(从电信服务提供商到用户的方向，如下载动作)带宽不对称，即上行和下行的速率不相同，因此称为非对称数字用户线路。它采用频分复用技术把普通的电话线分成了电话、上行和下行三个相对独立的信道，从而避免了相互之间的干扰。通常 ADSL 在不影响正常电话通信的情况下可以提供最高 3.5 Mb/s 的上行速率和最高 24 Mb/s 的下行速率。

接入 Internet 需要向 ISP(Internet Service Provider，Internet 服务供应商)提出申请。ISP 的服务主要是指 Internet 接入服务，即通过网络连线把用户的计算机或其他终端设备连入

Internet，提供 ISP 服务的主要有中国电信、网通、联通等的数据业务部门。ISP 一般向用户提供用户名与密码、IP 地址和 DNS 以及拨号软件。

2) ADSL Modem

一般在申请业务时，ISP 会为用户提供 ADSL Modem。ADSL Modem 一般有两个接口(如图 7-5 所示)：一个接口为 ADSL 接口，用来连接电话线；一个接口为以太网接口，用来连接计算机。

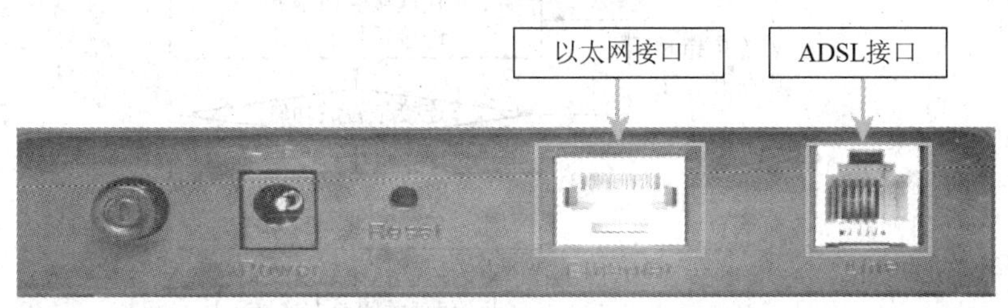

图 7-5　ADSL Modem 接口介绍

任务二　使用代理服务器接入 Internet

代理服务器(Proxy Server)是一种重要的服务器安全功能，它主要工作在开放系统互连模型(OSI)的会话层，从而起到防火墙的作用。代理服务器大多被用来连接 Internet 和 Intranet(局域网)，如图 7-6 所示。

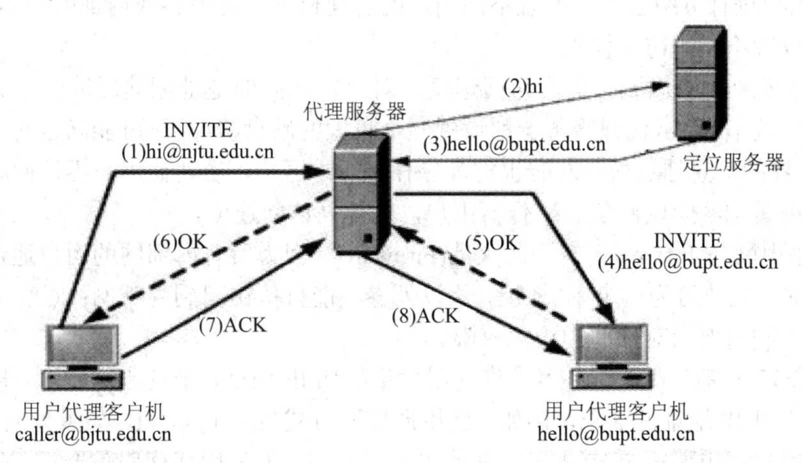

图 7-6　代理服务器

1. 代理服务器的工作过程

代理服务器是建立在 TCP/IP 协议应用层上的一种服务软件，一般安装在局域网中一台性能比较突出且能够直接接入 Internet 的计算机上。设置好代理服务器后，在局域网中的每台客户机上必须配置代理服务器，并指向代理服务器的 IP 地址和服务端口号。当代理服务器启动时，将利用一个名为 Winsock.dll 的动态连接程序来开辟一个指定的端口，等待用户的访问请求。Telnet 代理服务器的工作流程如图 7-7 所示。

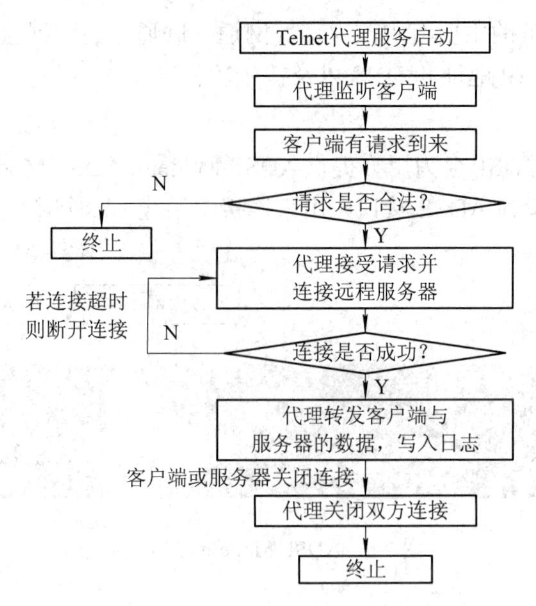

图 7-7 Telnet 代理服务器工作流程

2. 代理服务器的主要功能

代理服务器的主要功能如下：

(1) 设置用户验证和记账功能，可按用户进行记账，没有登记的用户无权通过代理服务器访问 Internet，并且可对用户的访问时间、访问地点和信息流量进行统计。

(2) 对用户进行分级管理，设置不同用户的访问权限，对外界或内部的 Internet 地址进行过滤，设置不同的访问权限。

(3) 增加缓冲器(Cache)，提高访问速度，对经常访问的地址创建缓冲区，大大提高热门站点的访问效率。通常代理服务器都设置一个较大的硬盘缓冲区(可能高达几吉字节或更大)，当有外界的信息通过时，同时也将其保存到缓冲区中，当其他用户再访问相同的信息时，则直接由缓冲区中取出信息，传给用户，以提高访问速度。

(4) 连接内网与 Internet，充当防火墙(Firewall)。因为所有内部网的用户通过代理服务器访问外界时，只映射为一个 IP 地址，所以外界不能直接访问到内部网；同时可以设置 IP 地址过滤，限制内部网对外部的访问权限。

(5) 节省 IP 开销。代理服务器允许使用大量的伪 IP 地址，节约上网资源，即用代理服务器可以减少对 IP 地址的需求。例如，使用局域网方式接入 Internet，如果为局域网(LAN)内的每一个用户都申请一个 IP 地址，其费用可想而知。但使用代理服务器后，只要代理服务器上有一个合法的 IP 地址，LAN 内其他用户就可以使用 10.*.*.*这样的私有 IP 地址，这样可以节约大量的 IP，降低网络的维护成本。

3. 代理服务器的类型

通常所说的代理服务器包括 Proxy 和 NAT(Network Address Translation，网络地址转换)两大类，后者也称为网关型。Proxy 类的代理服务器即一般意义上所说的代理服务器，如 WinGate。NAT 类的代理服务器严格来说应该是软网关，它通过将局域网内部的私有 IP 地址转换为合法的公用 IP 地址来实现对 Internet 的访问。

4. 认知常用代理服务器的软件

1) HTTP 代理

对于每一个上网的人来说应该都很熟悉 WWW，WWW 连接请求采用的就是 HTTP 协议，所以在浏览网页、下载数据(也可采用 FTP 协议)时就采用 HTTP 代理。它通常绑定在代理服务器的 80、3128、8080 等端口上。

2) Socks 代理

采用 Socks 协议的代理服务器就是 Socks 服务器，它是一种通用的代理服务器。Socks 是一个电路级的底层网关，是 DavidKoblas 在 1990 年开发的，此后就一直作为 Internet RFC 标准的开放标准。Socks 不要求应用程序遵循特定的操作系统平台，与应用层代理、HTTP 层代理不同，Socks 代理只是简单地传递数据包，而不必关心是何种应用协议(比如 FTP、HTTP 和 NNTP 请求)。所以，Socks 代理比其他应用层代理要快得多。它通常绑定在代理服务器的 1080 端口上。如果是在企业网或校园网上，需要透过防火墙或通过代理服务器访问 Internet 就可能需要使用 Socks。一般情况下，对于拨号上网用户都不需要使用它。

注意：浏览网页时常用的代理服务器通常是专门的 HTTP 代理，它和 Socks 是不同的。因此，能浏览网页不等于一定可以通过 Socks 访问 Internet。常用的防火墙或代理软件都支持 Socks，但需要其管理员打开这一功能。如果不确信是否需要 Socks 或是否有 Socks 可用，则需要与网络管理员联系。为了使用 Socks，需要了解以下内容：

(1) Socks 服务器的 IP 地址是什么？

(2) Socks 服务所在的端口是什么？

(3) 这个 Socks 服务是否需要用户认证？

接着可以把这些信息填入“网络配置”中，或者在第一次登记时填入，就可以使用 socks 代理了。在实际应用中，Socks 代理可联网以被用于电子邮件、新闻组软件、网络传呼 ICQ、网络聊天 MIRC 等各种应用软件当中。

3) VPN 代理

VPN 指在公共网络上建立专用网络的技术。之所以称为虚拟网主要是因为整个 VPN 网络的任意两个节点之间的连接并没有传统专网建设所需的点到点的物理链路，而是架构在公用网络服务商 ISP 所提供的网络平台之上的逻辑网络。用户的数据是通过 ISP 在公共网络(Internet)中建立的逻辑隧道(Tunnel)，即点到点的虚拟专线进行传输的。通过相应的加密和认证技术来保证用户内部网络数据在公网上安全传输，从而真正实现网络数据的专有性。

4) 反向代理

反向代理服务器架设在服务器端，通过缓冲经常被请求的页面来缓解服务器的工作量。一般来说，安装反向代理服务器有以下几个原因：

① 加密和 SSL 加速；

② 负载平衡；

③ 缓存静态内容；

④ 压缩和减速上传；

⑤ 安全和方便外网发布，大多数情况下使用开放源代码的 squid 做反向代理。

项目实践一：通过 ADSL 接入 Internet 搭建局域网

实践目标：

- 通过 ADSL 虚拟拨号接入 Internet 的硬件安装方法；
- 使用 Win7 与 Internet 的连接方法

实践环境：

- 微机一台，最低配置：P4，内存 128 MB，硬盘 8 GB；
- 外置 ADSL Modem 一个；
- 配备二至三根做好 RJ11 头的电话线以及一个分配器；
- 一根做好 RJ-45 头的双绞线(网线)。

1. 硬件安装

按 ADSL Modem 安装说明将 ADSL Modem、电话和微机连接起来，如图 7-8 所示。

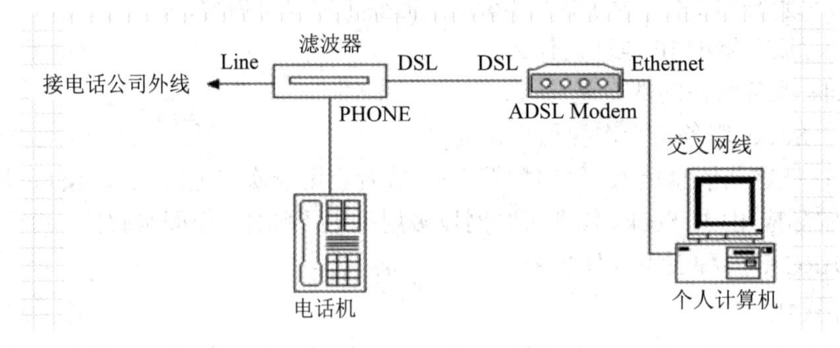

图 7-8　ADSL Modem 安装示意图

2. ADSL Modem 的设置

按照 ADSL Modem 说明书，正确设置 ADSL Modem 的相关参数。这里主要配置 PPPoE 协议的相关参数，如 VCI/VPI 值以及选择封装类型等，如图 7-9 所示。

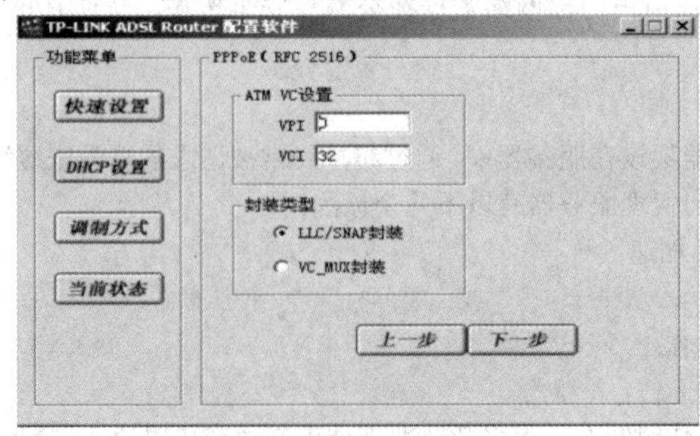

图 7-9　设置 PPPoE 相关参数

3. Win7 环境下 RasPPPOE 的设置

在 Win7 环境下完成 RasPPPoE 的相关设置，使用 Win7 的连接向导建立 ADSL 拨号连接账号。

4. 虚拟拨号连接到 Internet

以上步骤完成后，即可进行虚拟拨号连接到 Internet 上了。双击桌面的 ADSL 快捷连接图标，进入如图 7-10 所示的窗口。输入用户名和密码，单击“连接”按钮，即可连接到 Internet 上。

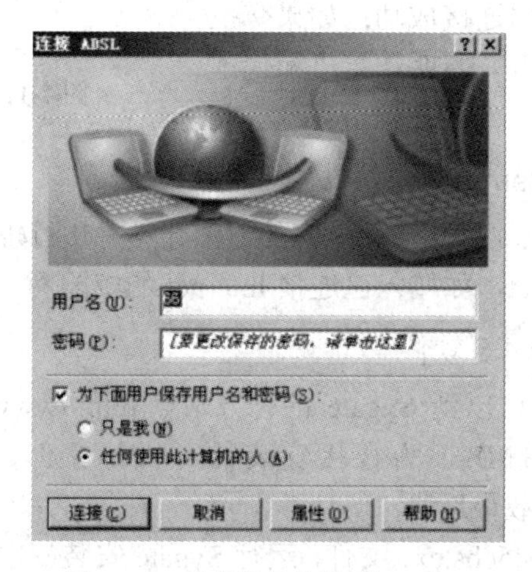

图 7-10 虚拟拨号连接到 Internet

当与 Internet 连接成功后，在任务栏的右边将出现一个连通图标。如果需要与 Internet 断开连接，只需在此图标上点击右键并单击“断开”即可。

项目实践二：局域网通过代理服务器(Sygate)共享接入 Internet

实践目标：

- 掌握局域网通过代理服务器(Sygate)共享接入 Internet 的方法。

实践环境：

- 装有 Windows XP 操作系统的 PC 三台；
- 代理服务器一台(双网卡)；
- 交换机一台；
- ADSL Modem 一台；
- 直通线五根；
- 代理软件 Sygate Home Network 4.5 中文版 1 套。

1. 绘制网络拓扑图

图 7-11 所示为网络拓扑结构示意图。

2. 硬件连接

(1) 如图 7-11 所示，用直通双绞线将 PC1、PC2、PC3 和代理服务器的网卡 1 连接到交换机上。

(2) 用直通双绞线连接 ADSL Modem 的 Ethernet 端口和代理服务器的网卡 2。

(3) 打开 ADSL Modem 和交换机的电源，如果 ADSL Modem 上的 LAN-Link 指示灯亮，表明 ADSL Modem 与代理服务器连接成功；如果交换机相应的 LAN 端口指示灯亮，表明计算机和代理服务器与交换机连接成功。

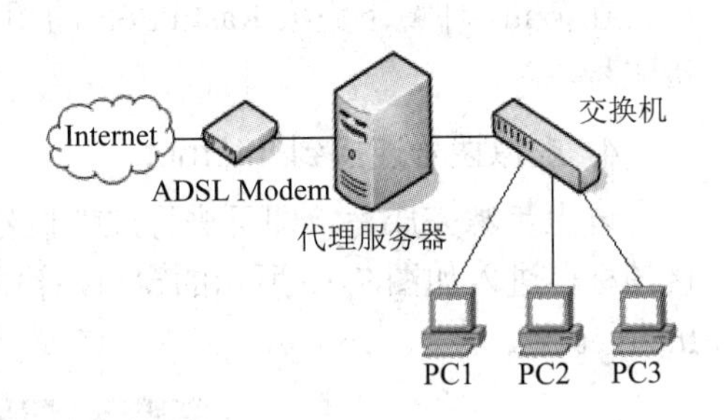

图 7-11　网络拓扑结构示意图

3. 代理服务器接入 Internet

在代理服务器中，按照项目九任务一中的方法建立并进行虚拟拨号，接入 Internet。也可通过其他方法接入 Internet，如接入已连接 Internet 的校园网。

4. 下载并安装 Sygate 4.5 软件

(1) 在代理服务器中，可以到 Sygate 的官方站点(http://www.sygate.com)下载最新版本 4.5 版，文件大小为 4.28 MB，为直接安装的可执行文件。也可到华军软件园网站(http://www.newhua.com)下载最新版。

(2) 双击下载的 Sygate45chs.exe 文件，运行 Sygate 安装程序，弹出欢迎窗口，单击“下一步”按钮，在弹出的 Sygate 安装使用协议窗口中单击“是”按钮接受协议。

(3) 选择 Sygate 的安装路径，默认安装路径是“C:\Program Files\Sygate\SHN”。要改变默认安装路径，则单击“浏览”按钮修改默认安装路径；否则，单击“下一步”按钮，如图 7-12 所示。

(4) 显示 Sygate 将新建程序组“Sygate Home Network”，取默认值，单击“下一步”按钮。

(5) Sygate 开始复制文件，复制完成后，将出现如图 7-13 所示的“安装设置”对话框，询问以服务器模式还是客户端模式安装软件。选择服务器模式，单击“确定”按钮。

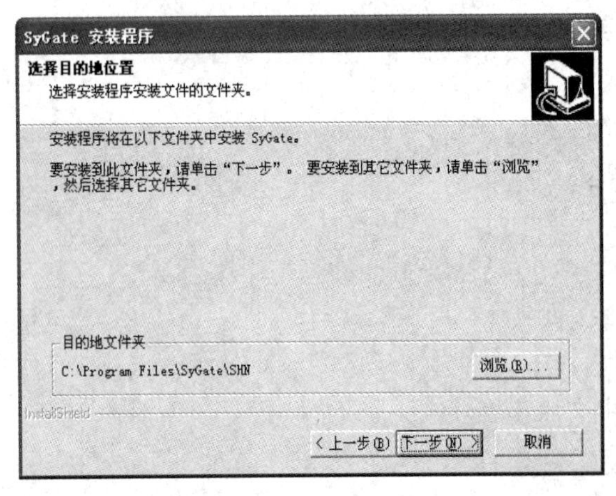

图 7-12　Sygate 安装向导

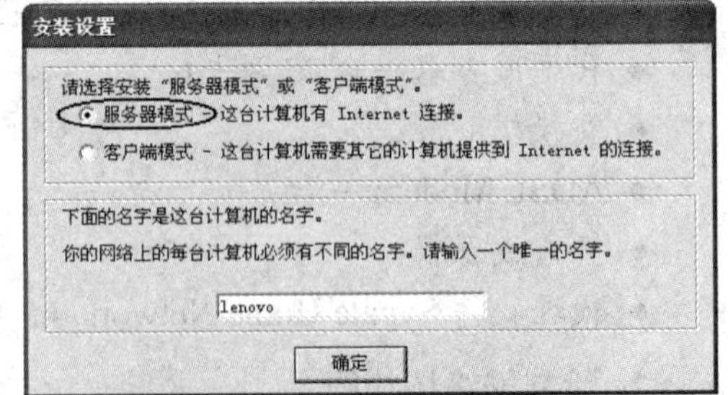

图 7-13　“安装设置”对话框

(6) 安装完Sygate后，它会自动检测Internet连接，如Internet连接正常，则会显示“Sygate Network Diagnostics finished.”提示，如图7-14所示；否则会显示检测连接失败。然后单击“确定”按钮。

(7) 弹出感谢试用Sygate的对话框，如图7-15所示，单击“确定”按钮进入试用模式。

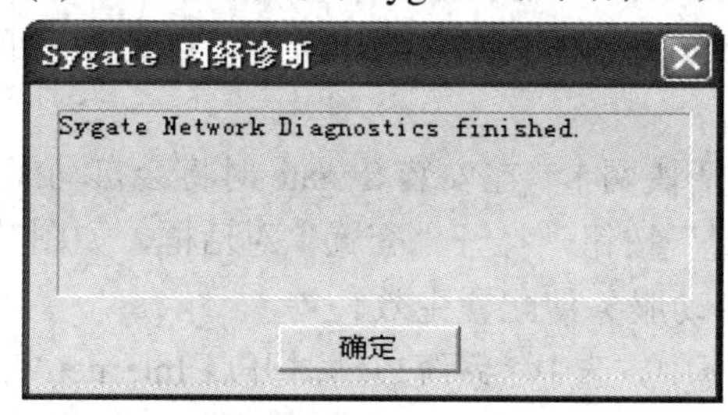

图7-14　Sygate诊断对话框

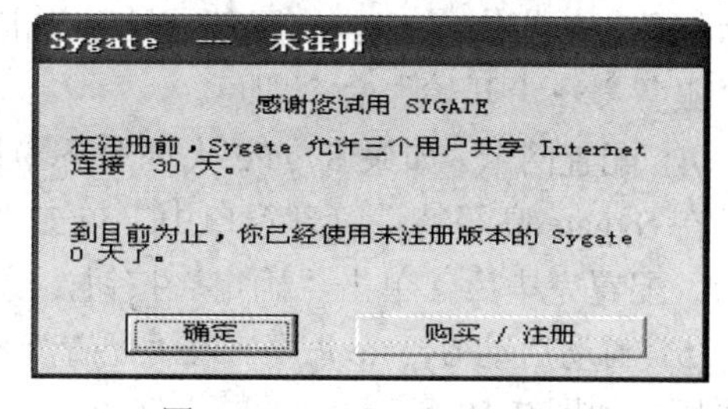

图7-15　Sygate注册对话框

(8) 安装完成，要求重启计算机生效，单击“是”按钮，重新启动计算机。

5. 配置Sygate服务器

(1) 进入Sygate管理主窗口。选择“开始”→“程序”→“Sygate Home Network”→“Sygate管理器”命令，进入Sygate管理主窗口，如图7-16所示。

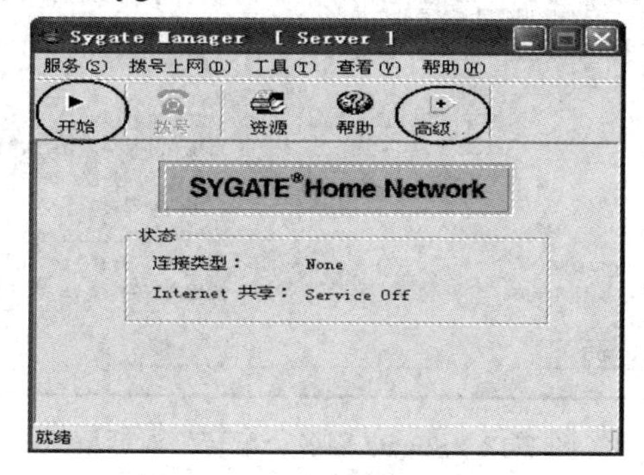

图7-16　Sygate管理主窗口

(2) 单击工具栏中的“开始”按钮，启动Sygate代理服务。单击“高级”按钮，显示Sygate高级特性管理窗口，如图7-17所示。其中，“状态”栏显示为“连接类型：High-Speed Connection”、“Internet共享：Online”，窗口右下角的指示灯显示为绿色，“网络流量信息”栏显示了信息传输状况，“INTERNETR接口状态”栏显示了线路、用户、连接Internet网卡等情况。

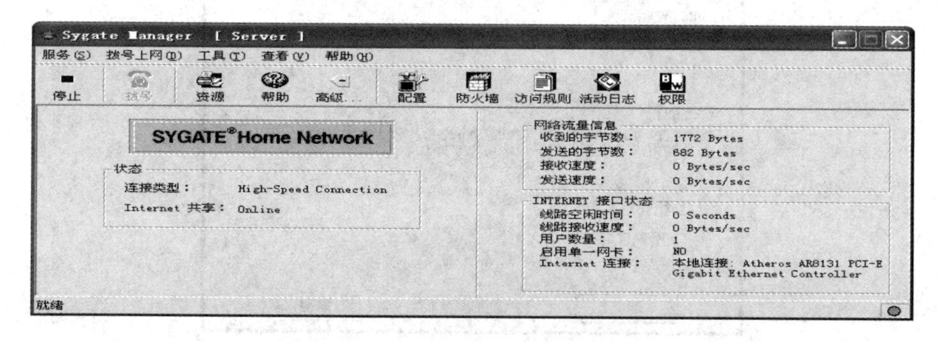

图7-17　Sygate高级特性管理窗口

(3) 暂停、恢复 Sygate 服务。有时由于某种原因，需要暂停 Sygate 代理服务，其方法是：在 Sygate 管理主界面中，单击工具栏左边的“停止”按钮或选择菜单“服务”→“停止”命令，弹出对话框，询问是否真的想暂停 Sygate 服务，单击“是”按钮。此时“状态”栏显示“连接类型：None”、“Internet 共享：Service Off”，同时管理主窗口右下角的指示灯变为红色。如想恢复 Sygate 服务，只需单击 Sygate 管理主界面中的“开始”按钮或选择菜单“服务”→“开始”命令即可。

(4) 配置网卡。如果 Sygate 代理服务器只有两块网卡，在安装 Sygate 时将会自动配置。

在 Sygate 高级特性管理窗口中，单击“配置”按钮，打开“配置”对话框，如图 7-18 所示。配置完毕后，单击“确定”按钮，重新启动服务使配置生效。

(5) 自动启动 Sygate 服务。在“配置”对话框中，选中“系统启动时开启 Internet 共享”复选框，如图 7-18 所示。

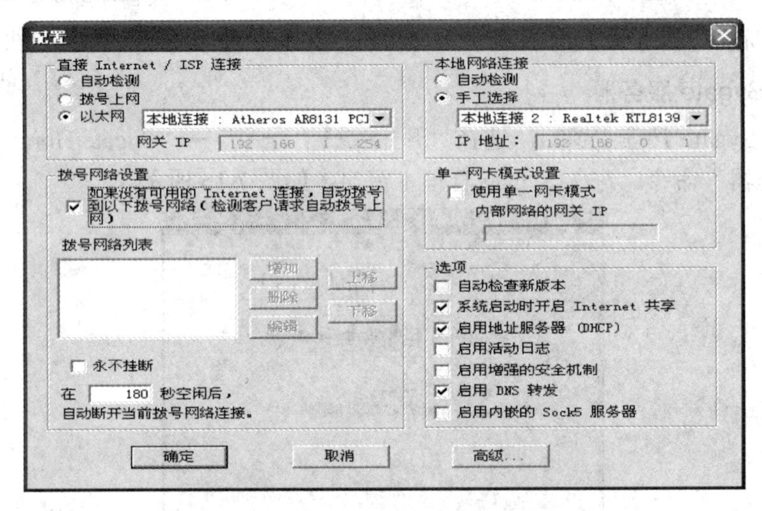

图 7-18　Sygate 服务“配置”对话框

(6) 启用 Sygate 内嵌的 DHCP 服务，自动分配 IP 地址，如图 7-19 所示。

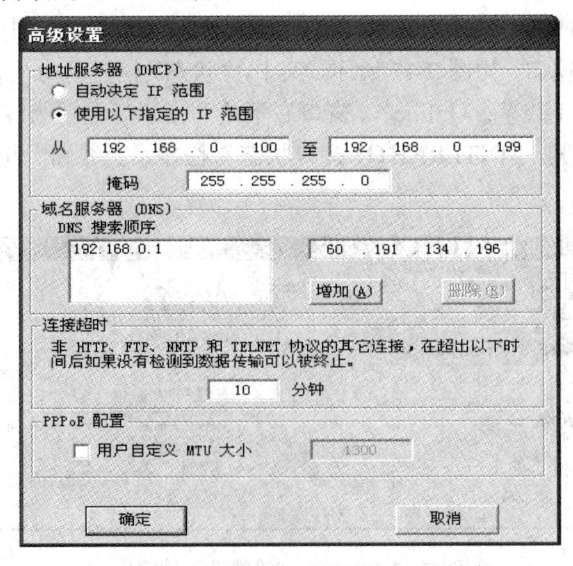

图 7-19　启用 Sygate 内嵌的 DHCP 服务

(7) 管理 Sygate 的黑名单。黑名单即不允许该名单中的用户在指定的时间访问指定的站点，而其他用户则无此限制，这里的指定时间和指定站点可以是全部时间和全部站点。

这里以禁止 IP 地址为 192.168.0.100 的用户，在每周一的 9：00～周三 9：00 期间禁止上网为例对管理 Sygate 的黑名单进行说明，具体操作方法如图 7-20 所示。

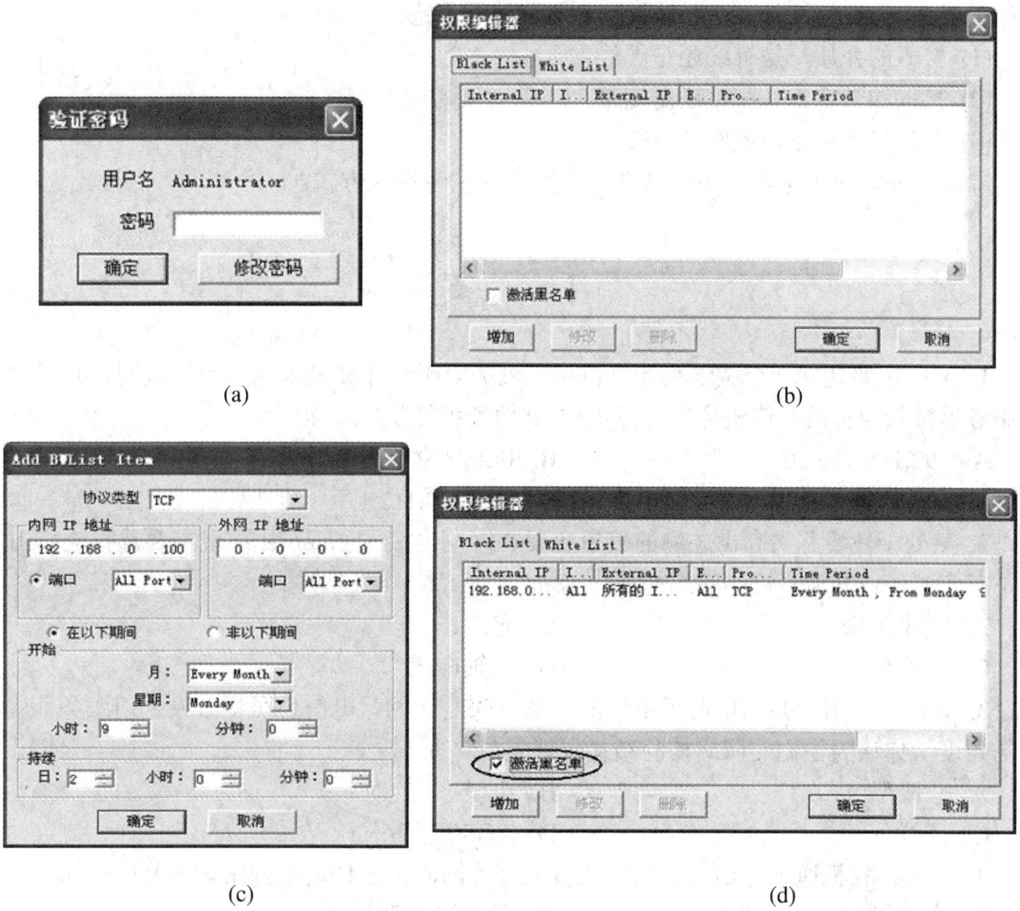

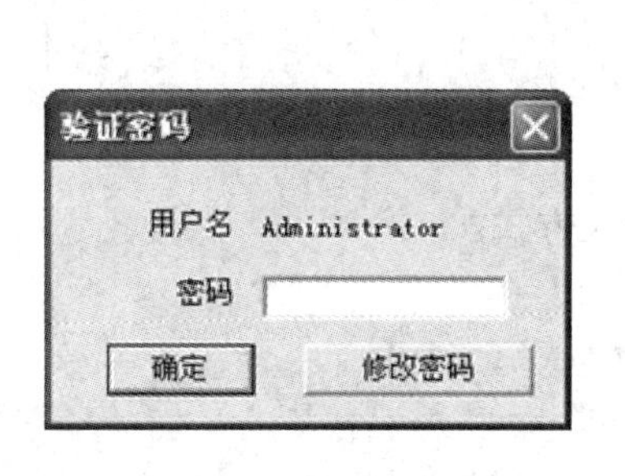

(a)

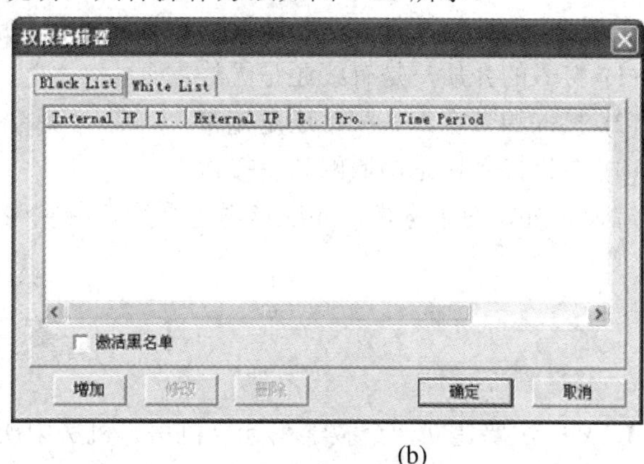

(b)

(c)

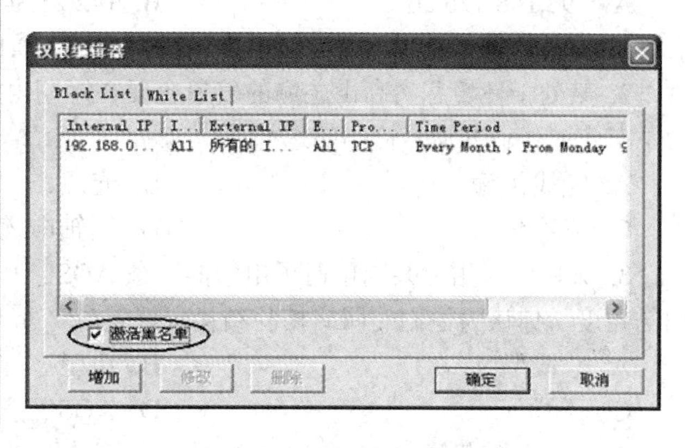

(d)

图 7-20　管理 Sygate 的黑名单

(8) 管理 Sygate 的白名单。白名单即在 Sygate 代理服务器中，允许该名单中的用户在指定的时间访问指定的站点，这里的指定时间和指定站点可以是全部时间和全部站点。

Sygate 的白名单与黑名单类似，它们是相互对应的，但黑名单的优先级要高些，比如在白名单中允许的设置，只要在黑名单中禁止，则 Sygate 将采用黑名单中的设置。它们的操作方法类似，这里不再赘述。

(9) Sygate 客户端的设置。一般不必在工作站安装 Sygate 的客户端软件。要安装只是为了增加诊断和特殊管理功能。

客户端的设置比较简单。最简单的办法是将“TCP/IP 属性”设置为“自动获得 IP 地址”。如果进行手工配置，则客户端的 IP 地址和代理服务器连接局域网的网卡的 IP 地址要在同一网段，网关指向代理服务器连接局域网的网卡的 IP 地址，DNS 服务器配置为 Internet 上的 DNS 服务器或代理服务器连接局域网的网卡的 IP 地址。

(10) 用 ping 命令或访问网页的方式，测试 PC1、PC2、PC3 客户机是否可以访问 Internet。

小 结

关于 Internet 的接入，主要从以下几方面进行考虑：

(1) 接入的介质，是有线还是无线；

(2) 接入的带宽，是窄带还是宽带；

(3) 单机接入还是局域网共享接入。

除此之外，对于宽带，还应该考虑采用何种宽带接入方式。

习 题

1. 某中学要建立一个教学用计算机房，机房中所有计算机组成一个局域网，并通过代理服务器接入因特网，该机房中计算机的 IP 地址可能是(　　)。

A. 192.168.126.26　　B. 172.28.84.12

C. 10.120.128.32　　D. 225.220.112.1

2. 某处于环境恶劣高山之巅的气象台要在短期内接入 Internet，现在要选择连接山上山下节点的传输介质，恰当的选择是(　　)。

A. 无线传输　　B. 光缆

C. 双绞线　　D. 同轴电缆

3. 某单元 4 用户共同申请了电信的一条 ADSL 上网，电信公司将派人上门服务，从使用的角度，你认为他们的网络拓扑结构最好是(　　)。

A. 总线型　　B. 星型

C. 环型　　D. ADSL

4. 个人计算机通过电话线拨号方式接入因特网时，应使用的网络设备是(　　)。

A. 交换机　　B. 调制解调器

C. 浏览器软件　　D. 电话机

5. 用电话拨号上网时，使用的硬件有以下几种，连接顺序应该是(　　)。

a. 计算机　b. 电话线　c. RS-232 电缆　d. Modem　e. 电话网

A. a—b—c—d—e　　B. a—c—d—b—e

C. a—d—e—c—b　　D. a—e—d—c—b

6. 利用电话线拨号上网的 IP 地址一般采用的是(　　)。

A. 动态分配 IP 地址　　B. 静态、动态分配均可

C. 静态分配 IP 地址　　D. 不需要分配 IP 地址

工作情境五

构建网络中的服务器

项目八　网络操作系统的搭建

项目引导

本项目以搭建计算机网络操作系统为目标，认知现阶段主流的网络操作系统的特点和各种操作系统的适用范围，最终完成网络管理员岗位两项基本的职业任务——Windows Server 2008 网络操作系统安装及其配置管理。

知识目标：

- 认知现阶段主流的网络操作系统 Windows Server 2008、NetWare、Linux、UNIX 的特点；
- 认知各种操作系统及其适用范围。

能力目标：

- 完成 Windows Server 2008 网络操作系统的安装；
- 完成 Windows Server 2008 网络操作系统的配置管理。

任务一　认知网络操作系统

计算机网络的主要软件系统就是网络操作系统，在这些网络操作系统中就包括了各种网络通信协议。计算机网络操作系统是整个网络的核心，担负着整个网络通信连接的建立和管理的任务。目前局域网中主要存在以下几类网络操作系统。

1. Windows 类

对于 Windows 操作系统相信用过电脑的人都不会陌生，这是全球最大的软件开发商——Microsoft(微软)公司开发的。微软公司的 Windows 系统不仅在个人操作系统中占有绝对优势，它在网络操作系统中也具有非常强劲的力量。此操作系统配置在整个局域网配置中是最常见的，但由于它对服务器的硬件要求较高，且稳定性能不是很高，所以微软的网络操作系统一般只是用在中低档服务器中，高端服务器通常采用 UNIX、Linux 或 Solairs 等操作系统。

在局域网中，微软的网络操作系统主要有 Windows NT 4.0、Windows Server 2003/Advance Server 以及迄今最稳固的 Windows Server 2008 操作系统(见图 8-1、图 8-2)等，工作站系统可以采用任一操作系统，包括个人操作系统，如 Win7/Win8/XP 等。

图 8-1 Windows Server 2008 网络操作系统(一)

图 8-2 Window Server 2008 网络操作系统(二)

在整个 Windows 网络操作系统中最为成功的还要算 Windows NT 4.0 这一套系统，它几乎成为中、小型企业局域网的标准操作系统。一则是它继承了 Windows 家族统一的界面，使用户学习、使用起来更加容易。再则它的功能也的确比较强大，基本上能满足所有中、小型企业的各项网络需求。虽然相比 Windows 2003/2008 Server 系统来说在功能上要逊色许多，但它对服务器的硬件配置要求要低许多，可以更大程度上满足许多中、小企业的 PC 服务器配置需求。

2. NetWare 类

NetWare 操作系统虽然远不如早几年那么风光，在局域网中早已失去了当年雄霸一方的气势，但是 NetWare 操作系统仍以对网络硬件的要求较低(工作站只要是 286 机就可以了)而受到一些设备比较落后的中、小型企业，特别是学校的青睐。而且因为它兼容 DOS 命令，其应用环境与 DOS 相似，经过长时间的发展，具有相当丰富的应用软件支持，技术完善、可靠。图 8-3 所示为 NetWare 6 网络操作系统。

图 8-3　NetWare 6 网络操作系统

目前，NetWare 操作系统常用的版本有 3.11、3.12 和 4.10、V4.11，V5.0 等中英文版本。NetWare 服务器对无盘站和游戏的支持较好，常用于教学网和游戏厅。目前这种操作系统的市场占有率呈下降趋势，其部分市场主要被 Windows NT/2000 和 Linux 系统瓜分了。

NetWare 操作系统的用户类型包括网络管理员、组管理员、网络操作员和普通的网络用户。NetWare 操作系统使用目录 Cache、目录 Hash、文件 Cache、后台写盘、电梯升降查找法与多硬盘通道等方法来提高硬盘访问速度，系统中必须有一个或多个文件服务器，系统中的文件以卷(Volume)为单位。NetWare 操作系统采用四级安全保密机制，包括注册安全性、用户信任者权限、最大信任者权限屏蔽以及目录与文件属性。

3. UNIX 系统

目前常用的 UNIX 系统版本主要有 UNIX SUR 4.0、HP-UX 11.0 和 SUN 的 Solaris 8.0 等。该类操作系统由 AT&T 和 SCO 公司推出，它们支持网络文件系统服务，提供数据等应用，功能强大。图 8-4 所示为 UNIX 操作系统的进化史。

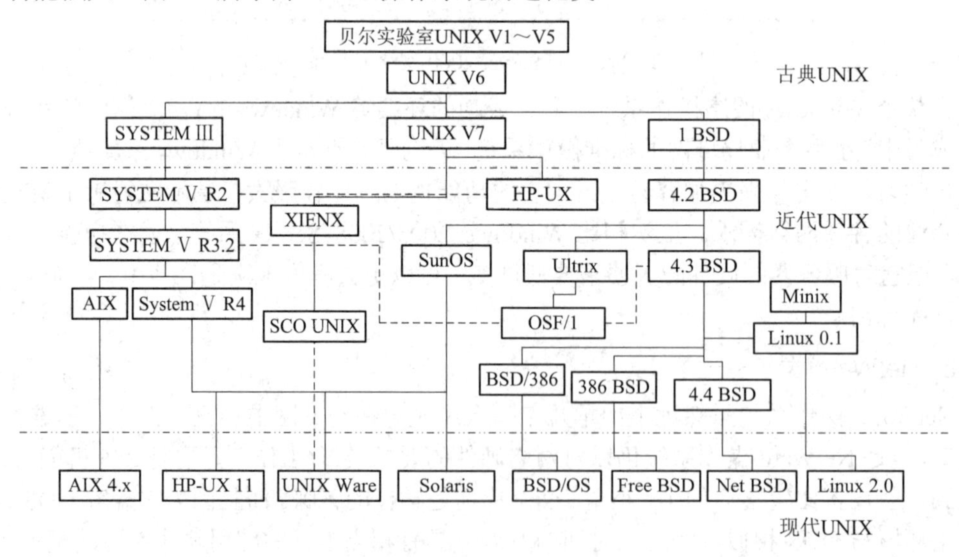

图 8-4　UNIX 操作系统的进化史

UNIX 网络操作系统的稳定性和安全性能非常好，但由于它多数是以命令方式来进行操作的，不容易掌握，特别是对于初级用户。正因如此，小型局域网基本不使用 UNIX 作为网络操作系统，UNIX 一般用于大型的网站或大型的企、事业局域网中。UNIX 网络操作系统历史悠久，其良好的网络管理功能已为广大网络用户所接受，它拥有丰富的应用软件的支持。目前 UNIX 网络操作系统的版本有 AT&T 和 SCO 的 UNIXSVR3.2、SVR4.0 和 SVR4.2 等。UNIX 本是针对小型机主机环境开发的操作系统，是一种集中式分时多用户体系结构。因其体系结构不够合理，目前 UNIX 的市场占有率呈下降趋势。

UNIX 操作系统具有如下特点：

(1) UNIX 系统是一个多用户、多任务的分时操作系统。

(2) UNIX 系统结构分为两大部分：操作系统内核和外壳(Shell)。内核直接工作在硬件之上，外壳由应用程序和系统程序组成。

(3) UNIX 系统大部分是用 C 语言编写的，使得系统易读、易修改、易移植。

(4) UNIX 系统提供了强大的 Shell 语言(外壳语言)。

(5) UNIX 系统采用树状目录结构，具有良好的安全性、保密性和可维护性。

(6) UNIX 系统把所有外部设备都当做文件，并分别赋予它们对应的文件名。

(7) UNIX 系统提供多种通信机制，如管道、软中断通信等。

(8) UNIX 系统采用进程对换的内存管理机制和请求调页的存储管理方式。

4. Linux 系统

Linux 是一种新型的网络操作系统，其最大的特点就是源代码开放，可以免费得到许多应用程序。目前也有中文版本的 Linux，如 redhat(红帽子)、Linux(见图 8-5)、红旗 Linux 等。Linux 在国内得到了用户的充分肯定，其优势主要体现在它的安全性和稳定性方面，它与 UNIX 有许多类似之处。这类操作系统目前仍主要应用于中、高档服务器中。

图 8-5　redhat Linux 网络操作系统

Linux 操作系统的主要特点如下：

(1) Linux 系统是自由软件，具有开放性。

(2) Linux 系统支持多用户、多任务。

(3) Linux 系统能把 CPU 的性能发挥到极限，具有出色的高速度。

(4) Linux 系统具有良好的用户界面。

(5) Linux 系统具有丰富的网络功能。

(6) Linux 系统采取了许多安全措施，为网络多用户提供了安全保障。

(7) Linux 系统符合 POSIX(可移植操作系统接口)标准，具有可移植性。

(8) Linux 系统具有标准的兼容性。

总的来说，对特定计算环境的支持使得每一个操作系统都有适合于自己的工作场合，这就是系统对特定计算环境的支持。例如，Windows 2008 Professional 适用于桌面计算机，Linux 目前较适用于小型的网络，而 Windows 2008 Server 和 UNIX 则适用于大型服务器应用程序。因此，对于不同的网络应用，需要有目的地选择合适的网络操作系统。

项目实践一：安装与配置 Windows Server 2008

实践目标：

- 认知网络操作系统的类型并能安装网络操作系统。

实践环境：

- CPU：最低 1 GHz(对于 x86 处理器)或 1.4 GHz(对于 x64 处理器)，建议 2 GHz 或更高；
- 内存：最低 512 MB，建议 2 GB 或更高；
- 磁盘空间要求：最低 10 GB，建议 40 GB 或更多。

1. Windows Server 2008 简介

Windows Server 2008 是迄今最稳固的 Windows Server 操作系统，其内置的强化 Web 和虚拟化功能，是专为增加服务器基础架构的可靠性和弹性而设计的，亦可节省时间及降低成本。它利用功能强大的工具，让用户拥有更好的服务器控制能力，并简化设定和管理工作；而增强的安全性功能则可强化操作系统，以协助保护数据和网路，并可为企业提供扎实且可高度信赖的基础。Windows Server 2008 为网络服务器和网络基础结构奠定了良好的基础。其提供的核心功能如下：

(1) Server Core；

(2) PowerShell 命令行；

(3) 虚拟化；

(4) Windows 硬件错误架构(WHEA)；

(5) 随机地址空间分布(ASLR)；

(6) SMB2 网络文件系统；

(7) 核心事务管理器(KTM)；

(8) 快速关机服务；

(9) 并行 Session 创建；

(10) 自修复 NTFS 文件系统。

2. Windows Server 2008 安装与配置

在具体安装之前，首先要保证服务器硬件满足系统安装条件。下面介绍 Windows Server

2008 的安装与配置过程。

1) 安装 Windows Server 2008 企业版

(1) 将 Windows Server 2008 企业版系统安装光盘放入光驱，设置计算机 BIOS 从光驱引导后，Windows Server 2008 会检查计算机的硬件，直到出现如图 8-6 所示的界面，在该界面中选择相应的“要安装的语言”、“时间和货币格式”以及“键盘和输入方法”。

(2) 单击“下一步”按钮，在出现的界面中可以查看安装 Windows Server 2008 系统的须知，以及安装、修复计算机，在此单击“现在安装”按钮。

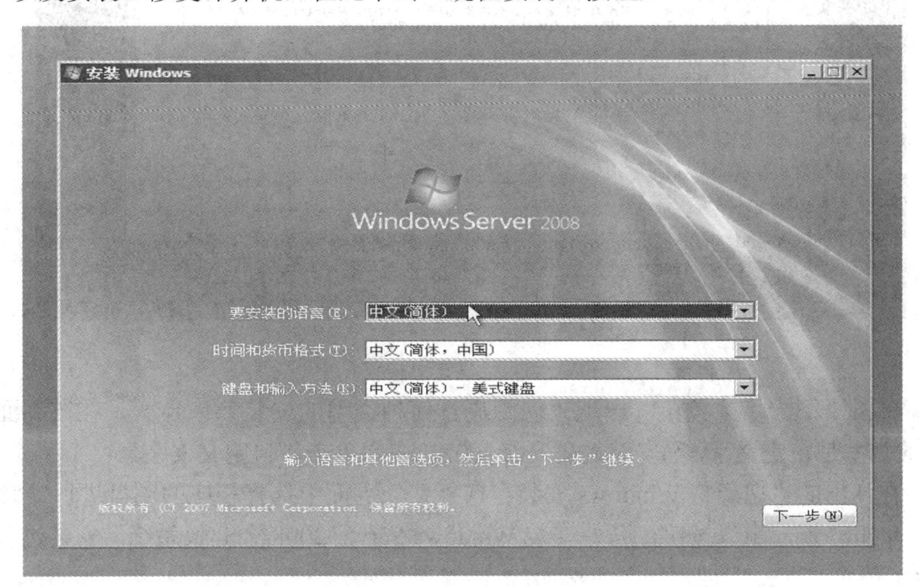

图 8-6　输入语言和其他首选项

(3) 出现如图 8-7 所示的选择要安装的操作系统界面，在该界面中选择要安装的操作系统为“Windows Server 2008 Enterprise(完全安装)”。

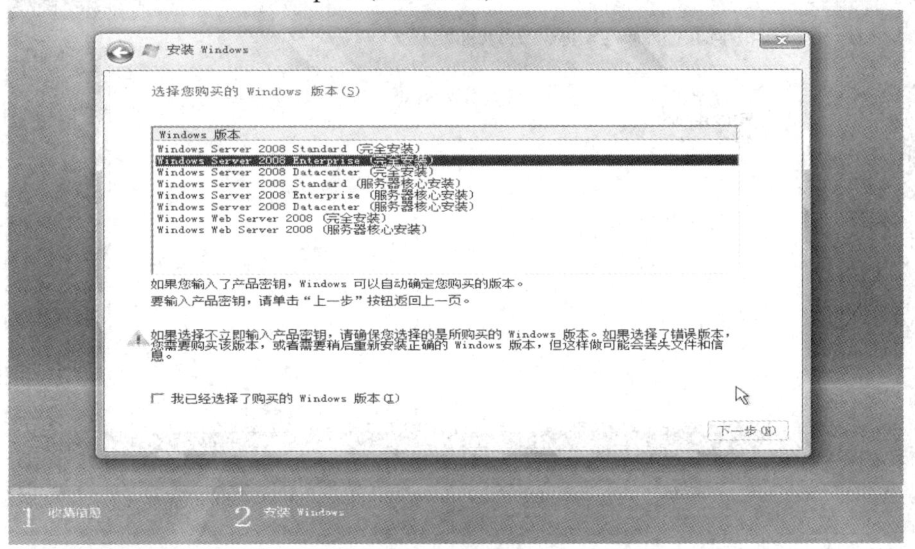

图 8-7　选择要安装的操作系统

(4) 单击“下一步”按钮，出现“请阅读许可条款”界面，查看许可条款信息之后，选择“我接受许可条款”复选框，如图 8-8 所示。

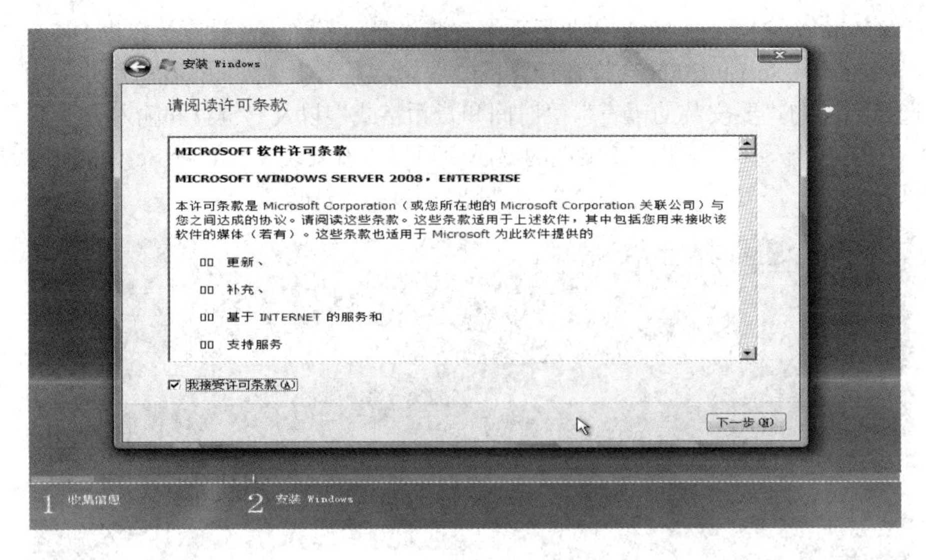

图 8-8　接受许可协议

(5) 单击“下一步”按钮，出现“您想进行何种类型的安装？”界面，在该界面中选择安装的类型是自定义(高级)安装还是升级安装，在此单击“自定义安装”。

(6) 在弹出的“您想将 Windows 安装在何处？”界面中选择相应的磁盘进行安装。

(7) 单击“下一步”按钮，开始安装 Windows Server 2008 企业版系统，安装过程如图 8-9 所示。

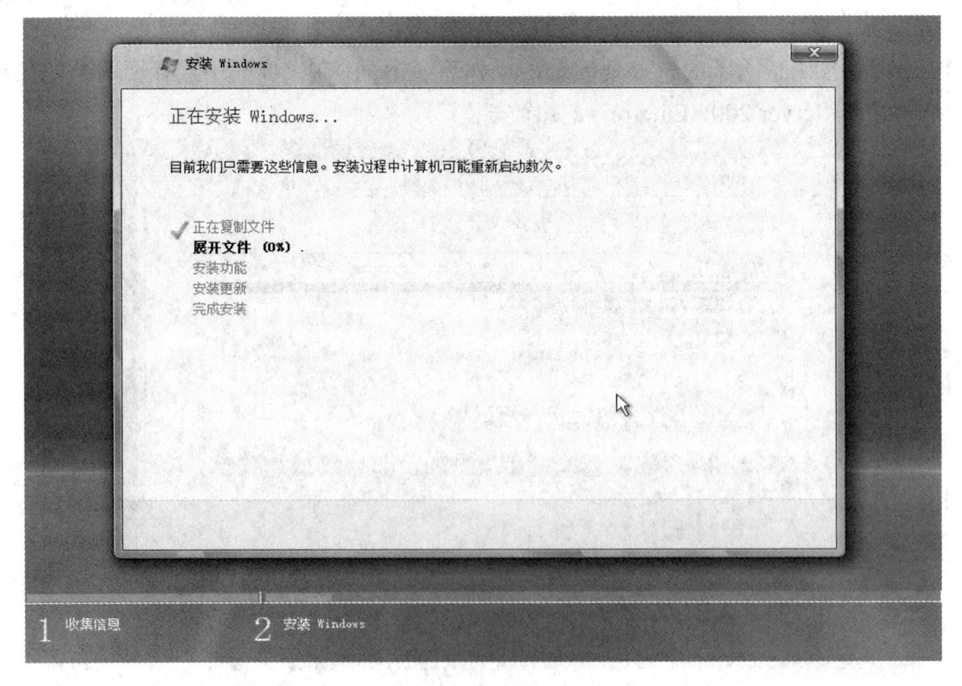

图 8-9　正在安装 Windows Server 2008 企业版系统

2) 配置 Windows Server 2008 桌面环境

Windows Server 2008 桌面环境配置，主要涉及设置计算机名、TCP/IPv4 及查看系统信息等内容。

(1) 设置计算机名。将当前计算机的名称设置为“WIN2008”，具体操作过程如下：

① 单击“开始”→“控制面板”→“系统”命令，打开“系统”界面。在该界面中除了显示有关计算机的基本信息外，还可以进行设备管理、远程设置以及高级系统设置。

② 单击“高级系统设置”，打开“系统属性”对话框，选择“计算机名”选项卡，当前计算机名是在安装系统过程中随机生成的，如图 8-10 所示。

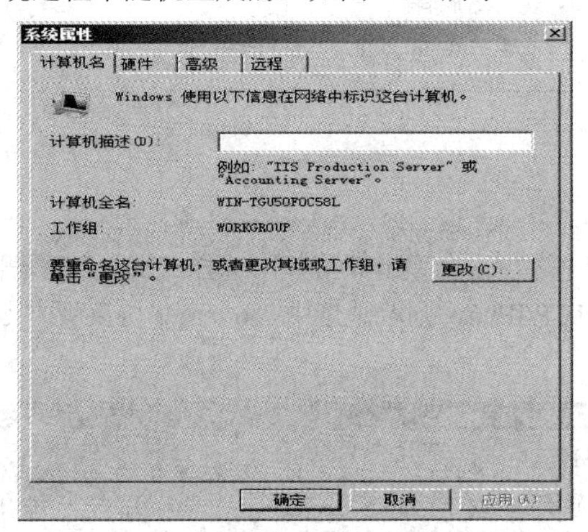

图 8-10　“计算机名”选项卡

③ 单击“更改”按钮，打开“计算机名/域更改”对话框，在“计算机名”文本框中输入计算机新的名称为“WIN2008”，然后单击“确定”按钮。

④ 弹出一个确认界面，提示需要重启计算机才能应用计算机名的更改，单击“确定”按钮即可完成计算机名的设置。

(2) 设置计算机 TCP/IPv4。具体操作过程如下：

① 单击“开始”→“控制面板”→“网络和共享中心”命令，打开如图 8-11 所示的“网络和共享中心”窗口，在该窗口中可以设置“管理网络连接”等选项。

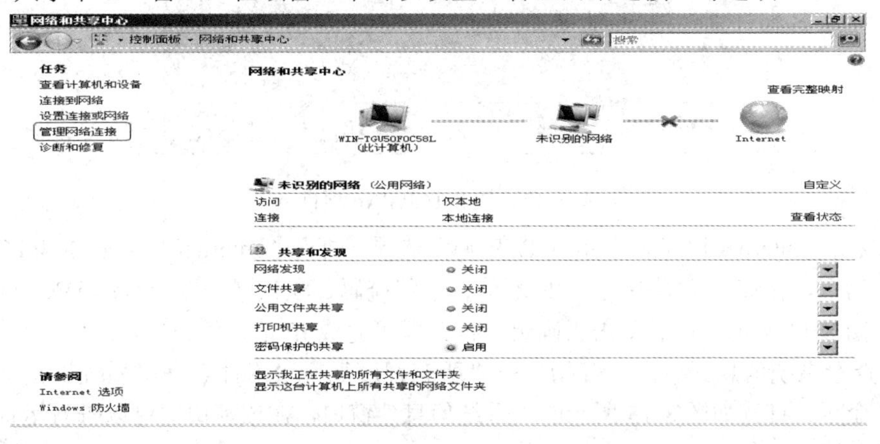

图 8-11　“网络和共享中心”窗口

② 单击“管理网络连接”按钮，打开如图 8-12 所示的“网络连接”窗口，在该窗口中若只有“本地连接”，即表明该计算机上只连接有一块网卡。

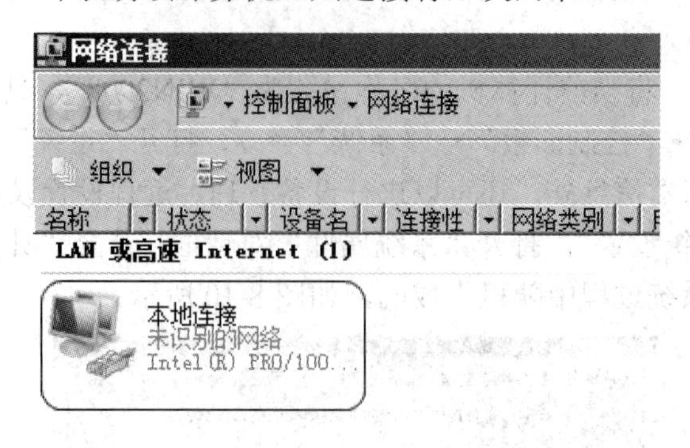

图 8-12　“网络连接”窗口

③ 右击“本地连接”选项，在弹出的菜单中选择“属性”，打开“本地连接 属性”对话框。如果不需要使用 TCP/IPv6，则取消选中“Internet 协议版本 6(TCP/IPv6)”复选框，如图 8-13 所示。

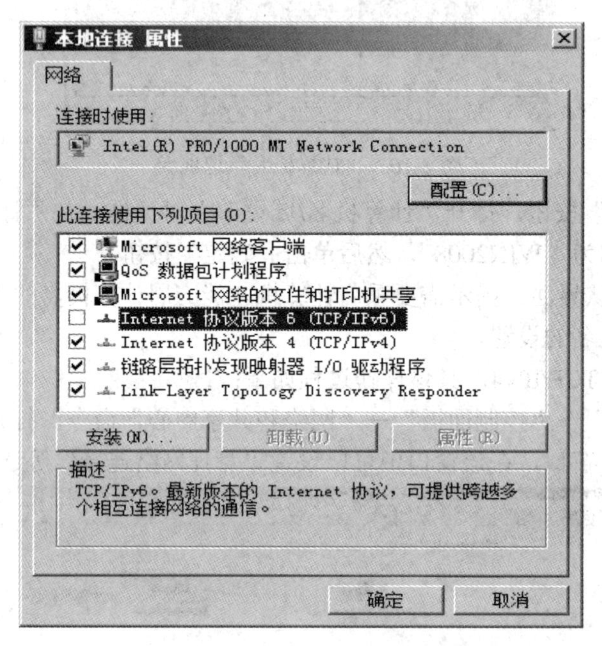

图 8-13　禁用 TCP/IPv6 项目

④ 双击“Internet 协议版本 4(TCP/IPv4)”选项，打开“Internet 协议版本 4(TCP/IPv4)属性”对话框，在该对话框中设置 IP 地址、子网掩码、默认网关以及首选 DNS 服务器等项目，如图 8-14 所示。最后单击“确定”按钮即可完成 IP 地址的设置。

(3) 查看系统信息。单击“开始”→“所有程序”→“附件”→“系统工具”→“系统信息”命令，打开如图 8-15 所示的“系统信息”窗口，在该窗口中可以查看运行的操作系统、硬件资源、组件以及软件环境信息。

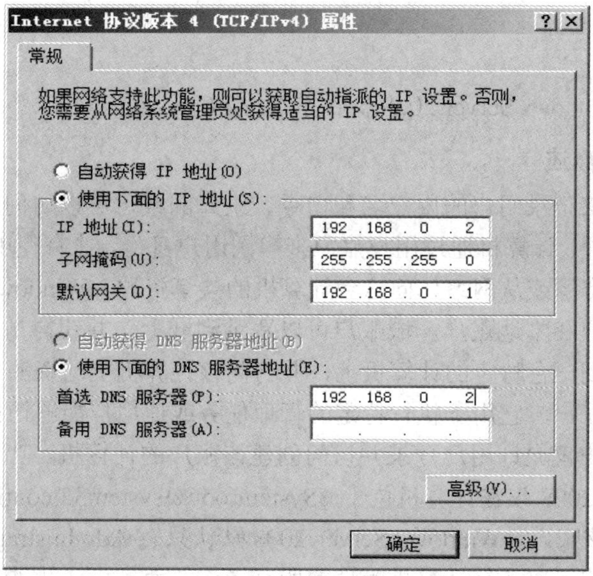

图 8-14　设置 TCP/IPv4 项目

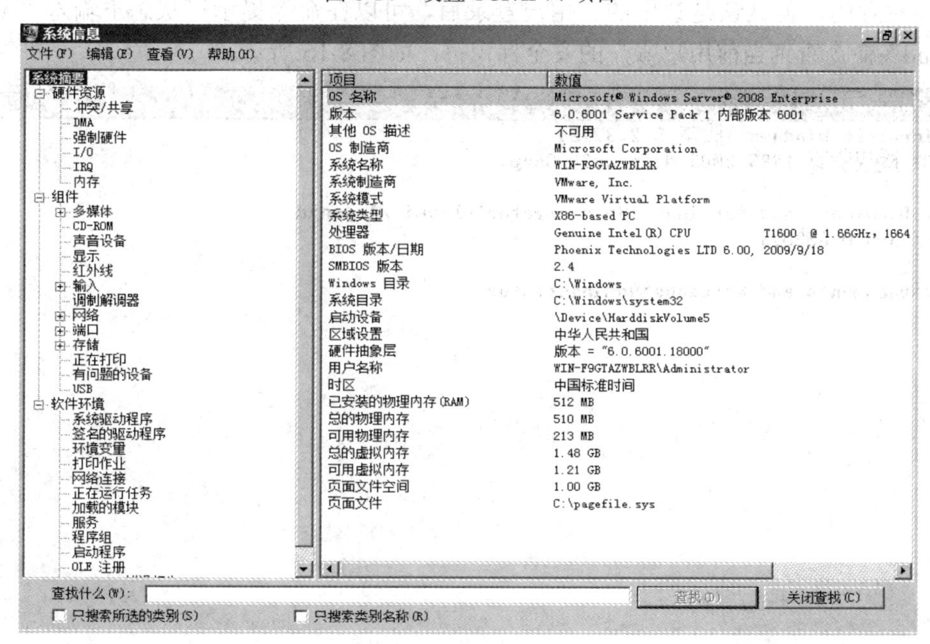

图 8-15　“系统信息”窗口

项目实践二：Windows Server 2008 用户、组和文件管理

实践目标：

- 掌握 Windows Server 2008 用户、组及文件的管理。

实践环境：

- 安装有 Windows Server 2008 操作系统的 PC 一台。

1. 用户账户概述

用户账户用来记录用户的用户名和口令、隶属的组、可以访问的网络资源，以及用户的个人文件和设置。计算机通过用户账户来辨别用户身份，让有使用权限的人登录计算机，访问本地计算机资源或从网络访问这台计算机的共享资源。Windows Server 2008 支持两种用户账户：域账户和本地账户。域账户可以登录到域上，并获得访问该网络的权限；本地账户则只能登录到一台特定的计算机上，并访问该计算机上的资源。Windows Server 2008 还提供内置用户账户，它用于执行特定的管理任务或使用户能够访问网络资源。

本地用户账户仅允许用户登录并访问创建该账户的计算机。当创建本地用户账户时，Windows Server 2008 仅在计算机位于%Systemroot%\system32\config 文件夹下的安全数据库(SAM)中创建该账户。Windows Server 2008 默认只有 Administrator 账户和 Guest 账户。Administrator 账户可以执行计算机管理的所有操作；而 Guest 账户是为临时访问计算机的用户而设置的，但默认是禁用的。用户登录后，可以在命令提示符状态下输入“whoami /logonid”命令查询当前用户账户的安全标识符，如图 8-16 所示。

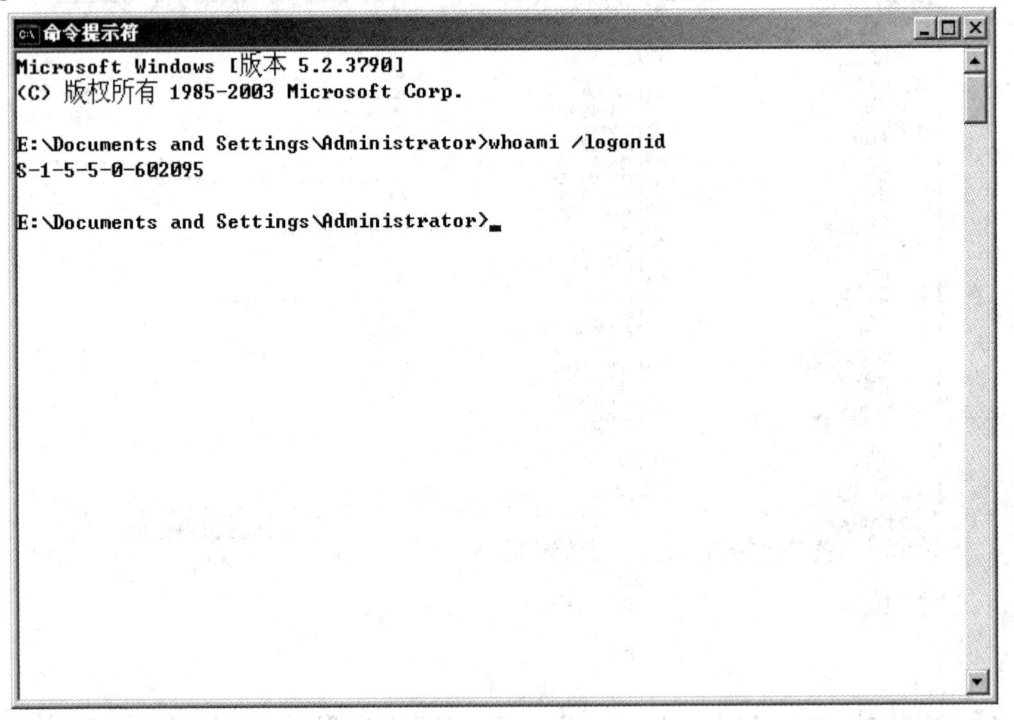

图 8-16　查询当前账户的 SID

使用内置的 Administrator 账户可以对整台计算机或域配置进行管理，如创建修改用户账户和组、管理安全策略、创建打印机、分配允许用户访问资源的权限等。作为管理员，应该创建一个普通用户账户，在执行非管理任务时使用该用户账户，仅在执行管理任务时才使用 Administrator 账户。Administrator 账户可以更名，但不可以删除。

一般的临时用户可以使用内置的 Guest 账户进行登录并访问资源。在默认情况下，为了保证系统的安全，Guest 账户是禁用的，但在安全性要求不高的网络环境中，可以使用该账户，且通常分配给它一个口令。

规划新的用户账户遵循以下的规则和约定可以简化账户创建后的管理工作。

(1) 用户命名。用户命名必须遵循以下约定：

① 账户名必须唯一：本地账户必须在本地计算机上唯一。

② 账户名不能包含 *、/、\、[、]、:、|、=、,、+、<、>、"等字符。

③ 账户名最长不能超过 20 个字符。

(2) 用户密码。设置用户密码时应遵循以下原则：

① 一定要给 Administrator 账户指定一个复杂密码，以防止他人随便使用该账户。

② 确定是管理员还是用户拥有密码的控制权。用户可以给每个用户账户指定一个唯一的密码，并防止其他用户对其进行更改，也可以允许用户在第一次登录时输入自己的密码。一般情况下，用户应该可以控制自己的密码。

③ 密码不能太简单，应该不容易让他人猜出。

④ 密码最多可由 128 个字符组成，推荐最小长度为 8 个字符。

⑤ 密码应由大小写字母、数字以及合法的非字母数字的字符混合组成，如"P@ssw0rd"。

2. 创建本地用户账户

用户可以用"计算机管理"中的"本地用户和组"管理单元来创建本地用户账户，而且用户必须拥有管理员权限。创建本地用户账户的步骤如下：

(1) 单击"开始"→"管理工具"→"计算机管理"命令，打开"计算机管理"窗口，如图 8-17 所示。

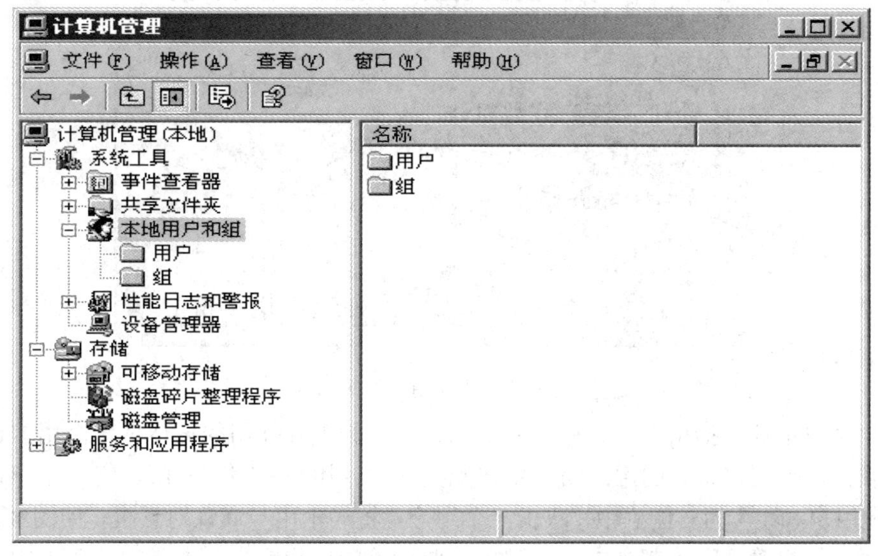

图 8-17 "计算机管理"窗口

(2) 在"计算机管理"管理控制台中，展开"本地用户和组"，在"用户"目录上单击鼠标右键，选择"新用户"命令，如图 8-18 所示。

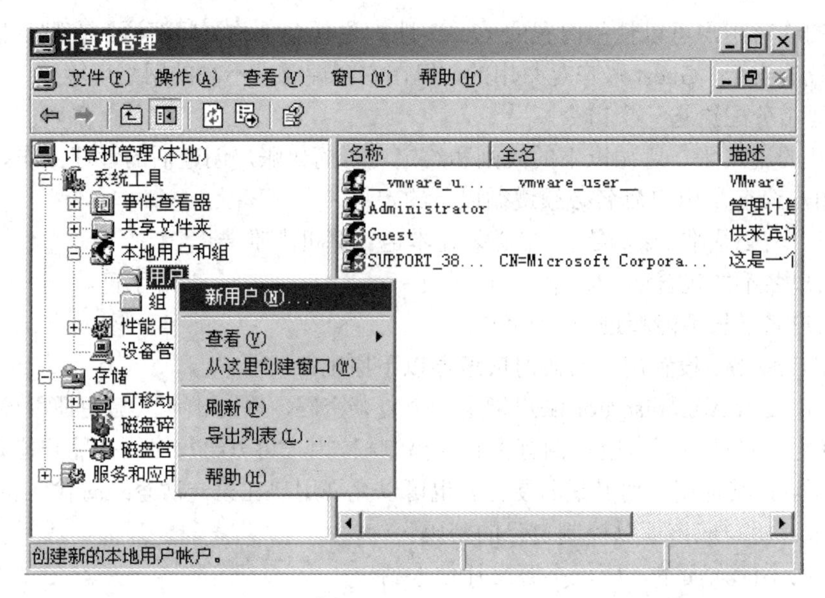

图 8-18　选择“新用户”命令

(3) 打开“新用户”对话框后，输入用户名、全名和描述，并且输入密码，如图 8-19 所示。

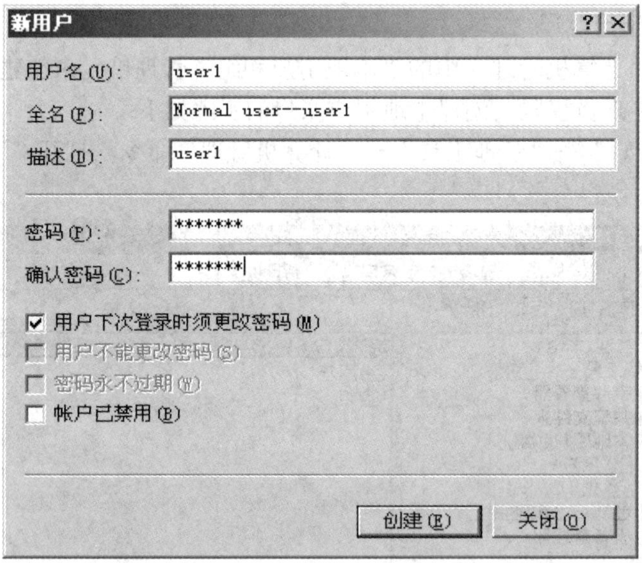

新用户
用户名(U): user1
全名(F): Normal user--user1
描述(D): user1
密码(P): *******
确认密码(C): *******
☑ 用户下次登录时须更改密码(M)
☐ 用户不能更改密码(S)
☐ 密码永不过期(W)
☐ 帐户已禁用(B)
创建(E)　关闭(O)

图 8-19　“新用户”对话框

用户账户不仅包括用户名和密码等信息，为了管理和使用的方便，一个用户还包括其他一些属性，如用户隶属的用户组、用户配置文件、用户的拨入权限、终端用户设置等。在“本地用户和组”的右侧栏中，双击一个用户，将显示用户属性对话框，如图 8-20 所示。

在“计算机管理”控制台中，右键单击要删除的用户账户，在弹出的菜单中单击“删除”命令可执行删除功能，如图 8-21 所示，但是系统内置账户如 Administrator、Guest 等无法删除。

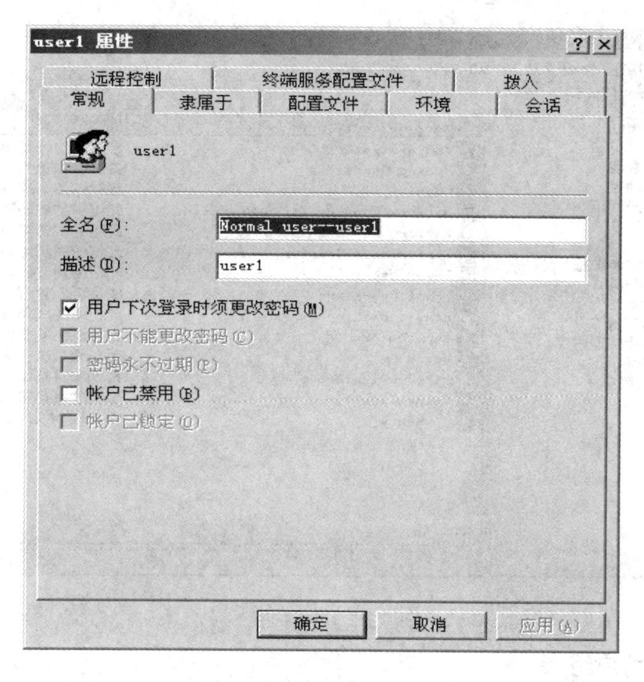

图 8-20　用户属性对话框

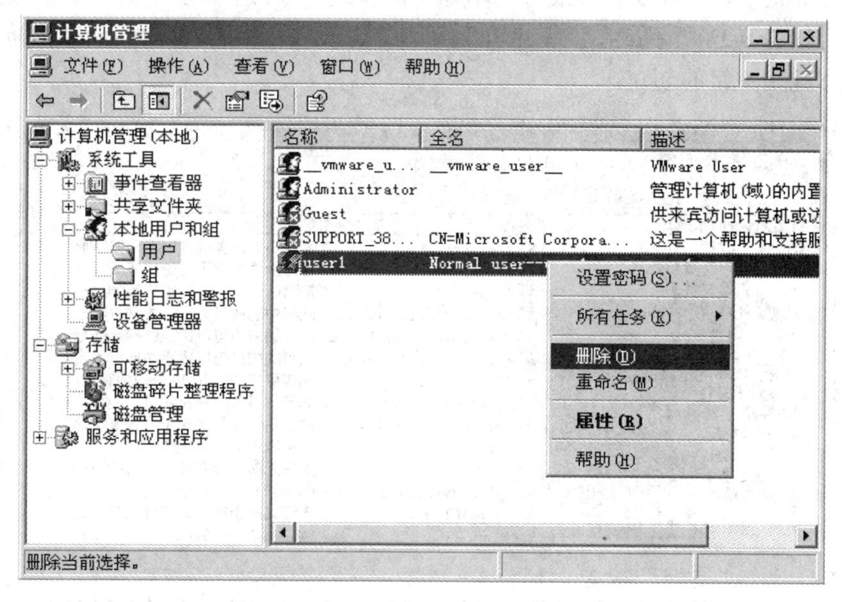

图 8-21　删除用户账户

3. 本地组账户概述

组账户是计算机的基本安全组件和用户账户的集合。组账户并不能用于登录计算机，但可以用于组织用户账户。通过使用组，管理员可以同时向一组用户分配权限，故可简化对用户账户的管理。组可以用于组织用户账户，让用户继承组的权限。打开“计算机管理”管理控制台，在“本地用户和组”树中的“组”目录里，可以查看本地内置的所有组账户，如图 8-22 所示。

图 8-22　内置组账户

4. 创建本地用户组

从“计算机管理”控制台中展开“本地用户和组”，右键单击“组”按钮，选择“新建组”命令，如图 8-23 所示。在“新建组”窗口中输入组名和描述，然后单击“创建”按钮即可完成本地用户组的创建。

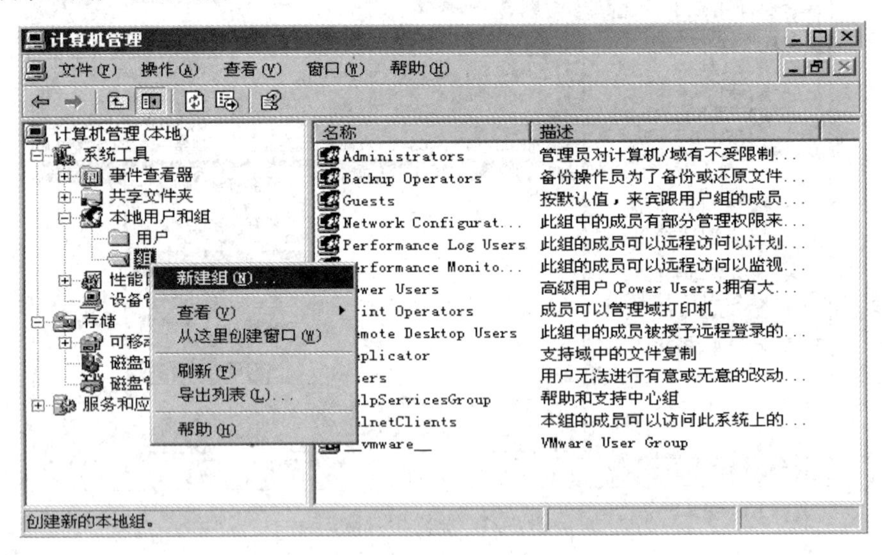

图 8-23　创建本地用户组

当计算机中的组不需要时，系统管理员可以对组执行清除任务。每个组都拥有一个唯一的安全标识符(SID)，所以一旦删除了用户组，就不能重新恢复了，即使新建一个与被删除组有相同名字和成员的组，也不会与被删除组有相同的特性和特权。在“计算机管理”控制台中选择要删除的组账户，然后执行删除功能，如图 8-24 所示，在弹出的对话框中选择“是”即可。

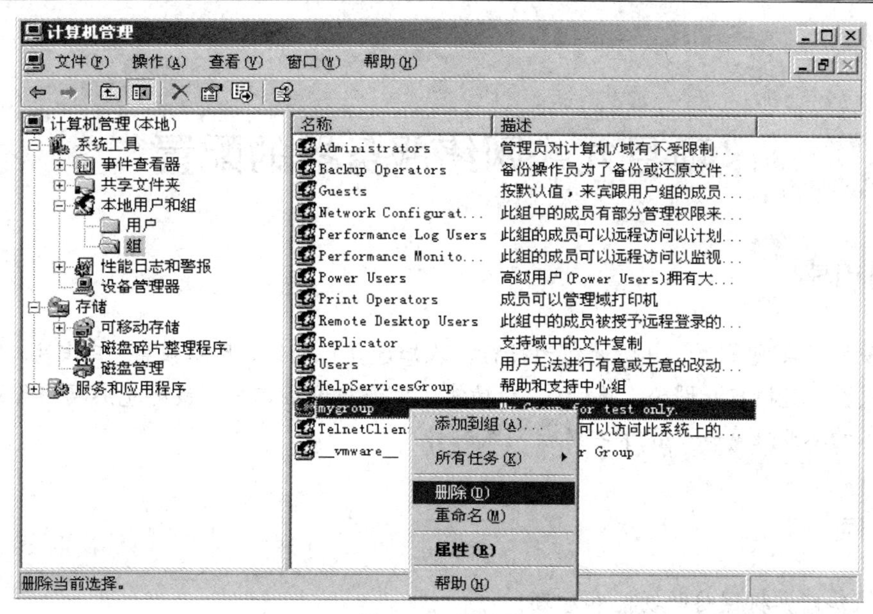

图 8-24　删除组

管理员只能删除新增的组，不能删除系统内置的组。当管理员删除系统内置组时，系统将拒绝删除操作。重命名组的操作与删除组的操作类似，只需要在弹出的菜单中选择“重命名”命令，输入相应的名称即可。

小　　结

网络操作系统是计算机网络的核心，是计算机网络运行的“大脑”，也是计算机网络搭建的关键工作，作为一个网络管理员必须具备根据具体业务需求选择合适的网络操作系统，完成安装与配置的能力。

习　　题

1. 在一个中小型的企业计算机网络中，最适合的网络操作系统是哪种？各种网络操作系统的特点是什么？

2. 在自己的个人电脑中完成 Windows Server 2008 网络操作系统的安装与简单配置。

项目九　网络服务器的配置

项目引导

本项目以实现多台计算机通信为目标，认知计算机网络、网络设备(工作站、网络服务器、集线器、交换机、网桥、路由器)的功能、原理与设备识别，最终完成网络管理员岗位两项基本的职业任务——网卡安装与网线制作。

知识目标：

- 认知计算机网络的功能和原理；
- 认知计算机网络、网络设备的功能、原理与设备识别。

能力目标：

- 完成网卡安装；
- 完成双绞线网线制作。

任务一　认知网络服务器

服务器(Server)是专指某些高性能计算机安装了不同的服务软件后，能够通过网络对外提供服务，如文件服务器、数据库服务器和应用程序服务器。相对于普通 PC 来说，服务器在稳定性、安全性、性能等方面都要高，因此 CPU、芯片组、内存、磁盘系统、网卡等硬件和普通 PC 有所不同。现在经常看到的服务器，从外观上可以分成三种，分别是塔式服务器、机架式服务器和刀片式服务器。由于企业机房空间有限等因素，刀片式服务器和机架式服务器越来越受用户的欢迎。

应用程序之间为了能顺利地进行通信，一方通常需要处于守候状态，等待另一方请求的到来。在分布式计算中，一个应用程序被动地等待，而另一个应用程序通过请求来启动通信的模式，就是客户/服务器模型。

1. 客户/服务器模型的特性

一台主机上通常可以运行多个服务器程序，每个服务器程序需要并发地处理客户的请求，并将处理的结果返回给客户。因此，服务器程序通常比较复杂，对主机的硬件资源(如 CPU 的处理速度、内存的大小等)及软件资源(如分时、多线程网络操作系统等)都有一定的要求。而客户程序由于功能相对简单，通常不需要特殊的硬件和高级的网络操作系统。

2. C/S 模式

C/S(Client/Server)即客户/服务器模型。C/S 模型是由客户机、服务器构成的一种网络计算环境，它把应用程序分成两部分，一部分运行在客户机上，另一部分运行在服务器上，由两者各司其职，共同完成。C/S 模型的运作过程如下:

(1) 服务器监听相应窗口的输入。

(2) 客户机发出请求。

(3) 服务器接收到此请求。

(4) 服务器处理此请求，并将结果返回给客户机。

(5) 重复上述过程，直至完成一次会话过程任务。

3. B/S 模型

Web 三层体系结构，即客户端浏览器/Web 服务器/数据库服务器(B/W/D)结构，该体系结构就是所谓的 B/S 模型。当客户机有请求时，向 Web 服务器提出请求服务，当需要查询服务时，Web 服务器的某种机制请求数据库服务器的数据服务，然后 Web 服务器把查询结果转变为 HTML 的网页并返回到浏览器显示出来。

任务二　认知域名系统

域名系统(Domain Name System，DNS)是因特网的一项核心服务，它作为可以将域名和 IP 地址相互映射的一个分布式数据库，能够使人更方便地访问互联网，而不用去记住能够被机器直接读取的 IP 数据包。图 9-1 所示为域名系统结构示意图。

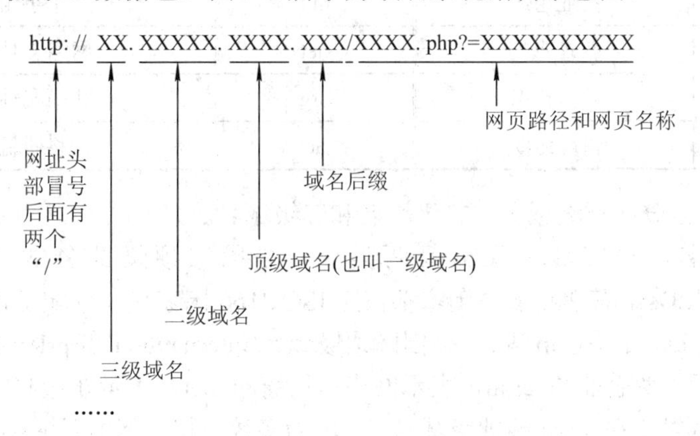

图 9-1　域名系统结构示意图

1. DNS 简介

DNS 是 Internet 上解决网上机器命名的一种系统。就像拜访朋友要先知道别人家在哪里一样，当 Internet 上的一台主机要访问另外一台主机时，必须首先获知其地址，TCP/IP 中的 IP 地址是由四段以“.”分开的数字组成的，记起来总是不如名字那么方便，所以，就采用了域名系统来管理名字和 IP 的对应关系。Internet 域名系统是一个树形结构，如图 9-2 所示。域由 InterNic 管理，其注册、运行工作由 Network Solution 公司负责。

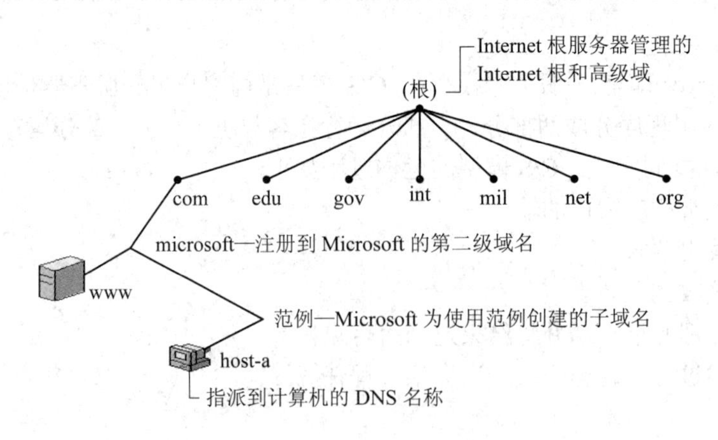

图 9-2　域名划分示意图

域名按照不同的划分原则，有不同的分类。

(1) 按语种分：英文域名、中文域名、日文域名和其他语种的域名。

(2) 按地域分：行政区域名是按照中国的各个行政区划分而成的，其划分标准依照原国家技术监督局发布的国家标准而定，包括行政区域名 34 个，适用于我国的各省、自治区和直辖市。

(3) 按机构分：com(表示工商企业)、net(表示网络提供商)、org(表示非赢利组织)等，其中 com 域名是使用最早也最广泛的域名。表 9-1 所示为域名划分标号与对应组织说明。

表 9-1　域名划分标号与对应组织说明

标　号	说　明	标　号	说　明
com	商业组织	mil	军事组织
edu	教育机构	net	网络支持中心
gov	政府机构	org	非赢利性组织
int	国际组织	ac	科研机构

(4) 按应用范围分：顶级域名、二级域名和三级域名。

① 顶级域名。顶级域名又分为两类，一是国家顶级域名(National Top-Level Domainnames，nTLDs)，有 200 多个国家都按照 ISO 3166 国家代码分配了顶级域名，例如，中国是 cn，美国是 us，日本是 jp 等；二是国际顶级域名(International Top-level Domainnames，iTLDs)，例如表示工商企业的 .com，表示网络提供商的 .net，表示非赢利组织的 .org 等。大多数域名争议都发生在 .com 的顶级域名下，因为多数公司上网的目的都是为了赢利。为加强域名管理，解决域名资源的紧张问题，Internet 协会、Internet 分址机构及世界知识产权组织(WIPO)等国际组织经过广泛协商，在原来三个国际通用顶级域名(表示工商企业的 .com、表示网络提供商的 .net 以及表示非赢利组织的 .org)的基础上，新增加了七个国际通用顶级域名，即 firm(公司企业)、store(销售公司或企业)、web(突出 WWW 活动的单位)、arts(突出文化、娱乐活动的单位)、rec(突出消遣、娱乐活动的单位)、info(提供信息服务的单位)和 nom(个人)，并在世界范围内选择新的注册机构来受理域名注册申请。

② 二级域名。二级域名是指顶级域名之下的域名。在国际顶级域名下，它是指域名注

册人的网上名称，例如 ibm、yahoo、microsoft 等；在国家顶级域名下，它是表示注册企业类别的符号，例如 com、edu、gov、net 等。

③ 三级域名。三级域名用字母(A～Z，a～z)、数字(0～9)和连字符(-)组成，各级域名之间用实点(.)连接，其长度不能超过 20 个字符。如无特殊原因，建议采用申请人的英文名(或缩写)或者汉语拼音名(或缩写)作为三级域名，以保持域名的清晰性和简洁性。

图 9-3 所示为域名空间示意图。

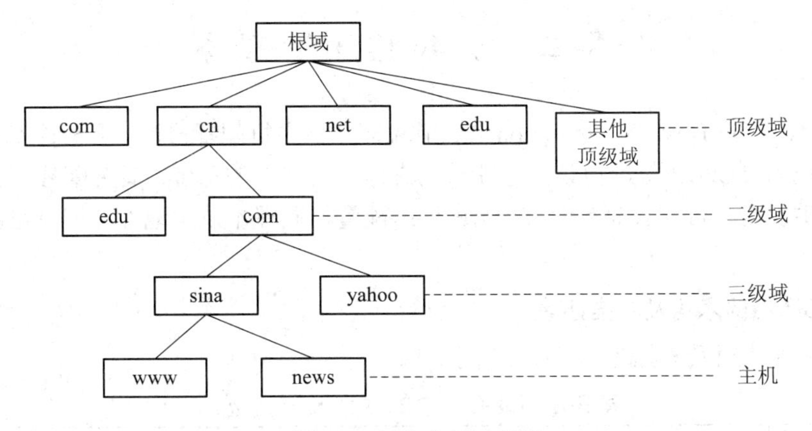

图 9-3　域名空间示意图

2. 域名解析的基本工作过程

在 Internet 中向主机提供域名解析服务的机器被称为域名服务器或名字服务器。域名解析使用 UDP 协议，其 UDP 端口号为 53。DNS 的作用主要是进行域名解析，域名解析就是将用户提出的名字变换成网络地址的方法和过程。域名到 IP 地址的映射即正向域名解析，是指解析程序将一个域名交给域名服务器，请它查询出相应的 IP 地址的过程。IP 地址到域名的映射即反向域名解析，是指客户端将IP地址发送到服务器要求查询出对应域名的过程。域名解析采用客户/服务器模式。其工作过程如图 9-4 所示，具体如下：

(1) 客户机提出域名解释请求，并将该请求发送给本地的域名服务器。

(2) 当本地的域名服务器收到请求后，就先查询本地的缓存，如果有记录项，则域名服务器把查询结果直接返回给主机。

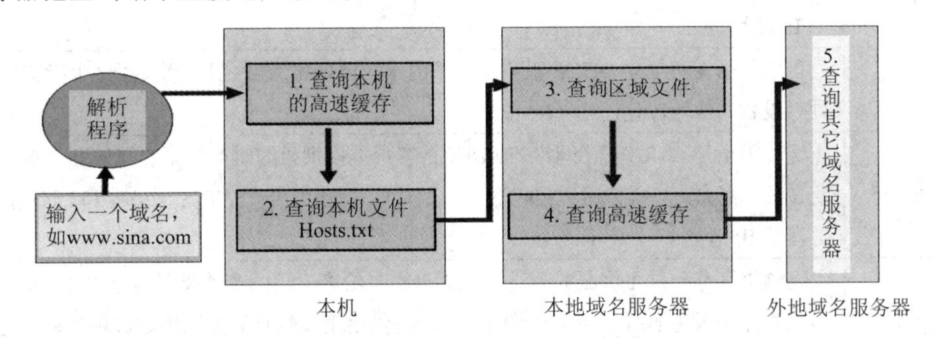

图 9-4　域名解析工作过程

(3) 如果本地缓存没有该记录，则本地域名服务器就直接把请求发送给根域名服务器，由根域名服务器将查询结果返回给本地域名服务器，再由本地域名服务器将结果返回给主机。同时本地域名服务器把返回结果保存到缓存，以备下次使用。

(4) 域名到 IP 地址的映射：正向域名解析指的是解析程序将一个域名交给域名服务器，请它查询出相应的 IP 地址的过程。

(5) IP 地址到域名的映射：反向域名解析指的是客户端将 IP 地址发送到服务器要求查询出对应域名的过程。

任务三　认知 DHCP 服务

DHCP(Dynamic Host Configuration Protocol)即动态主机配置协议，是一个简化主机 IP 地址分配管理的 TCP/IP 标准协议。它能够动态地向网络中的每台设备分配独一无二的 IP 地址，并提供安全、可靠且简单的 TCP/IP 网络配置，确保不发生地址冲突，帮助维护 IP 地址的使用。

1. DHCP 中的术语及其描述

DHCP 中的术语及其描述如表 9-2 所示。

表 9-2　DHCP 中的术语及其描述

术　语	描　　述
作用域	作用域是网络上可能的 IP 地址的完整连续范围。作用域通常定义为接受 DHCP 服务的网络上的单个物理子网。作用域还为网络上的客户端提供服务器对 IP 地址及任何相关配置参数的分发和指派进行管理的主要方法
超级作用域	超级作用域是作用域的管理组合，它可用于支持同一物理子网上的多个逻辑 IP 子网，超级作用域仅包含可同时激活的成员作用域和子作用域列表
排除范围	排除范围是作用域内存 DHCP 服务中排除的有限 IP 地址序列。排除范围确保服务器不会将这些范围中的任何地址提供给网络上的 DHCP 客户端
地址池	在定义了 DHCP 作用域并应用排除范围之后，剩余的地址在作用域内形成可用的地址池。服务器可将池内地址动态地指派给网络上的 DHCP 客户端
租约	租约是由 DHCP 服务器指定的一段时间，在此时间内客户端计算机可以使用指派的 IP 地址
保留	可以使用保留创建 DHCP 服务器指派的永久地址租约。保留可确保子网上指定的硬件设备始终可以使用相同的 IP 地址
选项类型	选项类型是 DHCP 服务器在向 DHCP 客户端提供租约时可指派的其他客户端配置参数。例如，一些常用选项包含用于默认网关(路由器)、WINS 服务器和 DNS 服务器的 IP 地址
选项类别	选项类别是一种可供服务器进一步管理提供给客户端的选项类型的方式。当选项类别添加到服务器时，可为该类的客户端提供用于其配置的类别特定选项类型。选项类别有两种类型，即供应商类别和用户类别

2. DHCP 服务器的工作位置

在现阶段 DHCP 服务器的实际应用中，充当 DHCP 服务器的有 PC 服务器(大中型网络)、集成路由器(家庭网络和小型企业网络)和专用路由器(单台家庭 PC)，如图 9-5 所示。

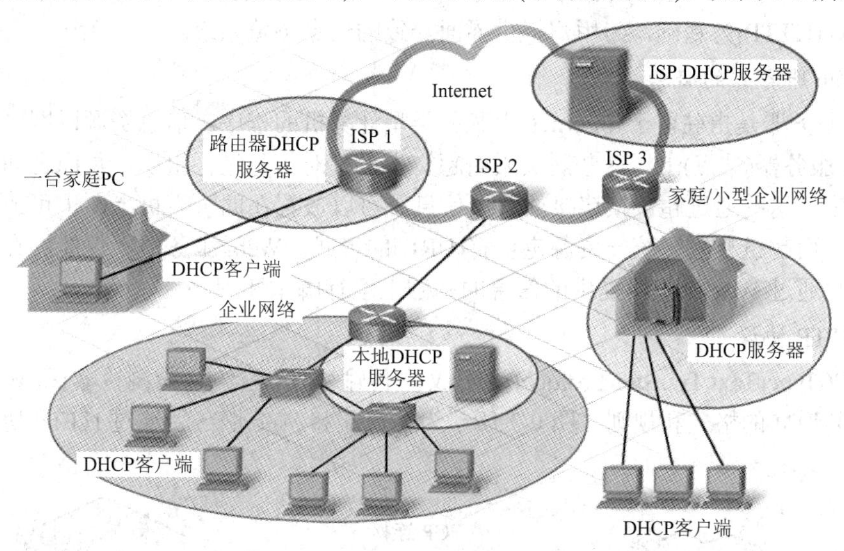

图 9-5　DHCP 服务器工作位置示意图

3. DHCP 的工作过程

当主机被配置为 DHCP 客户端时，要从位于本地网络中或 ISP 处的 DHCP 服务器获取 IP 地址、子网掩码和默认网关。通常网络中只有一台 DHCP 服务器，如图 9-6 所示。

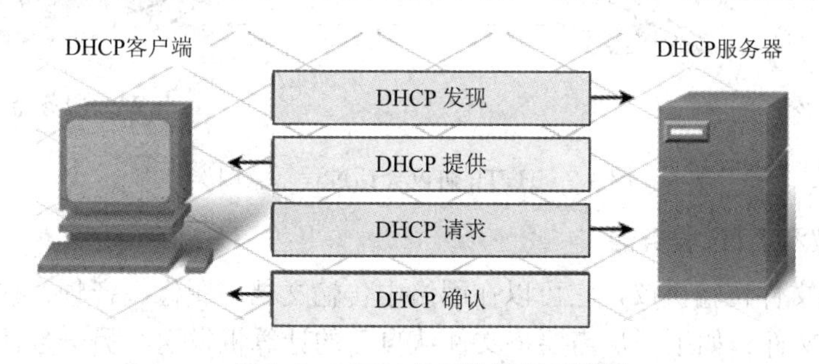

图 9-6　DHCP 的工作过程示意图

任务四　认知信息服务

Windows Server 2008 是一个集互联网信息服务(IIS 7.0)、ASP.NET、Windows Communication Foundation 以及微软 Windows SharePoint® Services 于一身的平台。IIS 7.0 是对现有 IIS Web 服务器的重大改进，并在集成网络平台技术方面发挥着重要作用。IIS 7.0 提供了更加有效的管理工具、安全的网络服务以及较少的支持费用。这些特征使集成式的平台能够为网络解决方案提供集中式的、连贯性的开发与管理模型。IIS 7.0 的模块化功能和详细的管理模型便于服务器管理员创建满足自己需要的服务器。

1. Web 服务器和 HTTP 协议

万维网(World Wide Web，WWW)服务又称为 Web 服务。WWW 服务采用客户/服务器工作模式，客户机即浏览器，服务器即 Web 服务器，它以超文本标记语言(HTML)和超文本传输协议(HTTP)为基础，为用户提供界面一致的信息浏览系统。

1) Web 服务器的概念

Web 服务器是指驻留于 Internet 上某种类型计算机的程序。信息资源以网页的形式存储在 Web 服务器(站点)上，这些网页采用超文本方式对信息进行组织，页面之间通过超链接连接起来。这些通过超链接连接的页面信息既可以放置在同一主机上，也可放置在不同的主机上，而超链接采用统一资源定位符(URL)的形式。Web 服务器不仅能够存储信息，还能在用户通过 Web 浏览器提供的信息的基础上运行脚本和程序。

2) HTTP 协议

HTTP(HyperText Transfer Protocol)即超文本传输协议，是客户端(浏览器)和 Web 服务器交互所必须遵守的格式和规则。图 9-7 所示为客户端和 Web 服务器通过 HTTP 协议的会话过程。

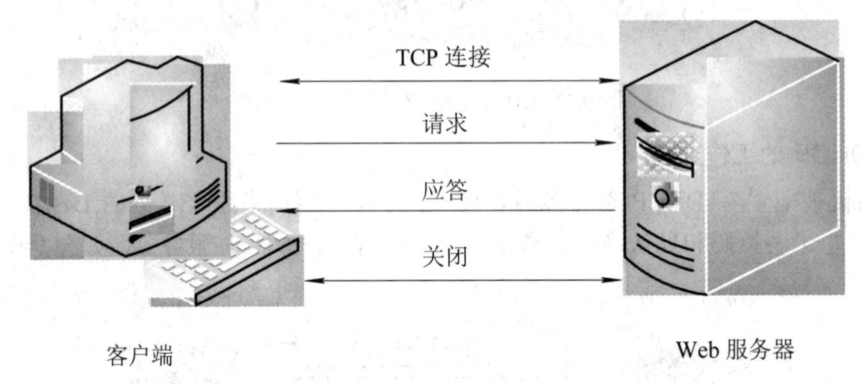

图 9-7　HTTP 协议会话过程示意图

2. FTP 协议和 FTP 服务器

FTP 也称为文件传输协议，它可以在网络中传输文档、图像、音频、视频以及应用程序等多种类型的文件。如果用户需要将文件从自己的计算机发送给另一台计算机，可以使用 FTP 进行上传操作，而在更多的情况下，则是用户使用 FTP 从服务器上下载文件。一个完整的 FTP 文件传输需要建立以下两种类型的连接：

(1) 控制连接。客户端希望与 FTP 服务器建立上传/下载的数据传输时，它首先向服务器的 TCP 21 端口发起一个建立连接的请求，FTP 服务器接受来自客户端的请求，完成连接的建立过程，这样的连接就称为 FTP 控制连接。

(2) 数据连接。FTP 控制连接建立之后，即可开始传输文件，传输文件的连接称为 FTP 数据连接。FTP 数据连接就是 FTP 传输数据的过程，它有主动和被动两种传输模式。

FTP 数据传输过程及原理如图 9-8 所示。FTP 服务器会自动对默认端口(21)进行监听，当某个客户端向这个端口请求建立连接时，便激活了 FTP 服务器上的控制进程。通过这个控制进程，FTP 服务器对连接用户名、密码以及连接权限进行身份验证，身份验证完成以后，FTP 服务器和客户端之间还会建立一条传输数据的专有连接； FTP 服务器在传输数据过程中的控制进程将一直工作，并不断发出指令控制整个 FTP 传输数据，传输完毕后控制进程给客户端发送结束指令。

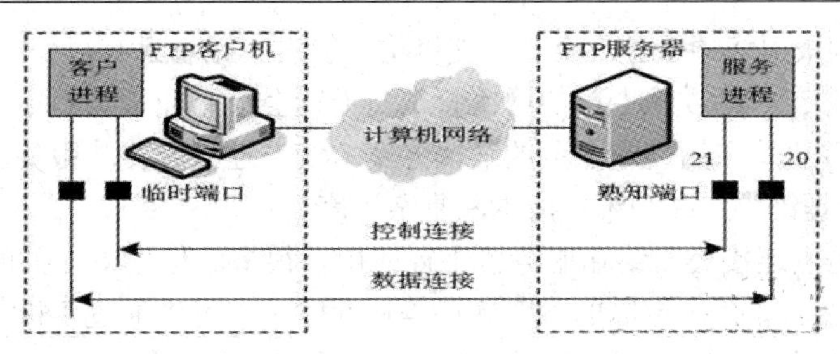

图 9-8　FTP 数据传输过程及原理示意图

3. 建立数据传输的连接

在建立数据传输的连接时一般有以下两种方法：

(1) 主动模式的数据传输专有连接：该方法在建立控制连接后，首先由 FTP 服务器使用 20 端口主动向客户端进行连接，建立专用于传输数据的连接。FTP 服务器上的端口 21 用于用户验证，端口 20 用于数据传输。

(2) 被动模式的数据传输专有连接：该方法在建立控制连接后，由客户端向 FTP 服务器发起连接的。连接到 FTP 服务器的端口都是随机产生的。服务器并不参与数据的主动传输，只是被动接受。

任务五　认知终端服务

终端服务是在 Windows NT 中首先引入的一个服务。终端服务使用 RDP 协议(远程桌面协议)进行客户端连接，使用终端服务的客户可以在远程以图形界面的方式访问服务器，并且可以调用服务器中的应用程序、组件、服务等，和操作本机系统一样。这样的访问方式不仅大大方便了各种各样的用户，而且大大地提高了工作效率，并且能有效地节约企业的成本。终端服务的目的是为了实现集中化应用程序的访问。终端服务主要应用于以下几种环境中：

(1) 应用程序集中部署。在客户端/服务器网络体系中，如果客户端需要使用相同的应用程序，比如都要使用相同版本的邮件客户端、办公软件等，而客户端部署的操作系统又不尽相同，如 Windows7(Win7)、Windows Server 2008、Windows Vista 等，这时候如果网络规模很大，分别向这些客户端部署相同版本的应用软件是件让管理员非常头痛的事情，需要大量重复的工作而且需要考虑软件版本的兼容性问题。这时候如果采用终端服务可以很好地解决这个问题，客户端需要使用的应用软件只需在终端服务器上部署一次，无论客户端安装什么版本的操作系统，都可以连接到终端服务器使用特定版本的应用软件。图 9-9 所示为终端服务工作原理示意图。

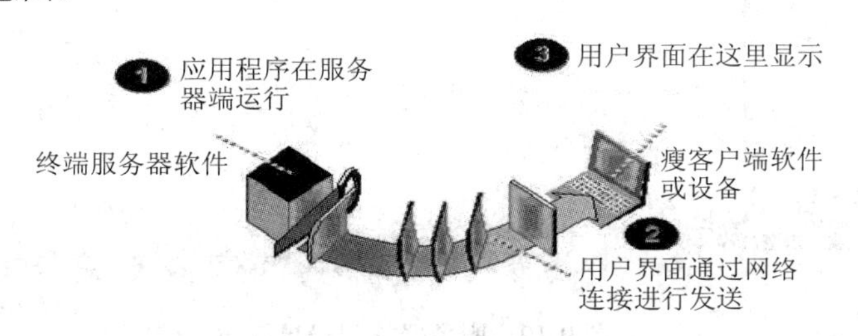

图 9-9　终端服务工作原理示意图

(2) 分支机构采用终端服务。企业分支机构一般没有或者只有很少的专业 IT 管理员，企业如果向各个分支机构委派专门的网络管理员无疑会为企业增加不小的开支。这时候如果分支机构的计算机均采用终端服务的解决方案，统一连接到终端服务器应用特定软件，则可以简化 IT 管理维护，减少维护成本和复杂程度。

(3) 在任意地点连接公司终端服务器进行应用。很多时候出差在外的员工需要应用某个特性的应用软件，如公司定制的财务软件等，此时员工可以通过手机、笔记本等移动设备，在任意地点连接公司终端服务器进行应用。如在 Windows Server 2008 中，用户可以利用终端服务中的 TS Web Access 功能，没必要连接 VPN，仅仅通过 Web 方式即可访问企业终端服务器，并且可以获得良好的用户体验。此外，Windows Server 2008 中的终端服务具有网关功能 TS Gateway，可以裁决用户是否满足连接条件，并且可以确定用户可以连接哪些终端服务器，保证了安全性。

项目实践一：安装与配置 DNS 服务器

实践目标：

- 在 Windows Server 2008 下安装和配置 DNS 服务器。

实践环境：

- 安装有 Windows Server 2008 操作系统的 PC。

1. 安装 DNS 服务器

(1) 以管理员账户登录到 Windows Server 2008 系统，单击“开始”→“程序”→“管理工具”→“服务器管理器”命令，出现如图 9-10 所示的界面。

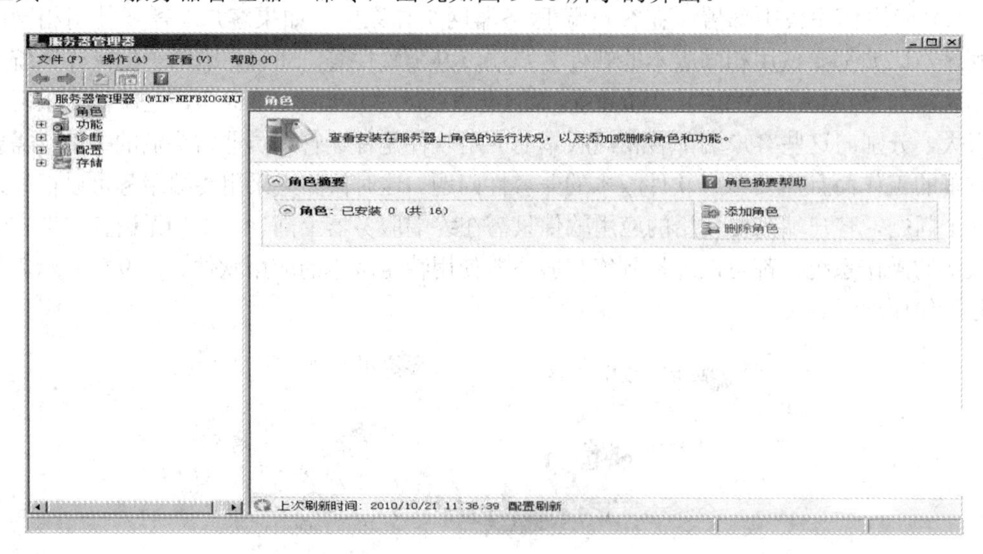

图 9-10　服务器管理器界面

(2) 选定角色服务设置项目，运行“添加角色”向导，如图 9-11 所示。

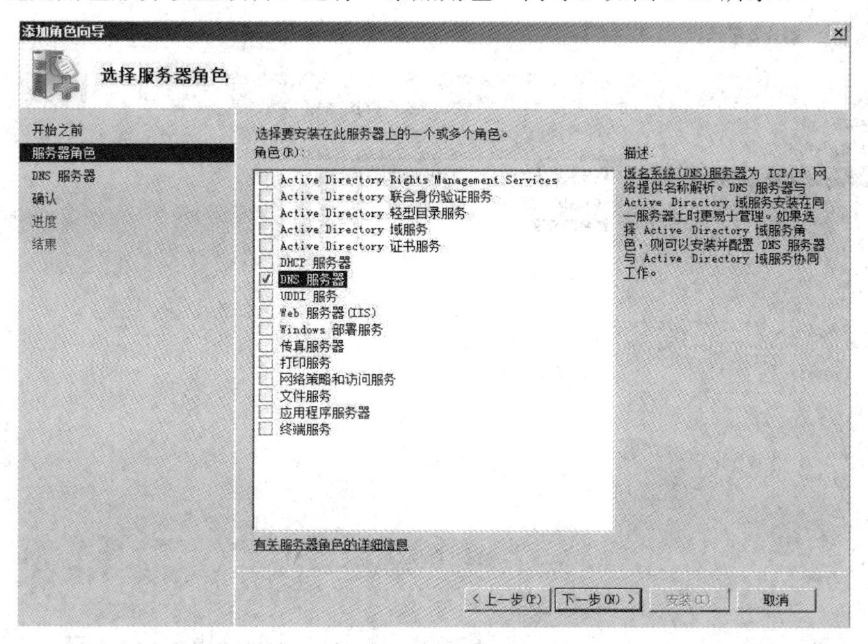

图 9-11 添加角色向导

(3) 在图 9-11 所示对话框的“角色”列表框中选中“DNS 服务器”复选框，单击“下一步”按钮，出现如图 9-12 所示的界面。

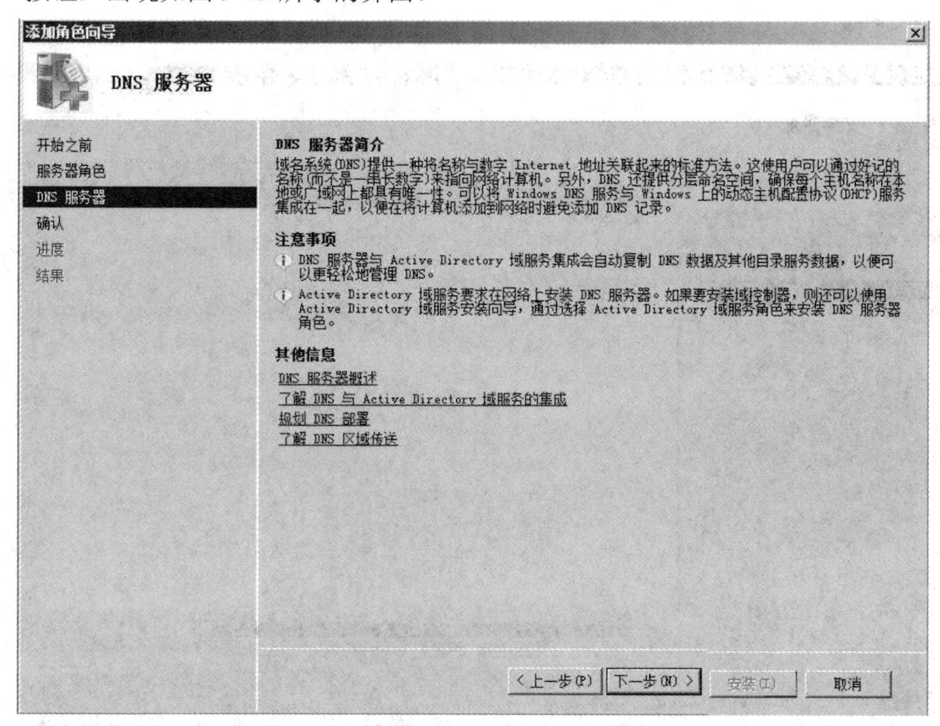

图 9-12 DNS 服务器选项

(4) 单击“下一步”按钮，出现如图 9-13 所示的安装确认界面。

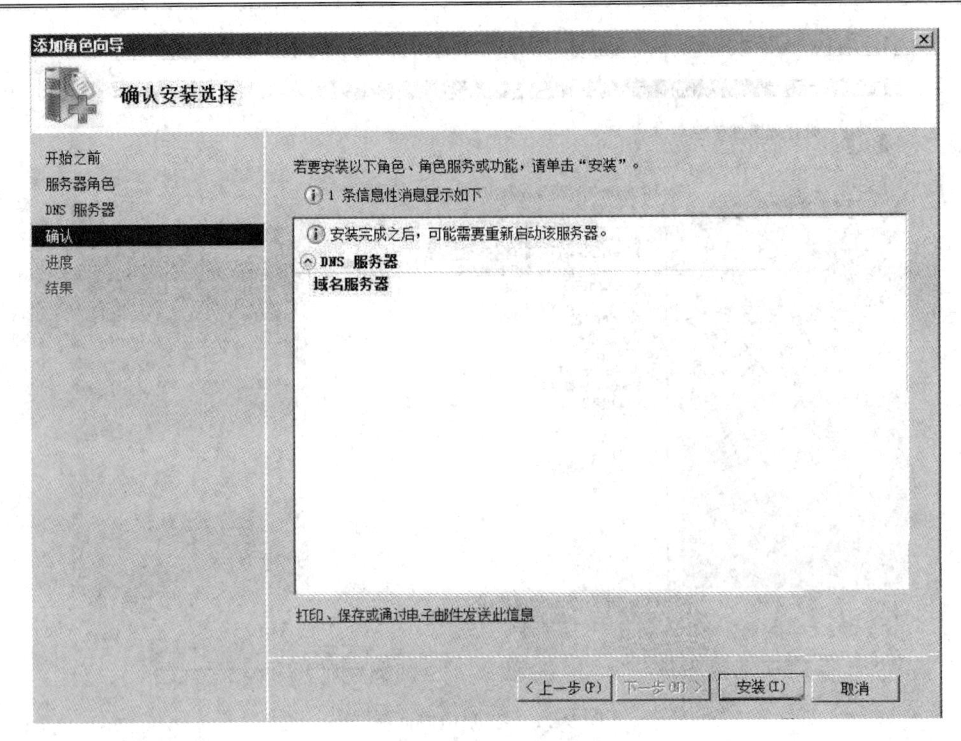

图 9-13　安装确认界面

(5) 单击“安装”按钮，开始进行 DNS 服务的安装，如图 9-14 所示。安装结束后的界面如图 9-15 所示。

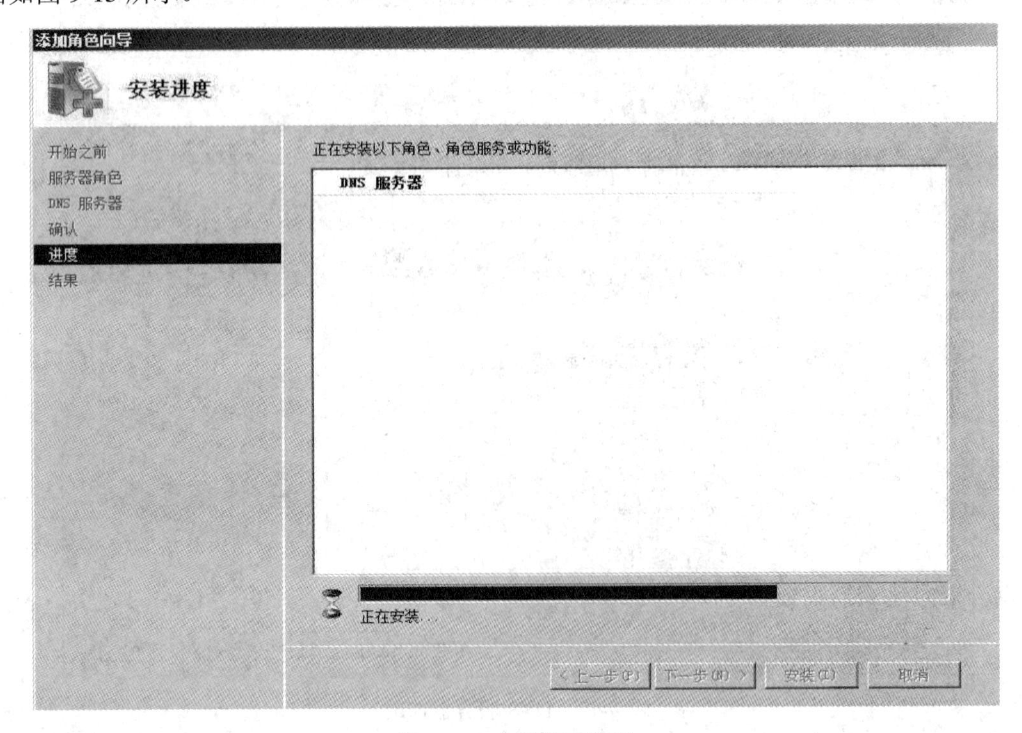

图 9-14　安装进度界面

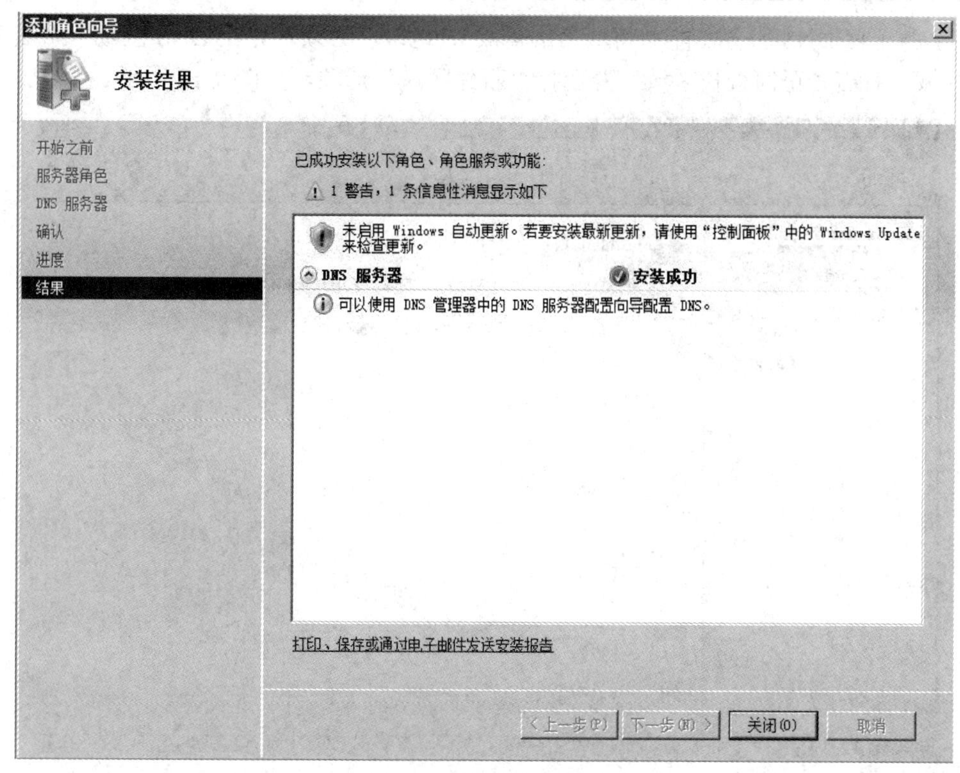

图 9-15　安装结束界面

(6) 单击“关闭”按钮，返回“初始配置任务”窗口。单击“开始”→“管理工具”→“DNS”选项，出现如图 9-16 所示的角色管理界面。

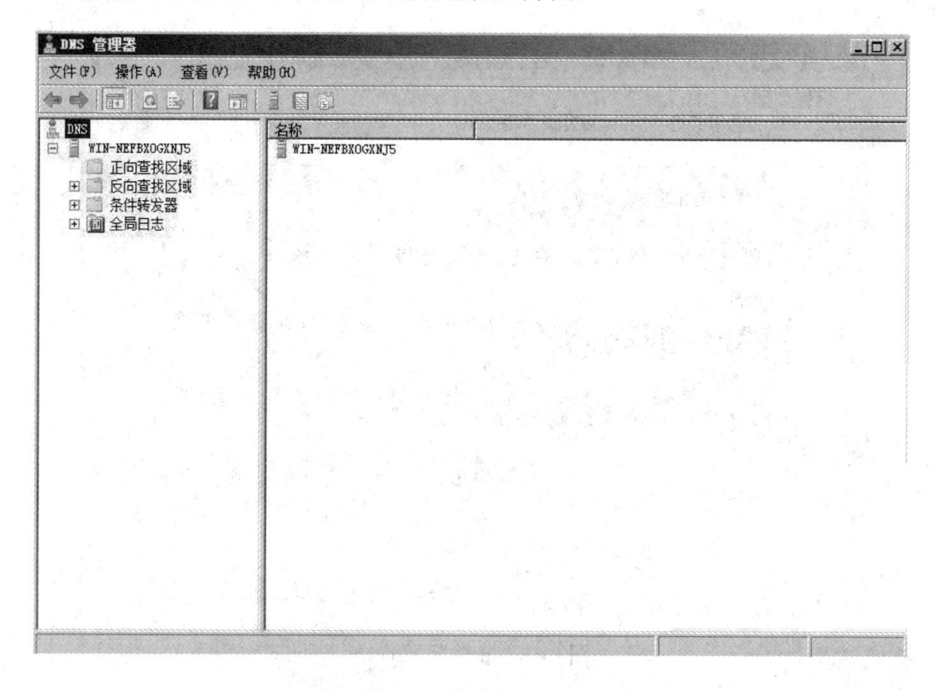

图 9-16　角色管理界面

(7) 为了使 DNS 服务器能够将域名解析成 IP 地址，必须首先在 DNS 区域中添加正向查找区域。右击“正向查找区域”并选择“新建区域”选项，如图 9-17 所示。

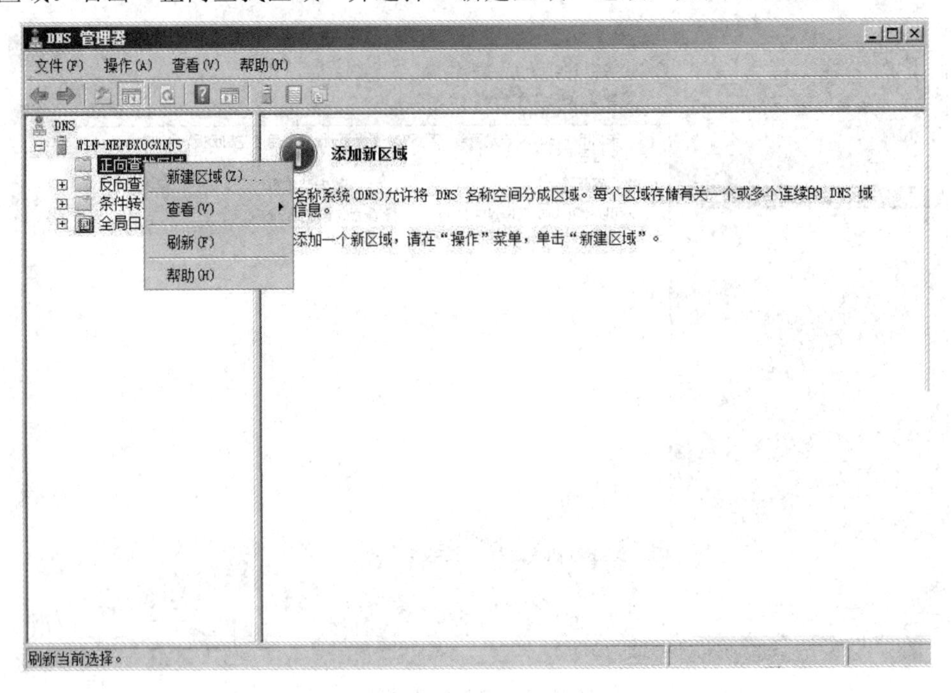

图 9-17　选择“新建区域”

(8) 选择“新建区域”后，弹出“新建区域向导”窗口，选择“主要区域”选项，如图 9-18 所示。

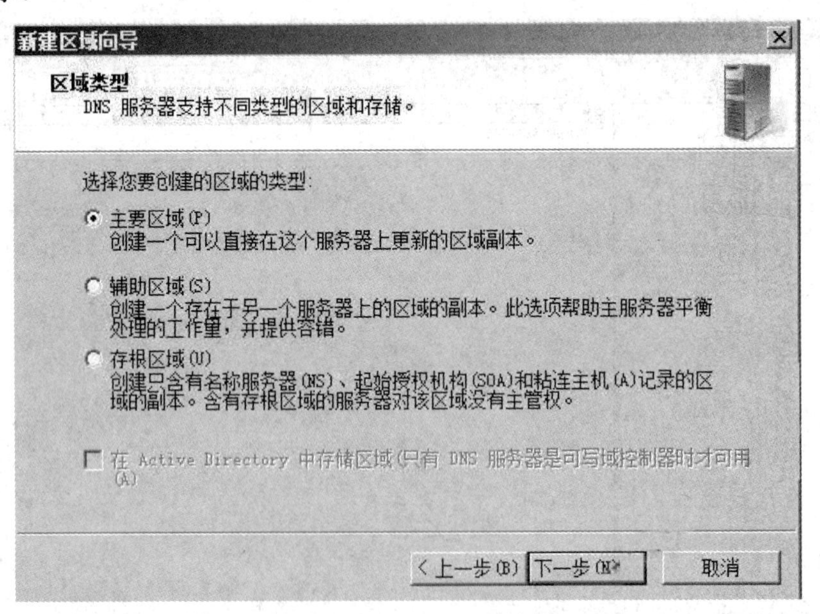

图 9-18　新建区域向导

(9) 单击“下一步”按钮后，弹出区域名称设置窗口，如图 9-19 所示。

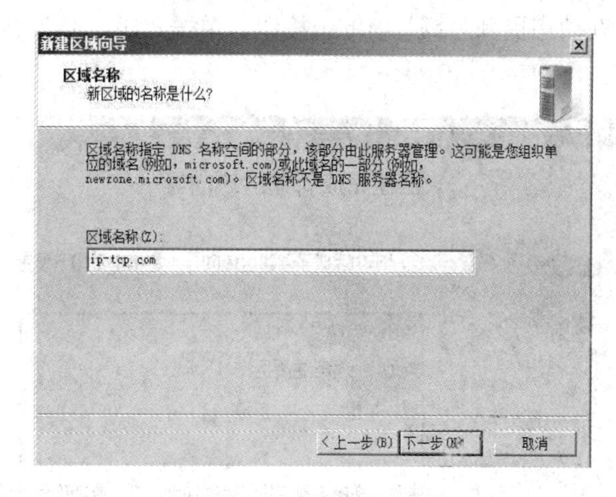

图 9-19　设置区域名称

(10) 在“区域名称”对话框中，输入在域名服务机构申请的正式域名，如 ip-tcp.com。然后单击“下一步”按钮，出现如图 9-20 所示的界面。

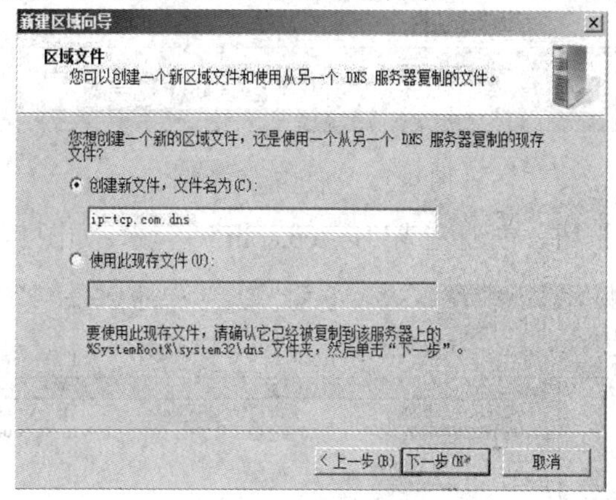

图 9-20　设置区域文件名称

(11) 选择“创建新文件，文件名为”单选按钮，文件名使用默认即可。如果要从另一个 DNS 服务器将记录文件复制到本地计算机，则选中“使用此现存文件”单选按钮，并输入现存文件的路径。然后单击“下一步”按钮，出现如图 9-21 所示的界面。

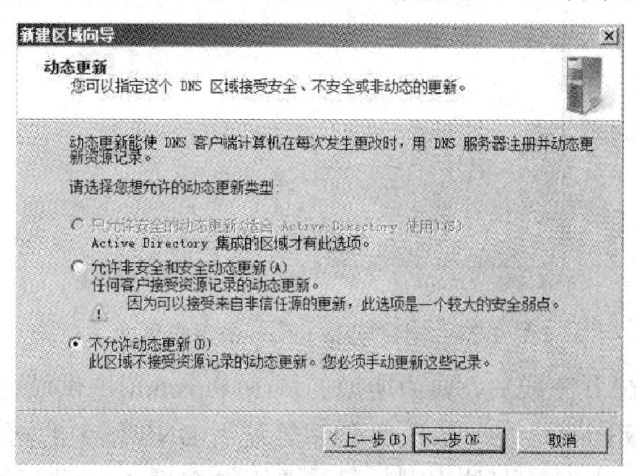

图 9-21　动态更新设置

(12) 选择“不允许动态更新”(默认)单选按钮，单击“下一步”按钮，出现如图 9-22 所示的界面。

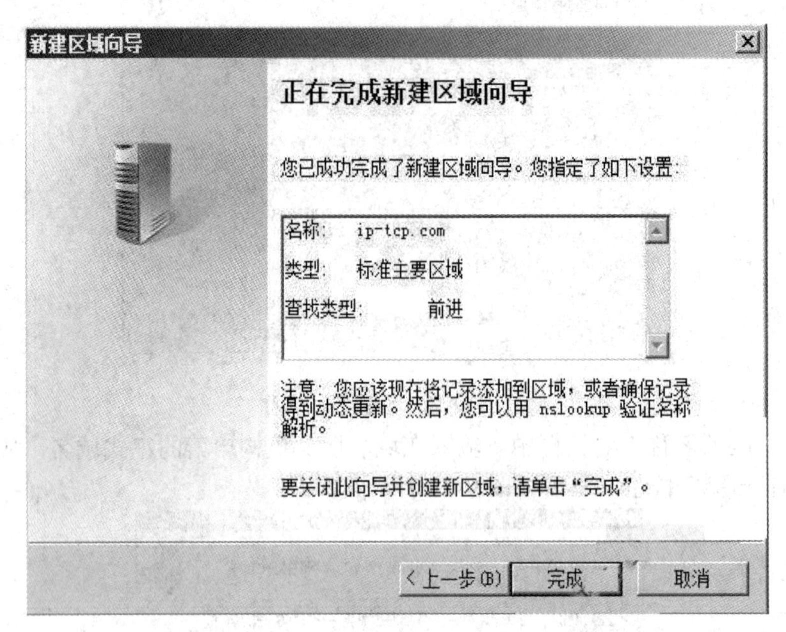

图 9-22　新建区域完成

(13) 单击“完成”按钮，创建完成“ip-tcp.com”区域，如图 9-23 所示。

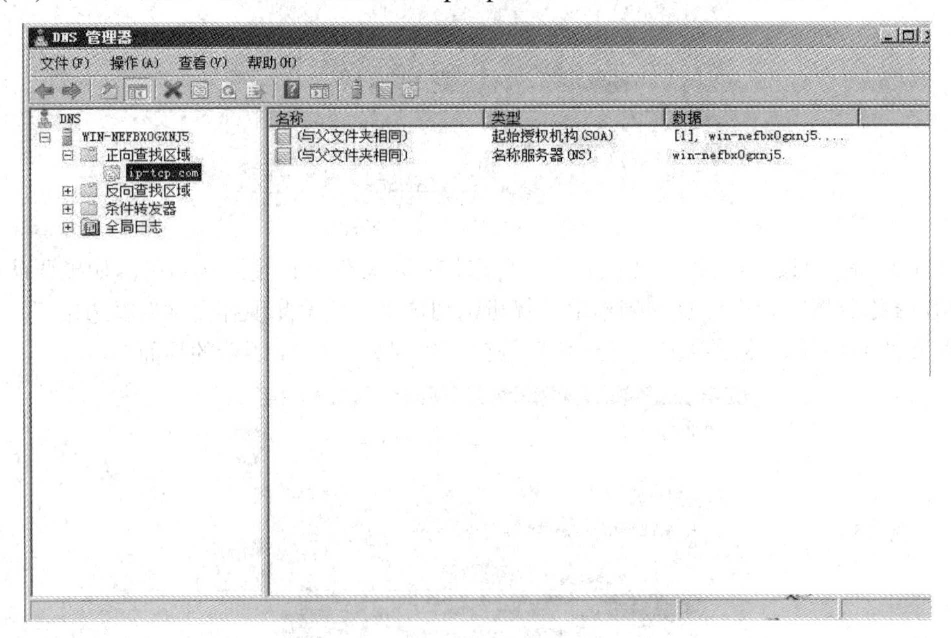

图 9-23　创建域(ip-tcp.com)完成界面

(14) DNS 服务器配置完成后，要为所属的域(ip-tcp.com)提供域名解析服务，还必须在 DNS 域中添加各种 DNS 记录，如 Web 及 FTP 等使用 DNS 域名的网站等都需要添加 DNS 记录来实现域名解析。以 Web 网站为例，就需要添加主机 A 记录，如图 9-24 所示。

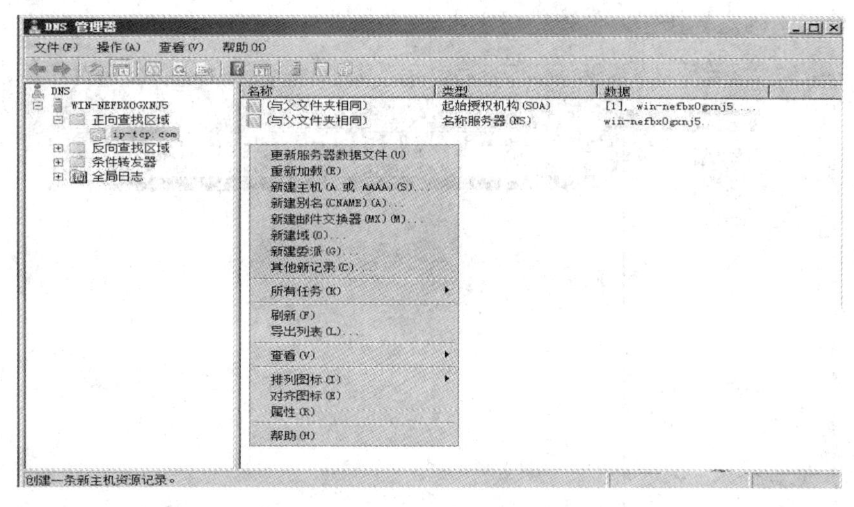

图 9-24　创建一条新主机资源记录

(15) 选择“新建主机”选项，出现如图 9-25 所示的界面。

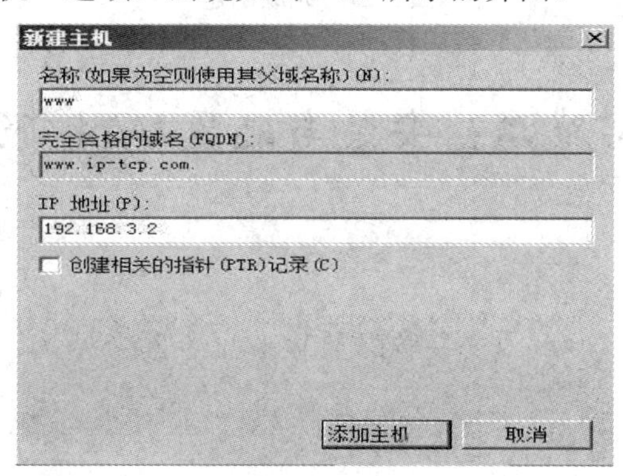

图 9-25　新建主机

(16) 在“名称”文本框中输入主机名称，如 www，在“IP 地址”文本框中键入主机对应的 IP 地址，单击添加主机按钮，提示主机记录创建成功，如图 9-26 所示。

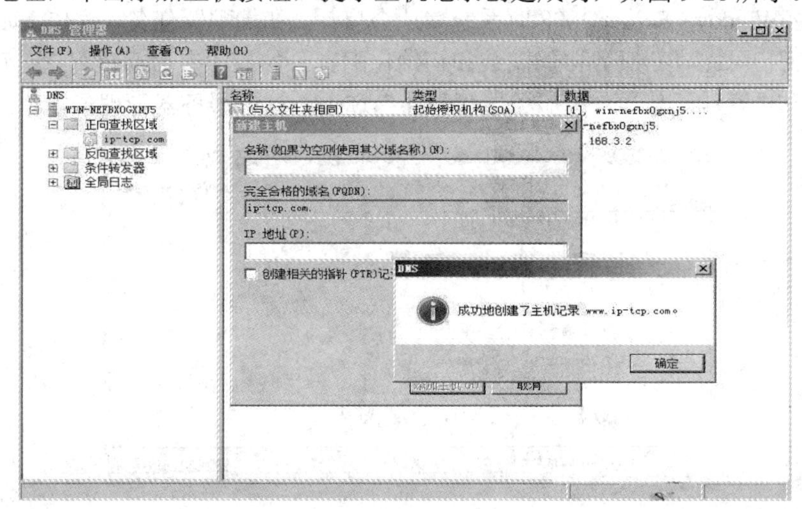

图 9-26　主机记录创建成功

(17) 单击“确定”按钮，创建完成主机记录 www.ip-tcp.com，如图 9-27 所示。

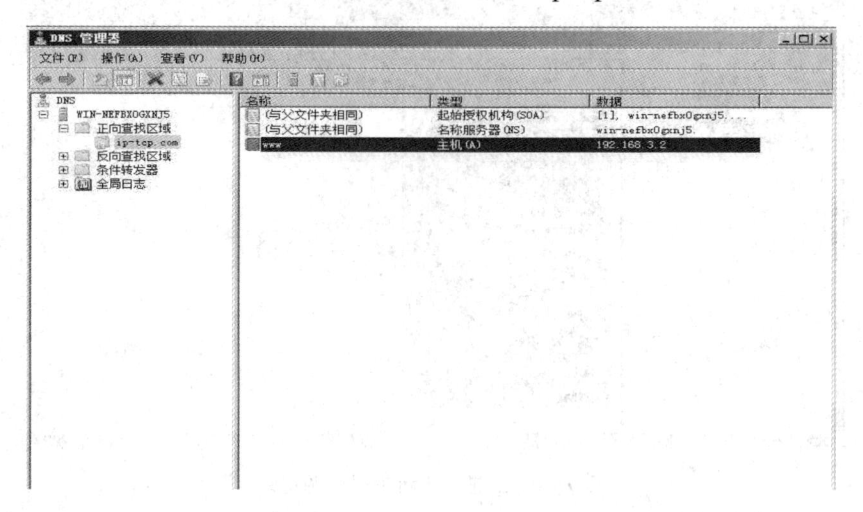

图 9-27　完成创建

项目实践二：安装与配置 Web 服务器

实践目标：

- 在 Windows Server 2008 下安装和配置 Web 服务器。

实践环境：

- 安装有 Windows Server 2008 操作系统的 PC。

1. 安装 IIS

(1) 启动 Windows Server 2008 时系统默认会启动“初始配置任务”窗口，如图 9-28 所示，通过该窗口可完成新服务器的安装和初始化配置。如果没有启动该窗口，可以通过单击“开始”→“管理工具”→“服务器管理器”选项，打开服务器管理器窗口。

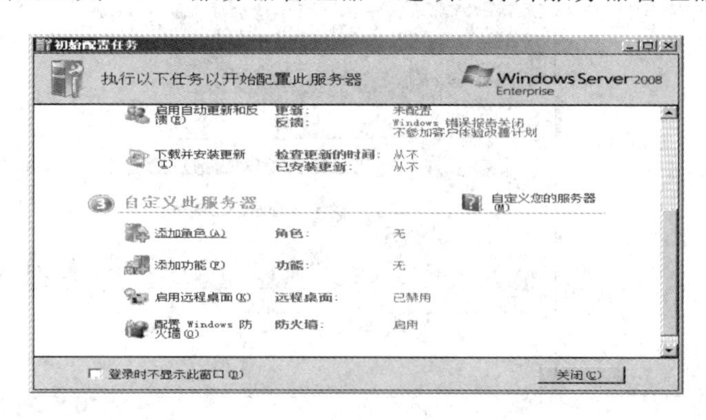

图 9-28　“初始配置任务”窗口

(2) 点击“添加角色”，打开“添加角色向导”的第一步“选择服务器角色”窗口，选择“Web 服务器 IIS”复选框，如图 9-29 所示。

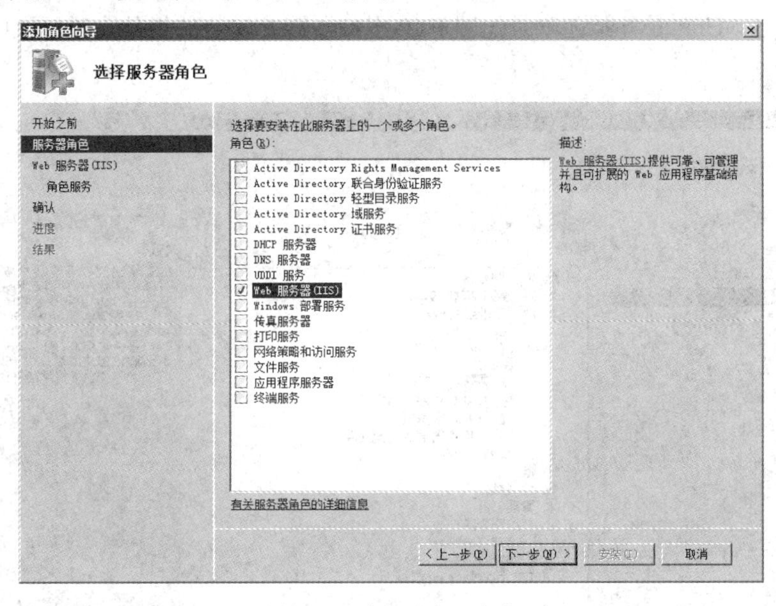

图 9-29 选择服务器角色

(3) 单击“下一步”按钮，出现如图 9-30 所示的“Web 服务器(IIS)”对话框，其中列出了 Web 服务器的简要介绍及注意事项。

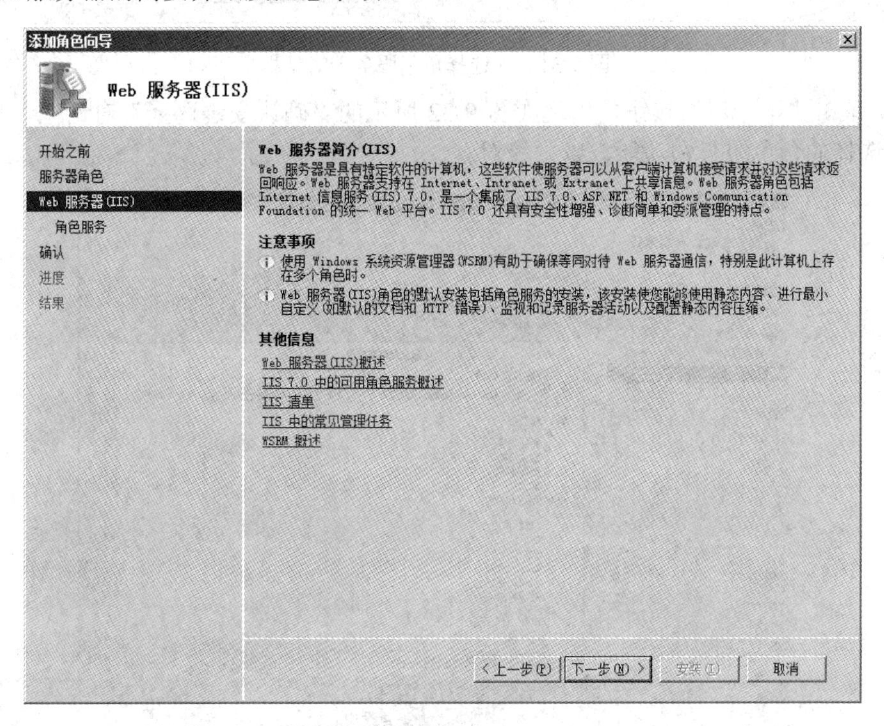

图 9-30 “Web 服务器(IIS)”对话框

(4) 单击“下一步”按钮，出现如图 9-31 所示的“选择角色服务”对话框，其中列出了 Web 服务器所包含的所有组件，用户可以手动选择。此处需要注意的是，“应用程序开发”角色服务中的几项尽量都选中，这样配置的 Web 服务器将可以支持相应技术开发的 Web 应用程序。FTP 服务器选项是配置 FTP 服务器需要安装的组件，项目十中将对此做详细介绍。

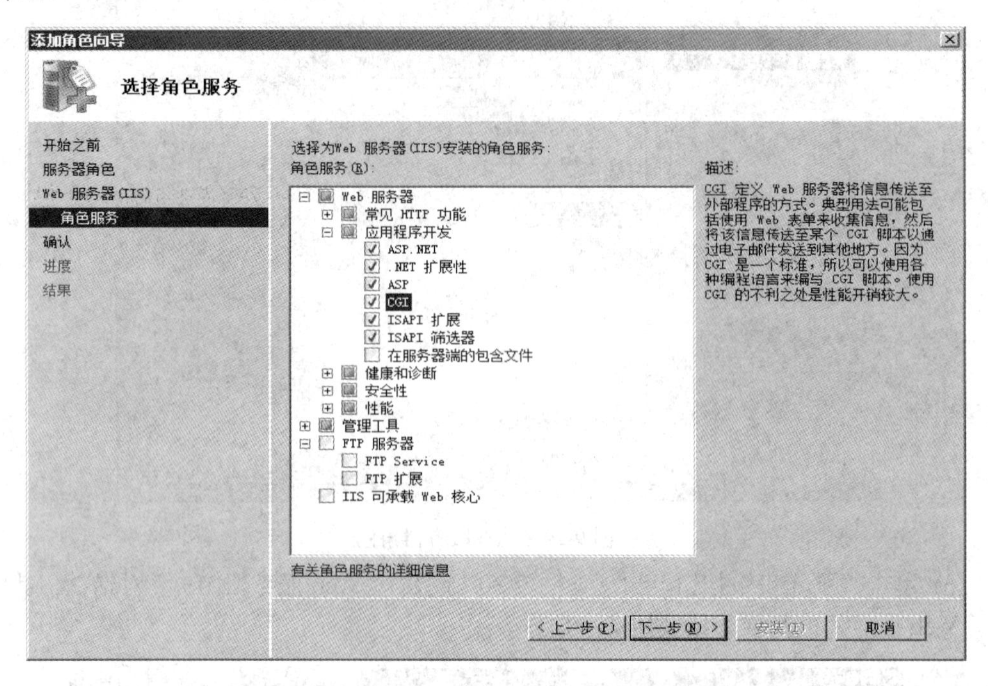

图 9-31　“选择角色服务”对话框

(5) 单击“下一步”按钮，出现如图 9-32 所示的“确认安装选择”对话框，其中列出了前面选择的角色服务和功能，以供核对。

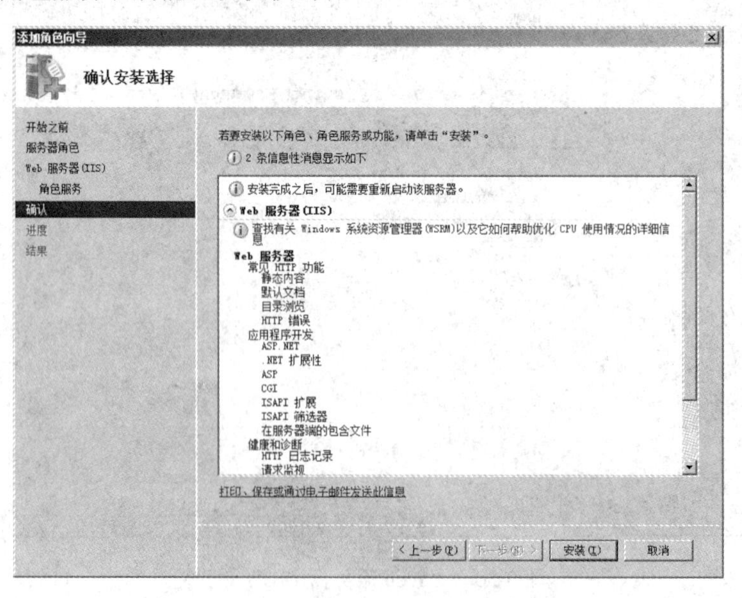

图 9-32　“确认安装选择”对话框

(6) 单击“安装”按钮，即可开始安装 Web 服务器。安装完成后，显示“安装结果”对话框。

(7) 单击“关闭”按钮，Web 服务器安装完成。

(8) 单击“开始”→“管理工具”→“Internet 信息服务(IIS)管理器”选项，打开 IIS 服务管理器，即可看到已安装的 Web 服务器，如图 9-33 所示。Web 服务器安装完成后，默认会创建一个名字为“Default Web Site”的站点。为了验证 IIS 服务器是否安装成功，可打开浏览器，在地址栏中输入“http://localhost”或者“http://本机 ip 地址”，如果出现如图 9-34 所示的欢迎界面，说明 Web 服务器安装成功；否则，说明 Web 服务器安装失败，需要重新检查服务器设置或者重新安装。

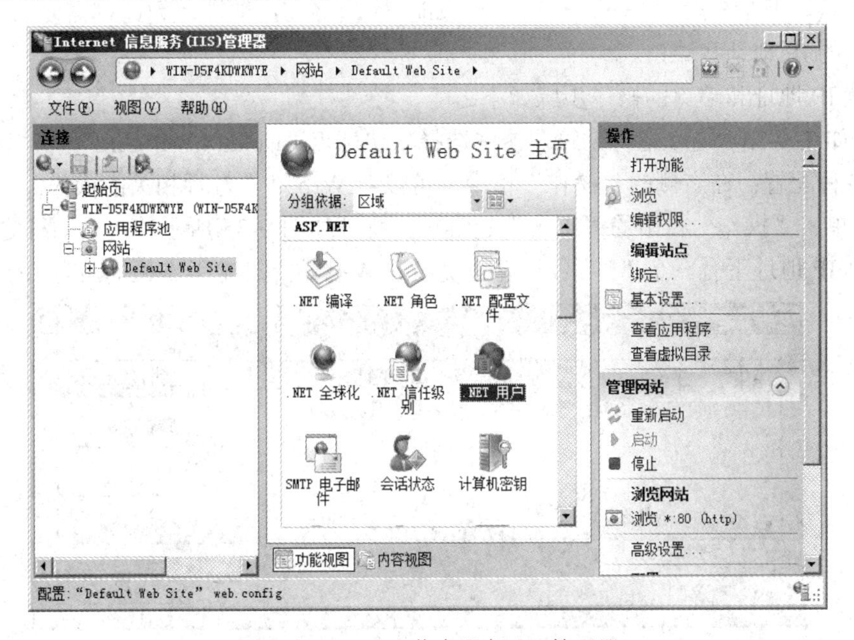

图 9-33 Internet 信息服务(IIS)管理器

图 9-34 Web 服务器欢迎界面

到此，Web 就安装成功并可以使用了。用户可以将做好的网页文件(如 Index.htm)放到 C:\inetpub\wwwroot 这个文件中，然后在浏览器地址栏中输入“http://localhost/Index.htm”或者“http://本机 ip 地址/Index.htm”就可以浏览做好的网页了。网络中的其他用户也可以通过在浏览器地址栏中输入“http://本机 ip 地址/Index.htm”的方式访问该网页文件。

2. 配置 IP 地址和端口

Web 服务器安装好之后，默认会创建一个名字为“Default Web Site”的站点，使用该站点就可以创建网站。默认情况下，Web 站点会自动绑定计算机中的所有 IP 地址，端口默认为 80，也就是说，如果一个计算机有多个 IP，那么客户端通过任何一个 IP 地址都可以访问该站点。但是一般情况下，一个站点只能对应一个 IP 地址，因此，需要为 Web 站点指定唯一的 IP 地址和端口。

配置 IP 地址和端口的操作步骤如下：

(1) 如图 9-33 所示，在 IIS 管理器中选择默认站点“Default Web Site”，可以对 Web 站点进行各种配置；在右侧的“操作”栏中，可以对 Web 站点进行相关的操作。

(2) 单击“操作”栏中的“绑定”超链接，打开如图 9-35 所示的“网站绑定”窗口，可以看到 IP 地址下有一个“*”号，说明现在的 Web 站点绑定了本机的所有 IP 地址。

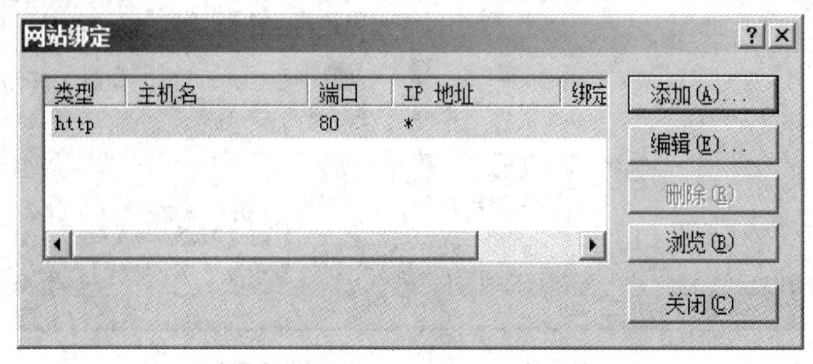

图 9-35　“网站绑定”窗口

(3) 单击“添加”按钮，打开“添加网站绑定”窗口，如图 9-36 所示。

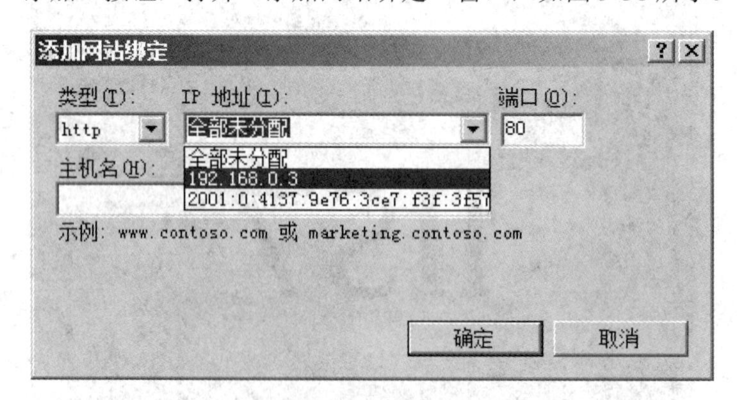

图 9-36　“添加网站绑定”窗口

(4) 单击“全部未分配”后边的下拉箭头，选择要绑定的 IP 地址即可。这样，就可以通过这个 IP 地址访问 Web 网站了。端口栏表示访问该 Web 服务器要使用端口号。在这里就可以使用 http://192.168.0.3 访问 Web 服务器。此处的主机名是该 Web 站点要绑定的主机名(域名)，可以参考任务二 DNS 工作过程的相关内容。

提示：Web 服务器默认的端口是 80 端口，因此我们访问 Web 服务器时就可以省略默认端口；如果设置的端口不是 80，比如是 8000，那么访问 Web 服务器就需要使用“http://192.168.0.3:8000”来访问。

3. 配置主目录

(1) 主目录即网站的根目录，保存 Web 网站的相关资源，默认路径为“C:\Inetpub\wwwroot”文件夹。如果不想使用默认路径，可以更改网站的主目录。打开 IIS 管理器，选择 Web 站点，单击右侧“操作”栏中的“基本设置”超级链接，显示如图 9-37 所示的“编辑网站”窗口。

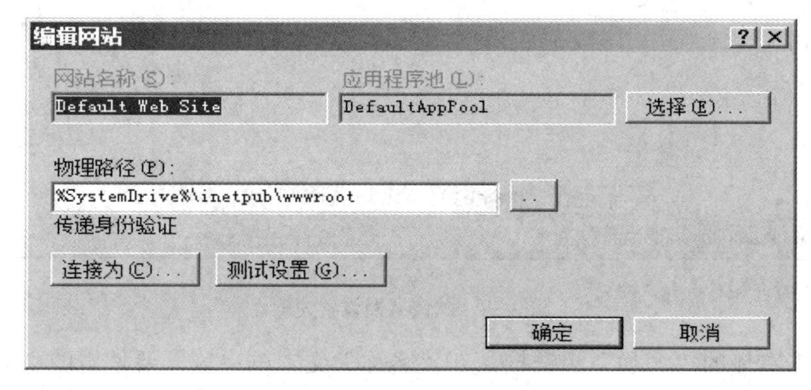

图 9-37　“编辑网站”窗口

(2) 在“物理路径”下方的文本框中显示的就是网站的主目录。此处“%SystemDrive%\”代表系统盘的意思。

(3) 在“物理路径”下方的文本框中输入 Web 站点的目录的路径，如 d:\111，或者单击“…”(浏览)按钮选择相应的目录，然后单击“确定”按钮保存。这样，选择的目录就作为了该站点的根目录。

4. 配置默认文档

在访问网站时，在浏览器的地址栏输入网站的域名即可打开网站的主页，而继续访问其他页面会发现地址栏最后一般都会有一个网页名。那么为什么打开网站主页时不显示主页的名字呢？实际上，在输入网址的时候，默认访问的就是网站的主页，只是主页名没有显示而已。通常，Web 网站的主页都会设置成默认文档，当用户使用 IP 地址或者域名访问时，就不需要再输入主页名，从而便于用户的访问。

配置 Web 站点的默认文档的操作步骤如下：

(1) 在 IIS 管理器中选择默认 Web 站点，在“Default Web Site 主页”窗口中双击“IIS”区域的“默认文档”图标，打开如图 9-38 所示的窗口。

(2) 可以看到，系统自带了六种默认文档，如果要使用其他名称的默认文档，例如当前网站是使用 Asp.Net 开发的动态网站，首页名称为 Index.aspx，则需要添加该名称的默认文档。

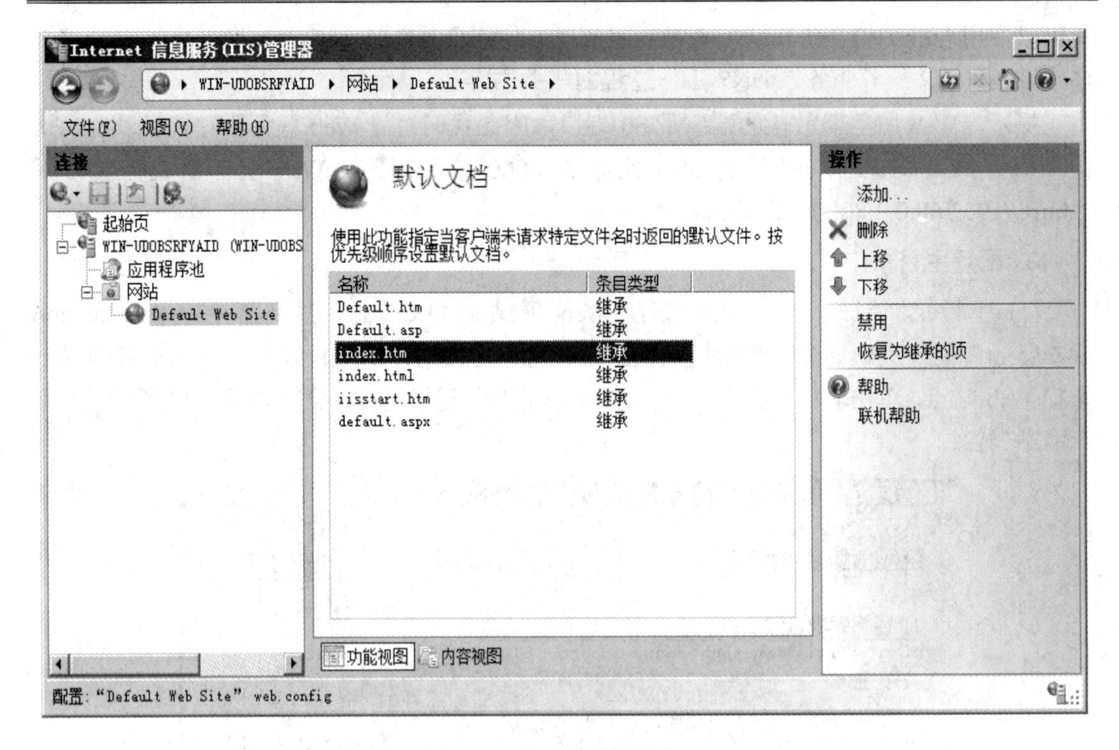

图 9-38　默认文档设置窗口

(3) 单击右侧的“添加”超链接，在“名称”文本框中输入要使用的主页名称，如图 9-39 所示。单击“确定”按钮，即可添加该默认文档。新添加的默认文档自动排在最上面。

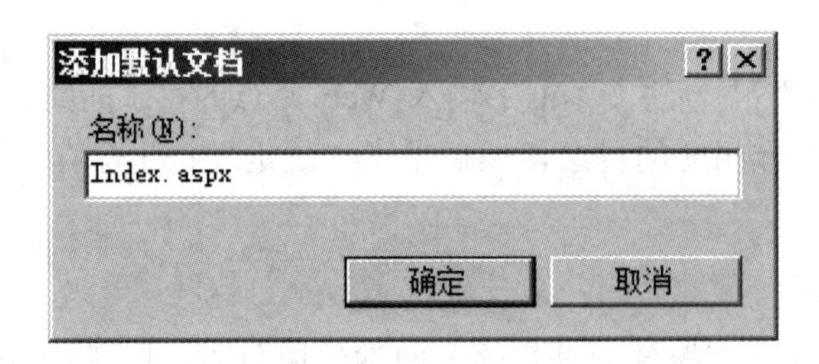

图 9-39　添加默认文档

(4) 当用户访问 Web 服务器时，输入域名或 IP 地址后，IIS 会自动按顺序由上至下依次查找与之相应的文件名。因此，配置 Web 服务器时，应将网站主页的默认文档移到最上面。如果需要将某个文件上移或者下移，可以先选中该文件，然后使用图 9-38 所示窗口中右侧“操作”下的“上移”和“下移”来实现。

(5) 如果想删除或者禁用某个默认文档，只需要选择相应默认文档，然后单击图 9-38 窗口右侧“操作”栏中的“删除”或“禁用”即可。

提示：默认文档的“条目类型”指该文档是从本地配置文件添加的，还是从父配置文件读取的。对于自己添加的文档，“条目类型”都是本地。对于系统默认显示的文档，都是从父配置读取的。

5. 设置访问限制

配置的 Web 服务器是要供用户访问的，因此，不管使用的网络带宽有多充裕，都有可能因为同时连接的计算机数量过多而使服务器死机。所以有时候需要对网站进行一定的限制，例如限制带宽和连接数量等。具体操作步骤如下：

(1) 在 IIS 管理器中选中“Default Web Site”站点，单击右侧“操作”栏中的“限制”超链接，打开如图 9-40 所示的“编辑网站限制”对话框。IIS 7 中提供了两种限制连接的方法，即限制带宽使用和限制连接数。

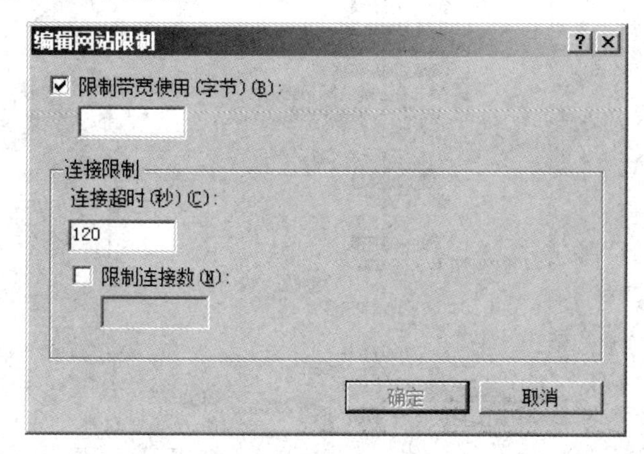

图 9-40　“编辑网站限制”对话框

(2) 选择“限制带宽使用(字节)”复选框，在文本框中键入允许使用的最大带宽值。在控制 Web 服务器向用户开放的网络带宽值的同时，也可能降低服务器的响应速度。但是，当用户 Web 服务器的请求增多时，如果通信带宽超出了设定值，请求就会被延迟。

(3) 选择“限制连接数”复选框，在文本框中键入限制网站的同时连接数。如果连接数量达到指定的最大值，以后所有的连接尝试都会返回一个错误信息，连接将被断开。限制连接数可以有效防止试图用大量客户端请求造成 Web 服务器负载的恶意攻击。在“连接超时”文本框中键入超时时间，可以在用户端达到该时间时，显示为连接服务器超时等信息，默认是 120 秒。

提示：IIS 连接数是虚拟主机性能的重要标准，所以，如果要申请虚拟主机(空间)，首先要考虑的一个问题就是该虚拟主机(空间)的最大连接数。

6. 设置 IP 地址限制

有些 Web 网站由于其使用范围或私密性的限制，可能需要只向特定用户公开，而不是向所有用户公开。此时就需要拒绝所有 IP 地址访问，然后添加允许访问的 IP 地址(段)或者拒绝的 IP 地址(段)。需要注意的是，要使用“IP 地址限制”功能，必须安装 IIS 服务的“IP 和域限制”组件。

1) 设置允许访问的 IP 地址

(1) 单击“开始”→“程序”→“管理工具”选项，打开“服务器管理器”窗口，在其“角色”窗口中单击“Web 服务器(IIS)”区域中的“添加角色服务”，打开如图 9-41 所示的窗口，添加“IP 和域限制”角色。如果先前安装 IIS 时已安装该角色，那么就不需要安装；如果没有安装，则选中该角色服务安装即可。

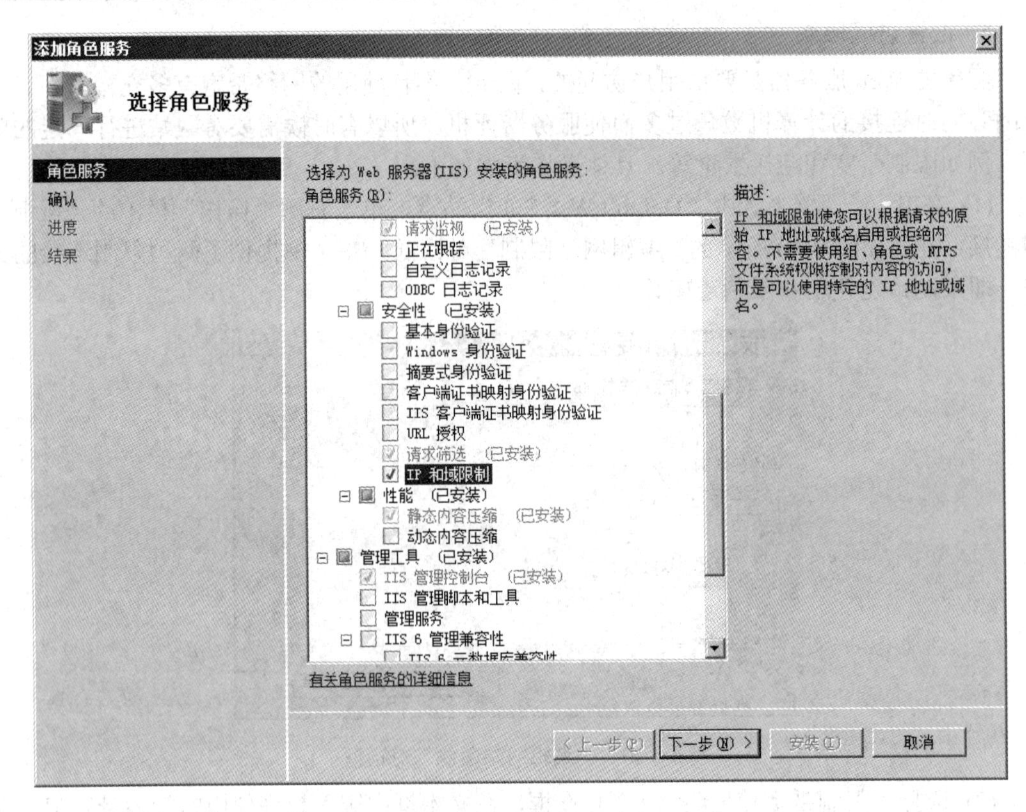

图 9-41　添加角色服务

(2) 安装完成后，重新打开 IIS 管理器，选择 Web 站点，双击“IP 地址和域限制”图标，打开如图 9-42 所示的“IPv4 地址和域限制”窗口。

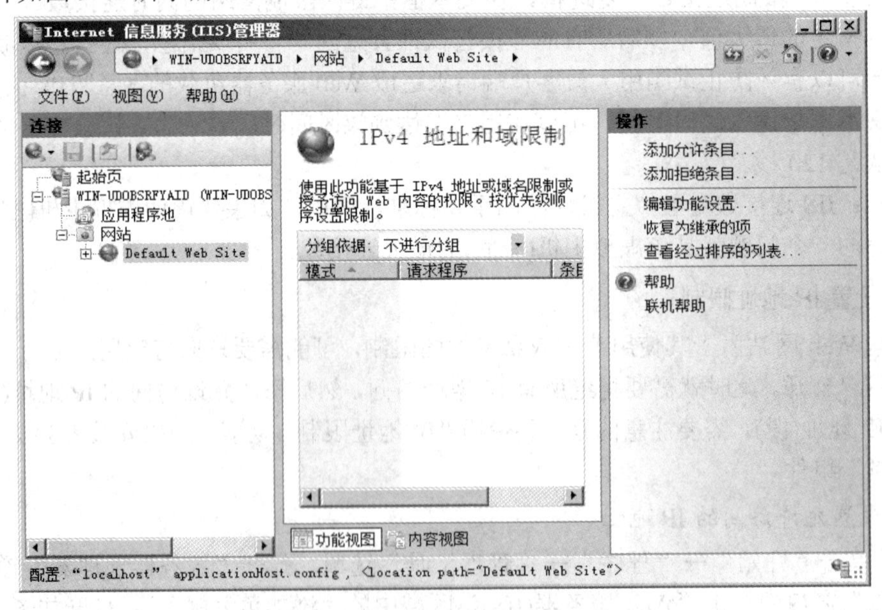

图 9-42　“IPv4 地址和域限制”窗口

(3) 单击右侧“操作”栏中的“编辑功能设置”超链接，打开如图 9-43 所示的“编辑

IP 和域限制设置”对话框。在下拉列表中选择“拒绝”选项，那么此时所有的 IP 地址都将无法访问站点。如果访问，将会出现“403.6”的错误信息。

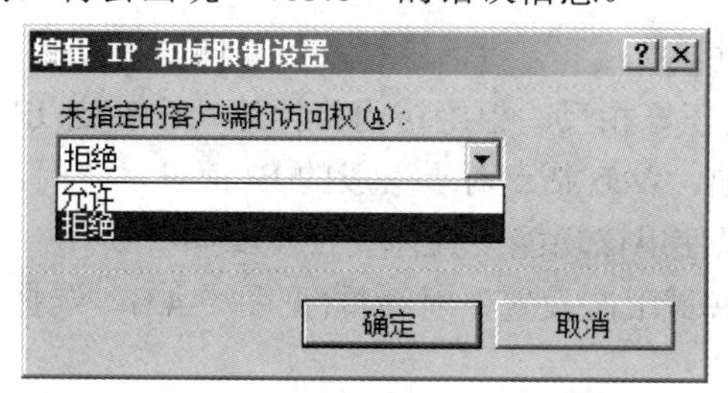

图 9-43　“编辑 IP 和域限制设置”对话框

(4) 在右侧“操作”栏中，单击“添加允许条目”超链接，打开“添加允许限制规则”窗口，如图 9-44 所示。如果要添加允许某个 IP 地址访问，可选择“特定 IPv4 地址”单选按钮，键入允许访问的 IP 地址。

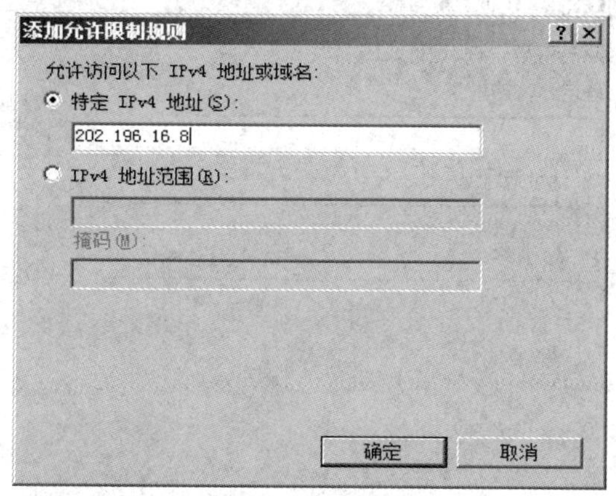

图 9-44　“添加允许限制规则”窗口

(5) 一般来说，需要设置一个站点是允许多个人访问的，所以大多情况下要添加一个 IP 地址段，可以选择“IPv4 地址范围”单选按钮，并键入 IP 地址及子网掩码或前缀即可，如图 9-45 所示。需要说明的是，此处输入的是 IPv4 地址范围中的最低值，然后输入子网掩码，当 IIS 将此子网掩码与“IPv4 地址范围”框中输入的 IPv4 地址一起计算时，就确定了 IPv4 地址空间的上边界和下边界。

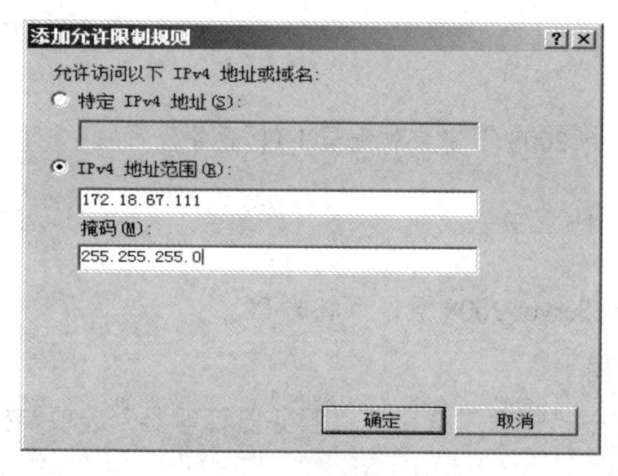

图 9-45　添加 IP 地址段

经过以上设置后，只有添加到允许限制规则列表中的 IP 地址才可以访问 Web 网站，使用其他 IP 地址都不能访问，从而保证了站点的安全。

2) 设置拒绝访问的计算机

拒绝访问和允许访问正好相反。拒绝访问将拒绝一个特定 IP 地址或者拒绝一个 IP 地址段访问 Web 站点。比如，Web 站点对于一般的 IP 都可以访问，只是针对某些 IP 地址或 IP 地址段不开放，就可以使用该功能。具体设置步骤如下：

(1) 打开“编辑 IP 和域限制设置”对话框(见图 9-43)，选择“允许”，使未指定的 IP 地址允许访问 Web 站点。

(2) 单击“添加拒绝条目”超链接，显示如图 9-46 所示的“添加拒绝限制规则”对话框，添加拒绝访问的 IP 地址或者 IP 地址段即可。其操作步骤和原理与“添加允许条目”相同，这里不再重复。

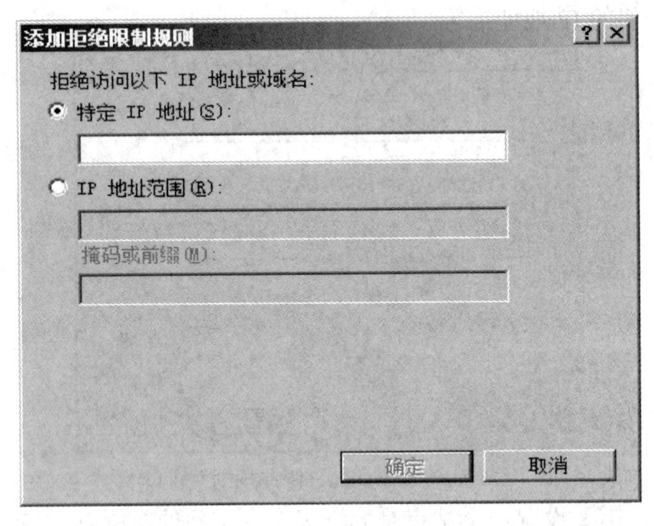

图 9-46　“添加拒绝限制规则”对话框

项目实践三：安装与配置 FTP 服务器

实践目标：

- 在 Windows Server 2008 下安装和配置 FTP 服务。

实践环境：

- 安装有 Windows Server 2008 操作系统的 PC。

1. 安装 FTP 服务器

(1) 单击“开始”→“管理工具”→“服务器管理器”选项，打开如图 9-47 所示的窗口。

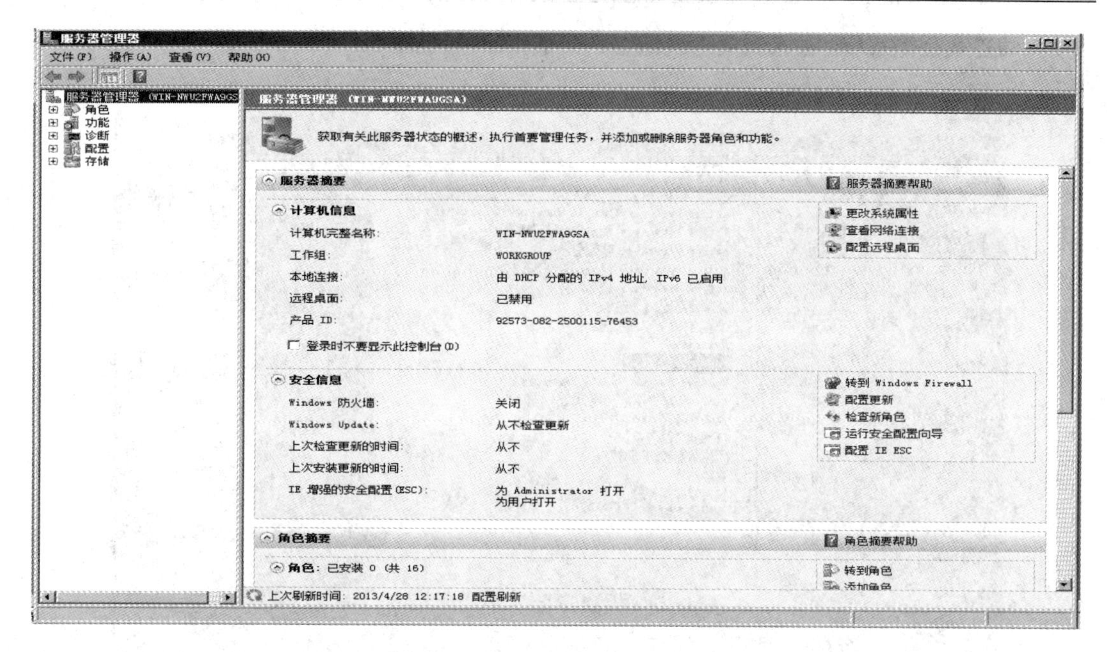

图 9-47　FTP 服务器管理器界面

(2) 单击该窗口左上角的“角色”选项，在窗口右下角点击“添加角色”，打开如图 9-48 所示的“添加角色向导”窗口，然后单击“下一步”按钮。

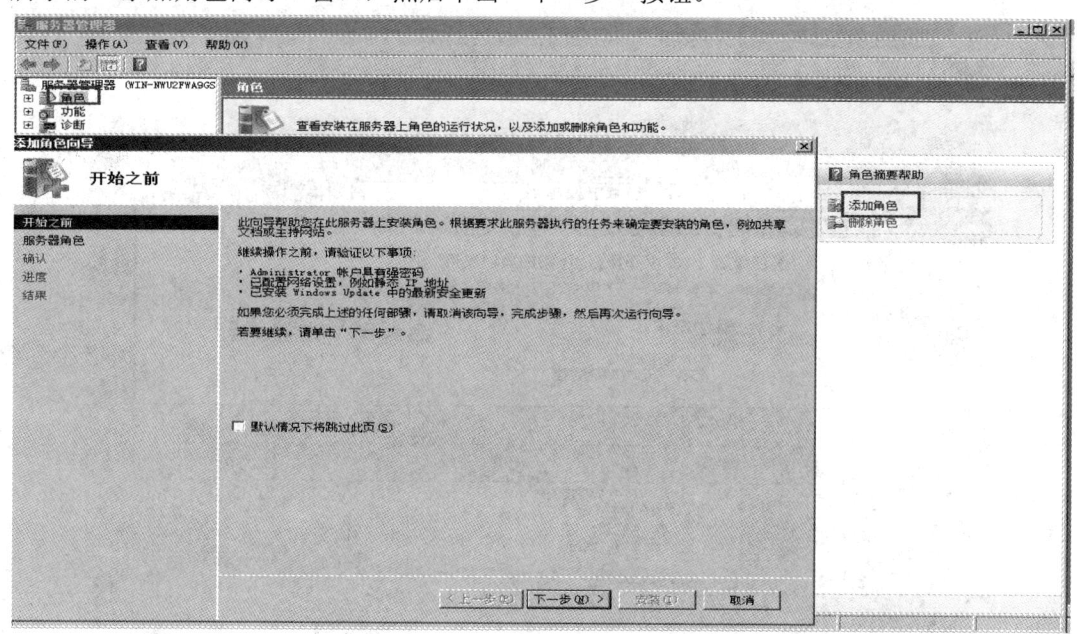

图 9-48　“添加角色向导”窗口

(3) 在添加角色向导中选择“Web 服务器(IIS)”，在弹出的如图 9-49 所示的窗口中选择“添加必需的功能”，则自动关闭该窗口，这时“Web 服务器(IIS)”处于选择状态(见图 9-49)。单击“下一步”按钮，则打开 Web 服务器(IIS)介绍信息界面(见图 9-50)，再单击“下一步”按钮。

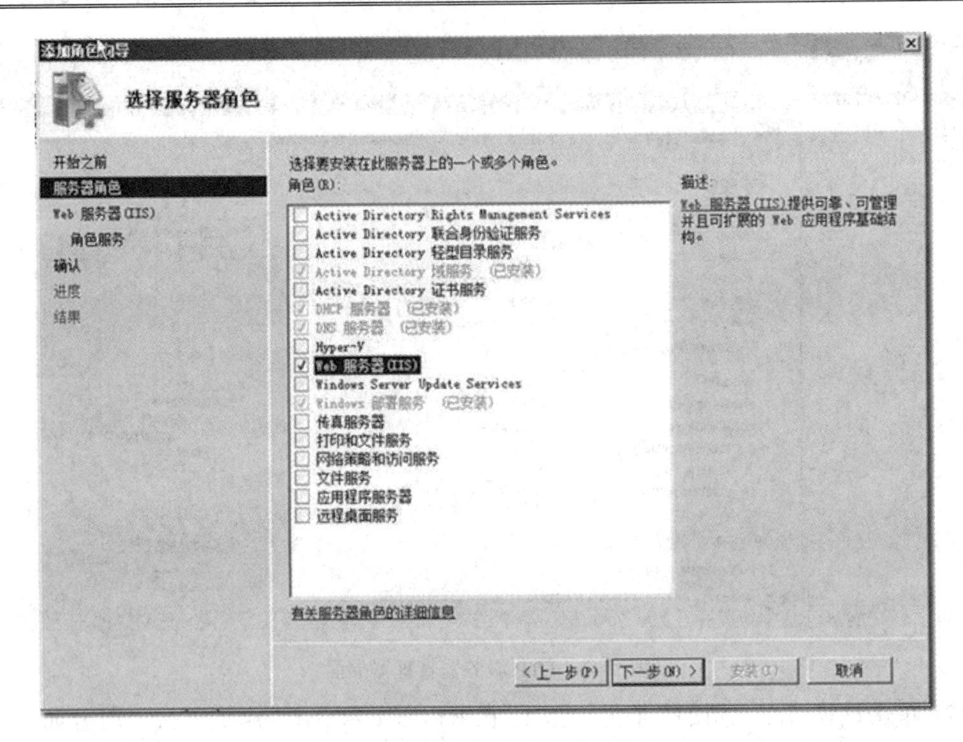

图 9-49　选择“添加必需的功能”

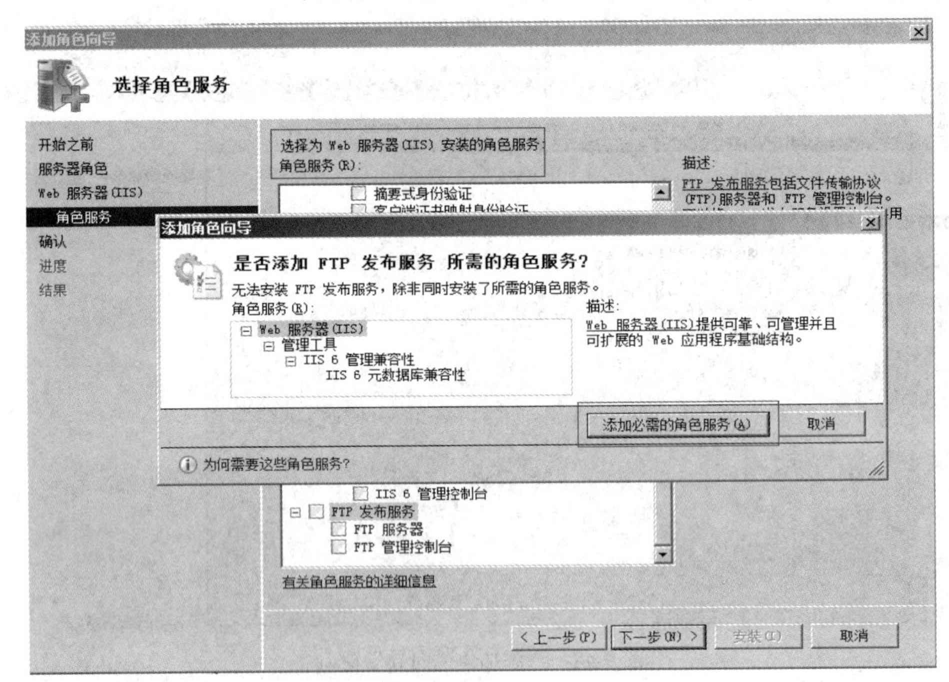

图 9-50　选择“FTP 发布服务”及“添加必需的角色服务”

(4) 在选择角色服务窗口的“选择为 Web 服务器(IIS)安装的角色服务：角色服务”下拉列表中选择“FTP 发布服务”，在弹出的窗口中选择“添加必需的角色服务”，如图 9-50 所示。此时，“FTP 发布服务”处于选中状态，如图 9-51 所示。然后单击“下一步”按钮。

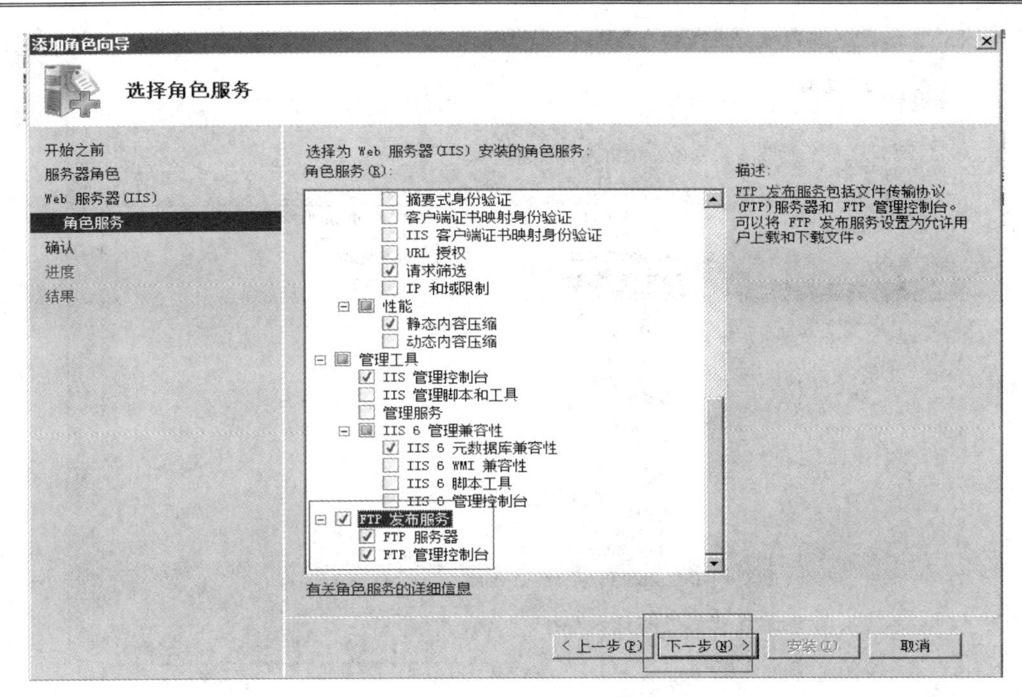

图 9-51　“FTP 发布服务”处于选中状态

(5) 在弹出的“确认安装选择”窗口中单击“安装”按钮。

(6) 开始安装 Web 服务器(IIS)，如图 9-52 所示。

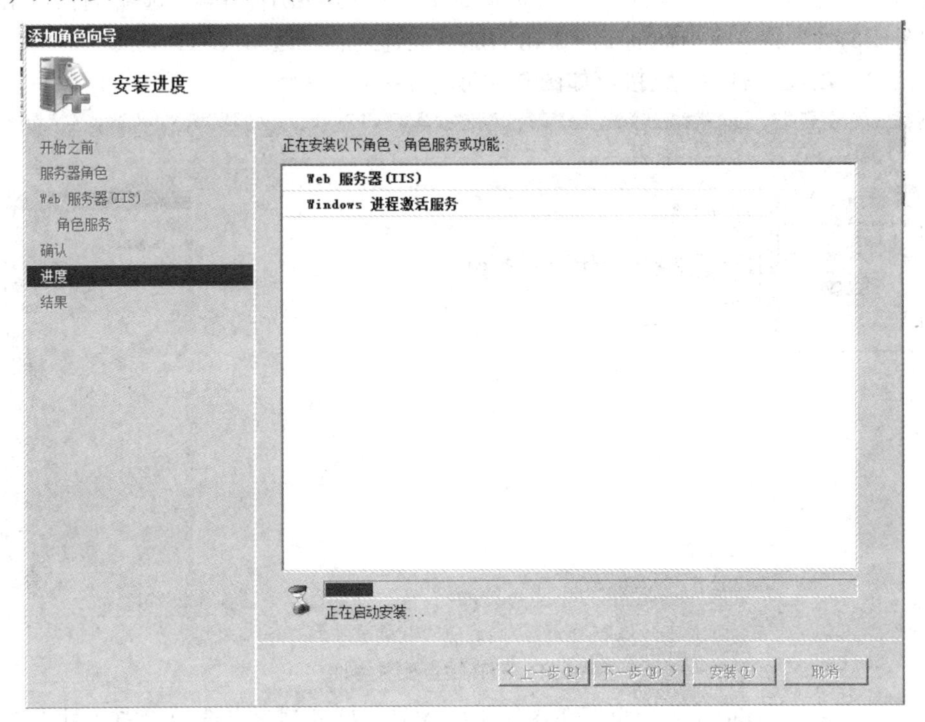

图 9-52　安装进度界面

(7) 安装完毕后的界面如图 9-53 所示，最后单击“关闭”按钮关闭窗口。

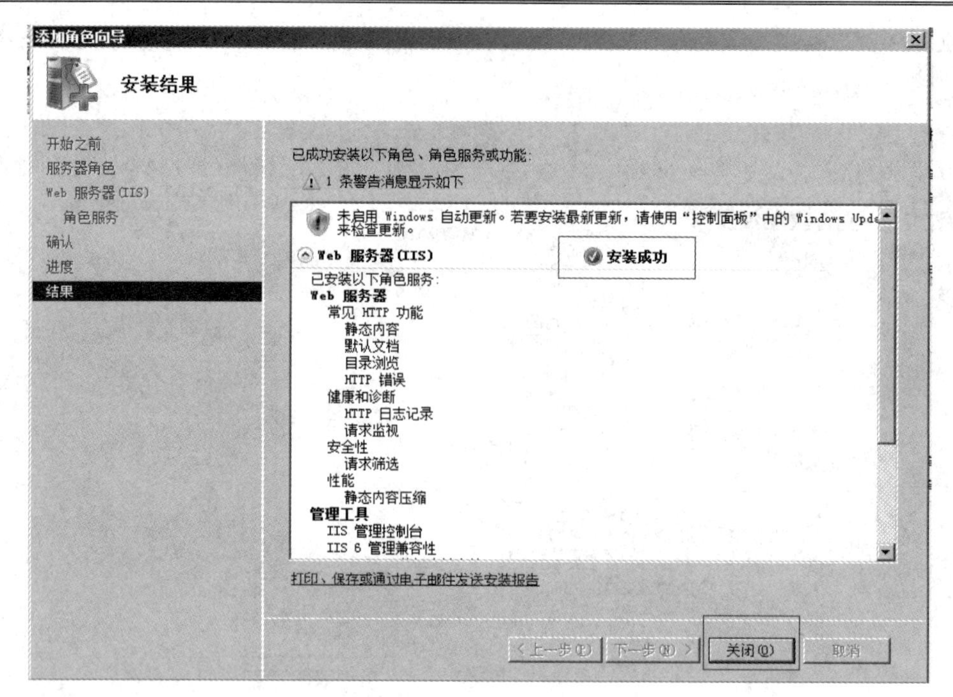

图 9-53　安装成功界面

2. 配置 FTP

(1) 单击“开始”→“管理工具”→“Internet 信息服务(IIS)管理器”选项，打开“Internet 信息服务(IIS)管理器”窗口，单击左上角的加号展开列表，选中“FTP 站点”，再在右侧窗口中单击“单击此处启动”链接，如图 9-54 所示。

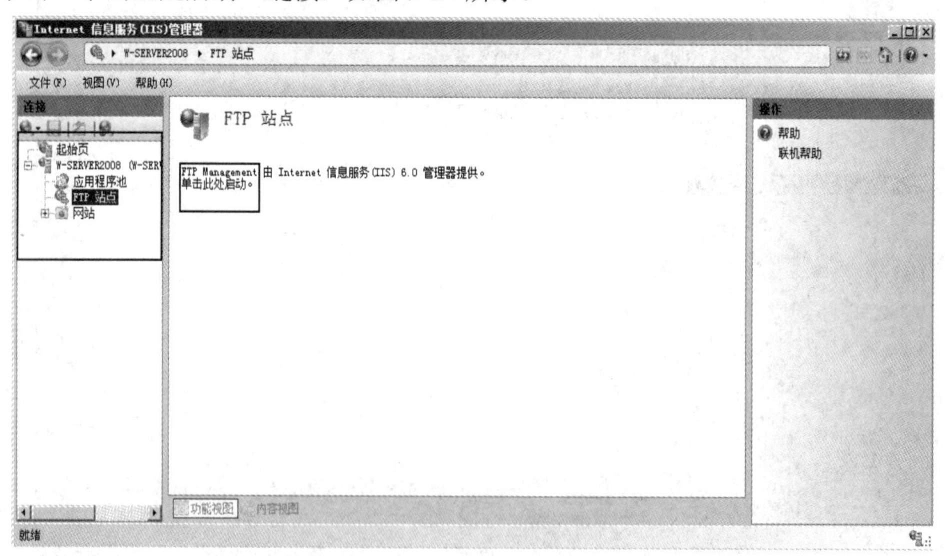

图 9-54　FTP 站点配置界面

(2) 单击左上角 Internet 信息服务图标下的加号，展开列表，选中“FTP 站点”，如图 9-55 所示。右击“FTP 站点”，在快捷菜单中选择“新建”→“FTP 站点”命令，弹出“FTP 站点创建向导”窗口。

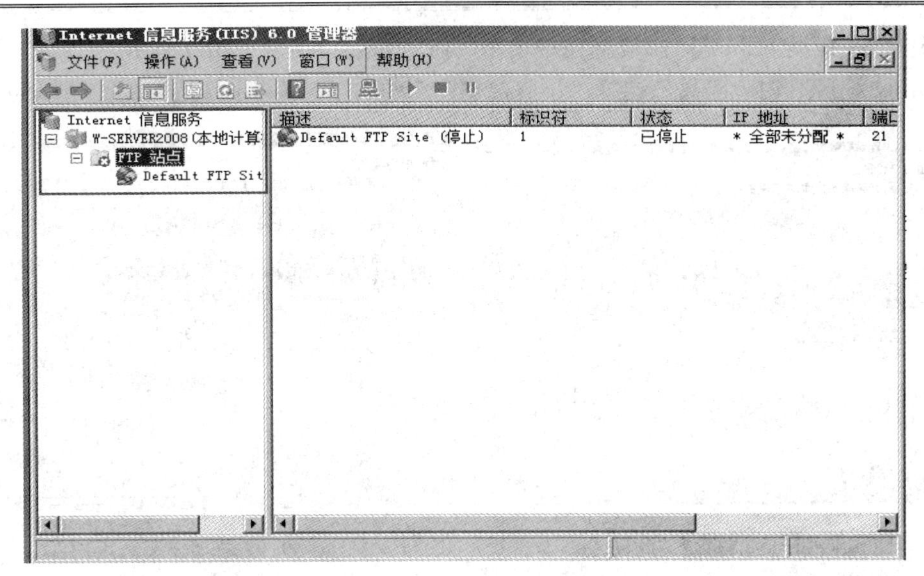

图 9-55　选中“FTP 站点”

(3) 在“FTP 站点创建向导”窗口中单击“下一步”按钮，如图 9-56 所示。

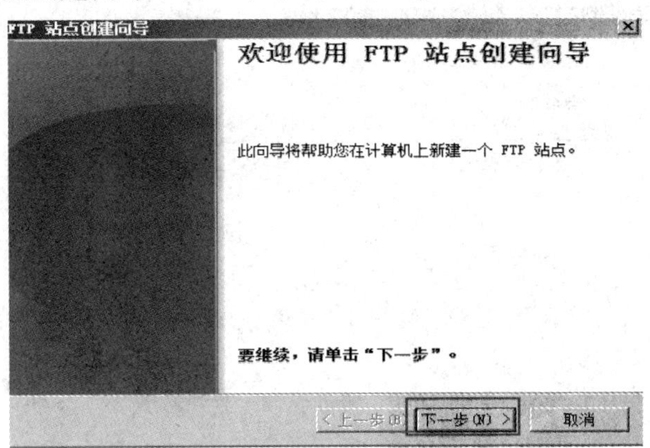

图 9-56　“FTP 站点创建向导”窗口

(4) 设置 FTP 站点描述，设置完毕单击“下一步”按钮，如图 9-57 所示。

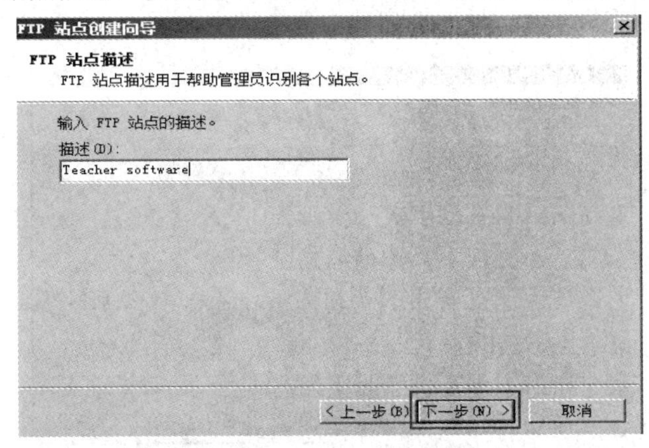

图 9-57　FTP 站点名称设置

(5) 设置IP地址和端口，设置完毕单击“下一步”按钮，如图9-58所示。

(6) 设置FTP用户隔离，选择“不隔离用户”，单击“下一步”按钮，如图9-59所示。

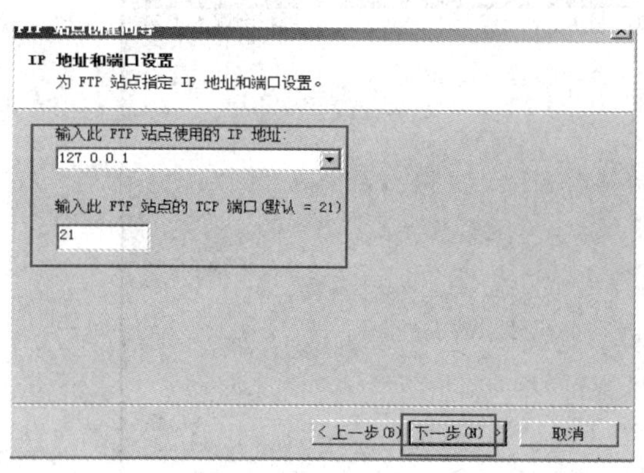

图9-58　IP地址和端口设置

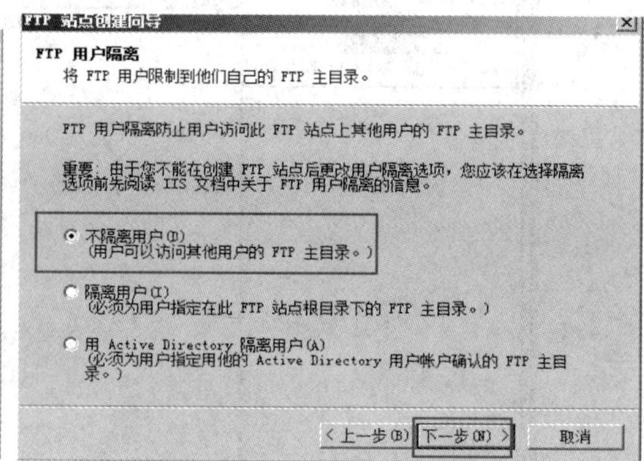

图9-59　选择“不隔离用户”

(7) 设置站点目录，可以直接输入路径(或单击“浏览”按钮选择路径)，设置完毕后单击“下一步”按钮，如图9-60所示。

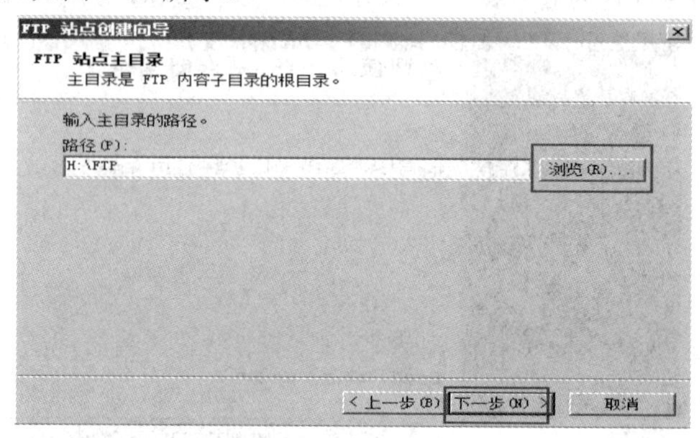

图9-60　设置站点目录

(8) 设置访问权限，这里有“读取”(用户只能访问下载文件)和“写入”(用户可以上传文件)两种选择，一般选择“读取”，如图9-61所示。设置好后单击“下一步”按钮，最后单击“完成”按钮完成安装，同时会启动服务。

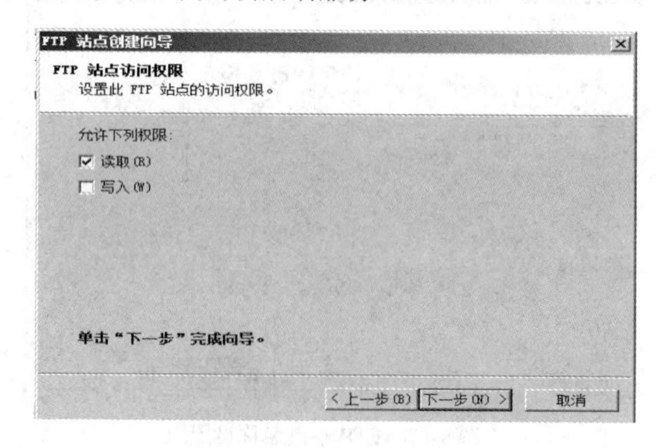

图9-61　设置访问权限

完成以上步骤后，就可以使用自己最喜欢的FTP工具链接相关站点了，要记得输入登录账号，密码就是用户FTP服务器上的账户密码。

项目实践四：安装与配置DHCP服务器

实践目标：

- 认知DHCP服务器并安装配置DHCP服务器。

实践环境：

- 安装有Windows Server 2008的PC一台。

1. 安装DHCP服务器

(1) 执行“开始”→“管理工具”→“服务器管理器”命令，在打开的“服务器管理器”窗口中选择左侧面包板中的“角色”选项，如图9-62所示。

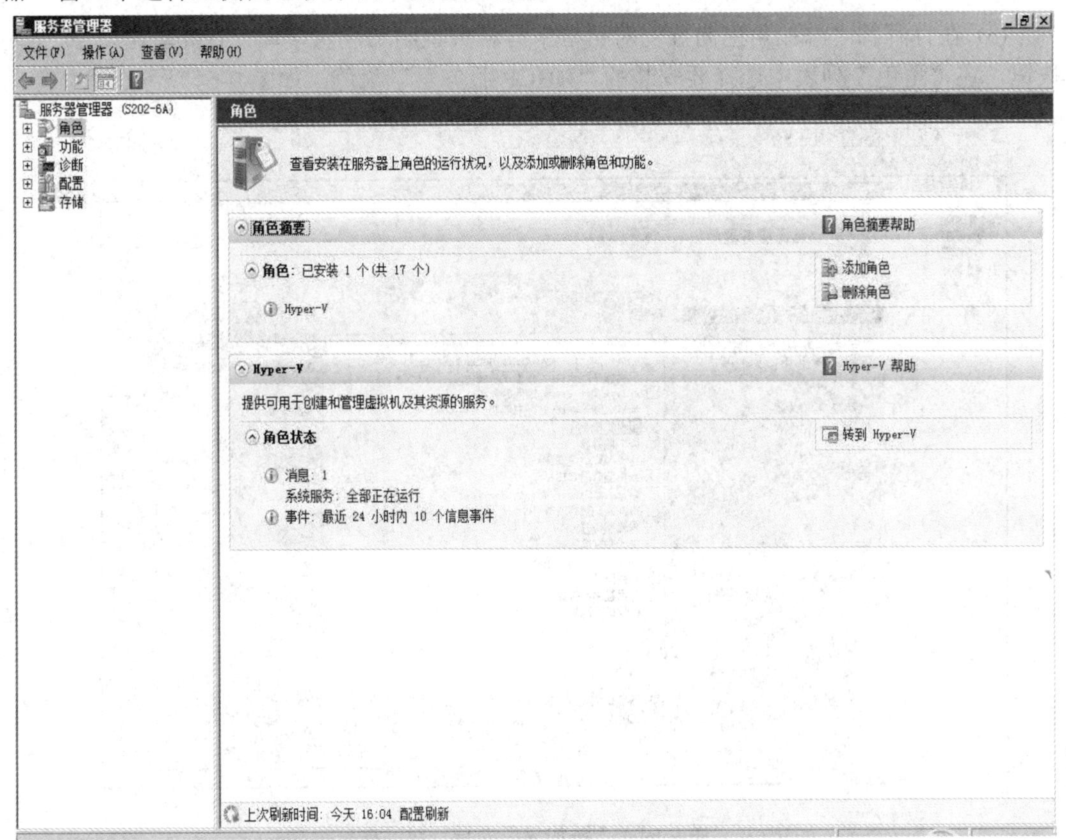

图9-62　DHCP服务器管理界面

(2) 单击图9-62所示窗口右侧面板中的“添加角色”按钮，如图9-63所示。

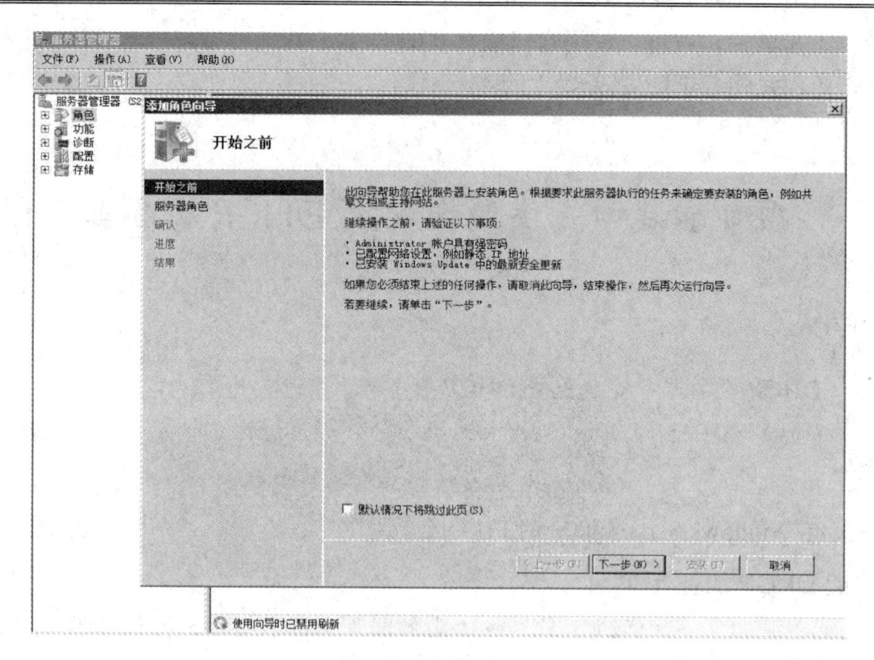

图 9-63　添加角色

(3) 在打开的“添加角色向导”对话框中有相关说明和注意事项，在此单击“下一步”按钮，在“角色”列表中选择要安装的“DHCP 服务器”角色，如图 9-64 所示。

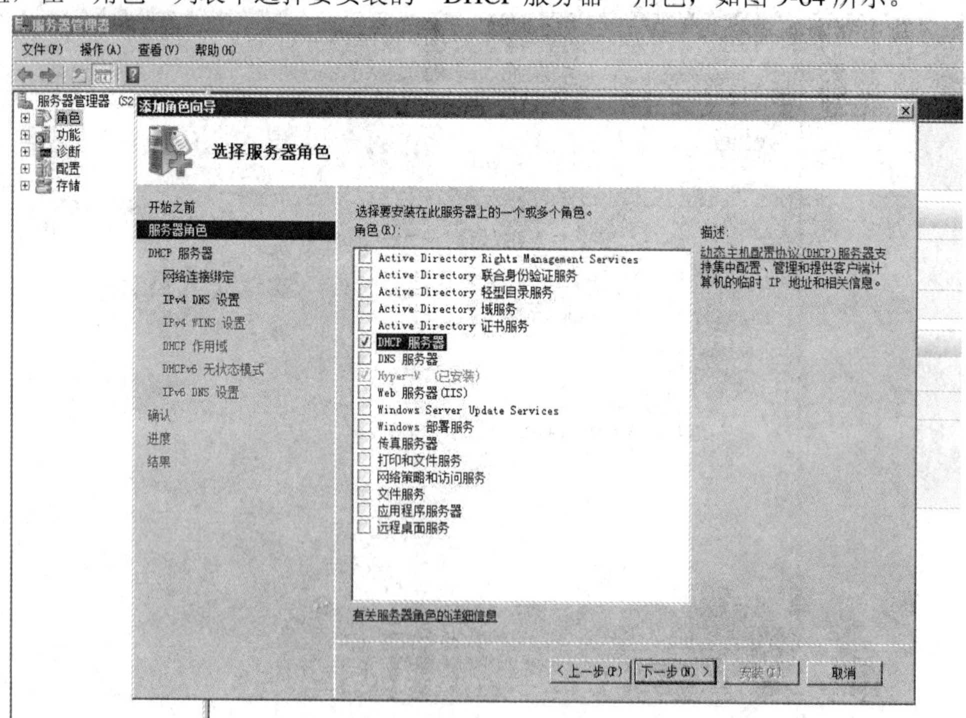

图 9-64　“添加角色向导”对话框

(4) 单击“下一步”按钮，出现“DHCP 服务器”简介和注意事项界面，如图 9-65 所示。

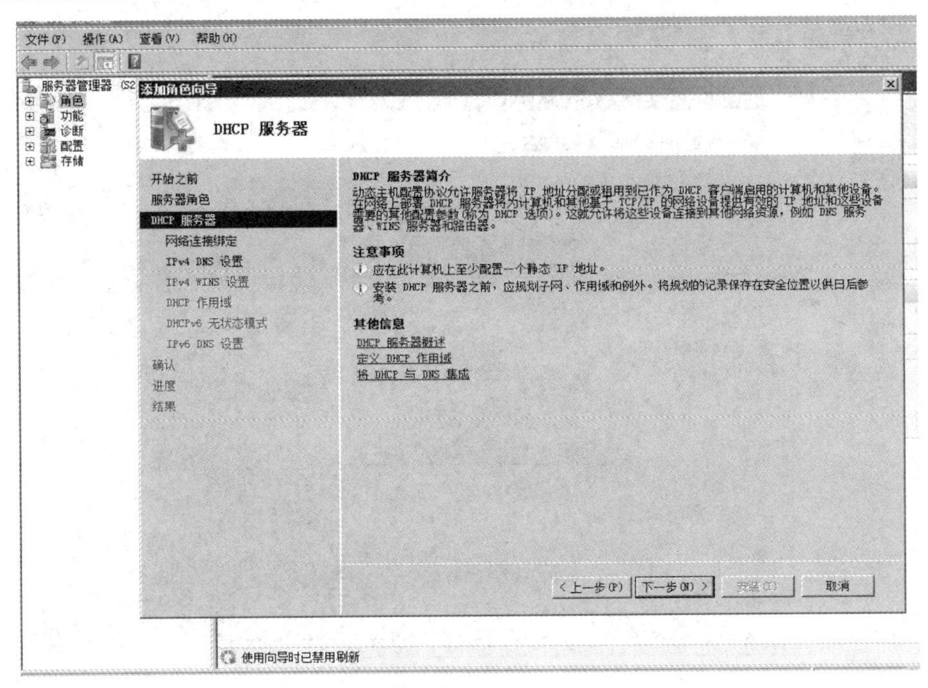

图 9-65　“DHCP 服务器”简介和注意事项界面

(5) 单击“下一步”按钮，出现“选择网络连接绑定”界面，安装程序将检查用户的服务器是否具有静态 IP 地址，如果检测到会显示出来，如图 9-66 所示。

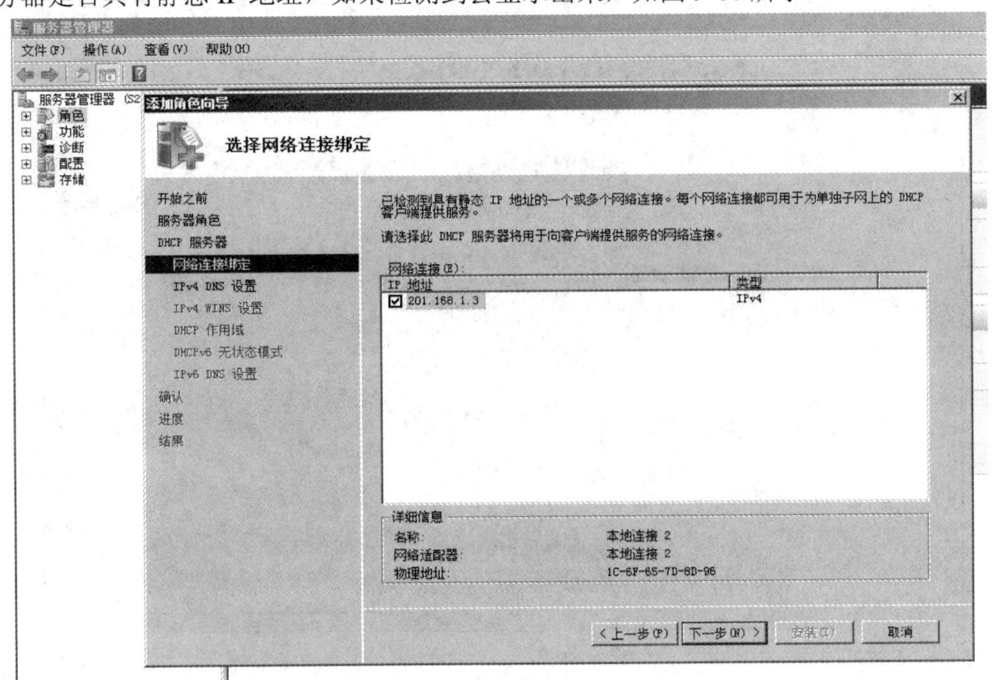

图 9-66　“选择网络连接绑定”界面

(6) 输入域名和 DNS 服务器的 IP 地址。通过 DHCP 与 DNS 集成，当 DHCP 更新 IP 地址信息时，相应的 DNS 更新会将计算机名称到 IP 地址的关联进行同步，如图 9-67 所示。

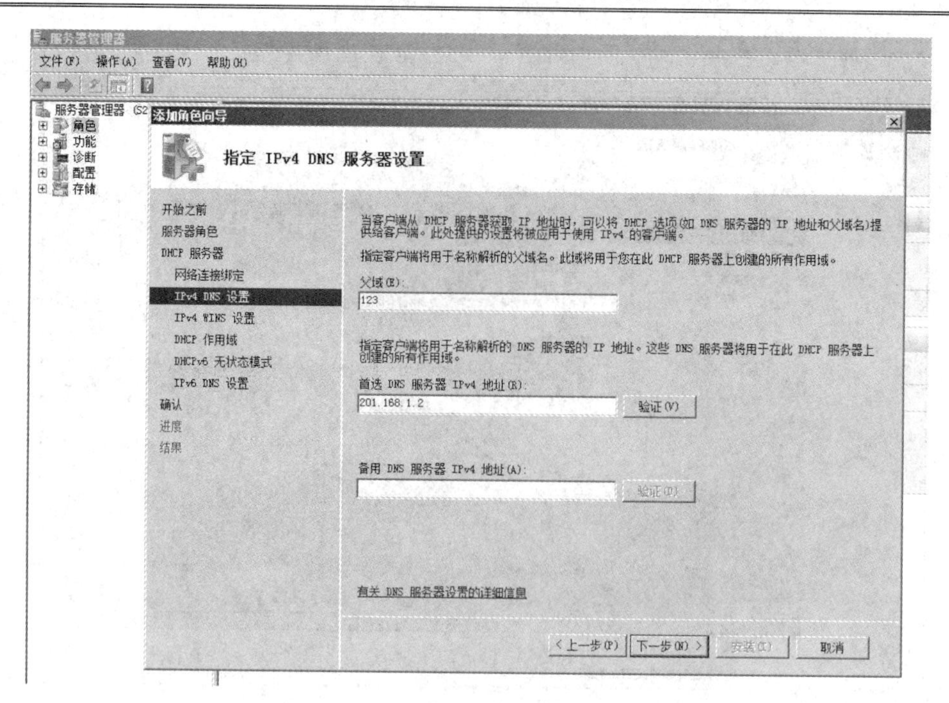

图 9-67　域名和 DNS 服务器的 IP 地址设置

(7) 输入地址后单击“下一步”按钮，接下来指定 IPv4 服务器设置，如图 9-68 所示。

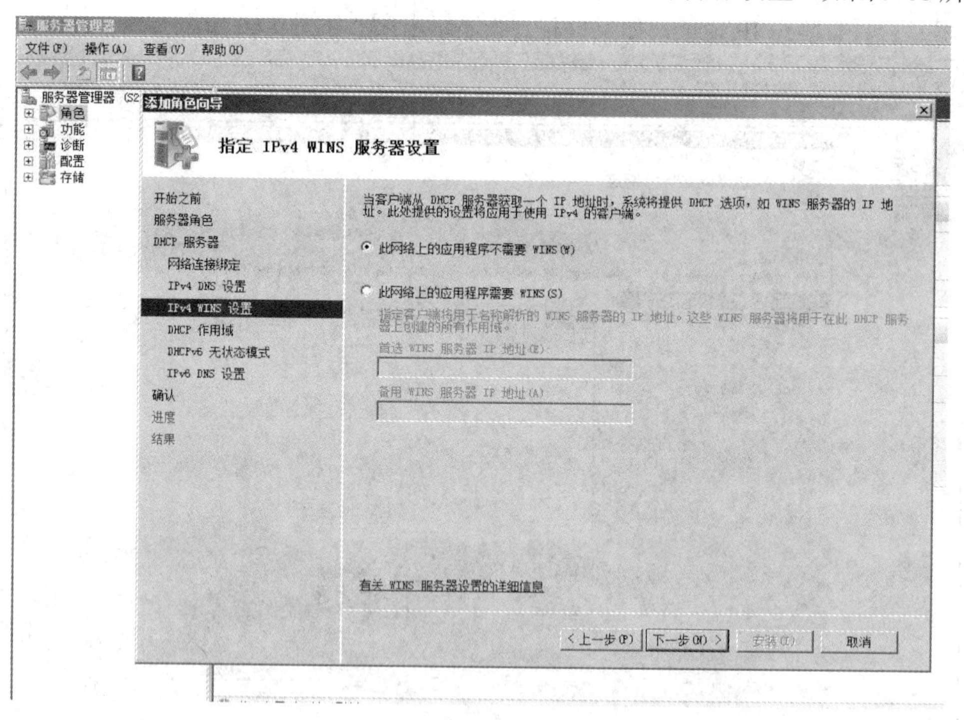

图 9-68　IPv4 服务器设置

(8) 添加或编辑 DHCP 作用域。作用域是为了便于管理而对子网上使用 DHCP 服务的计算机 IP 地址进行的分组。管理员首先为每个物理子网创建一个作用域，然后使用此作用域定义客户端所用的参数，如图 9-69 所示。

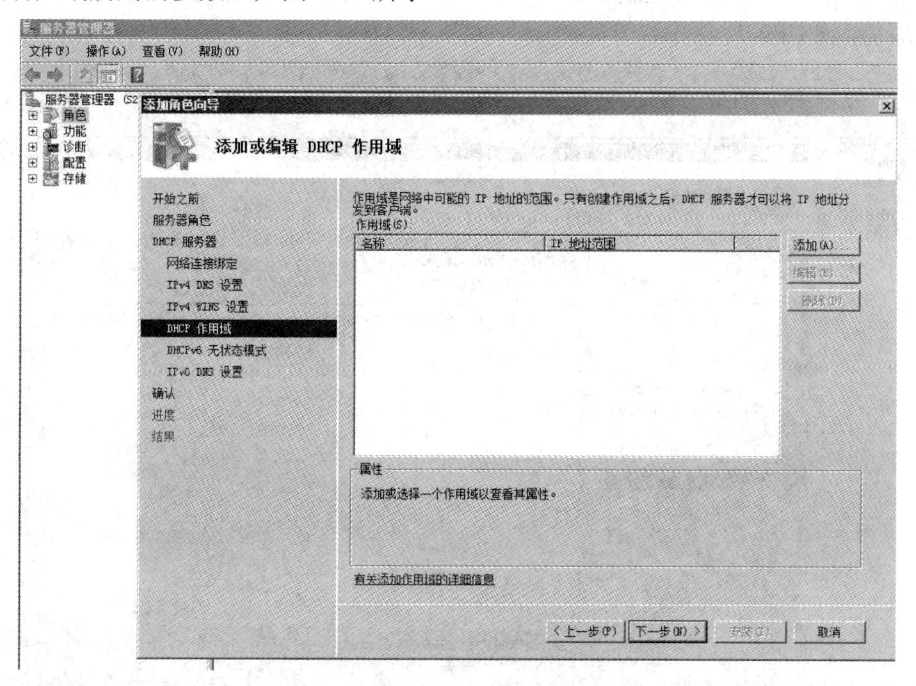

图 9-69　DHCP 作用域设置

(9) 每一个 DHCP 服务器中至少应有一个作用域为一个网段分配 IP 地址，如果要为多个网段分配 IP 地址，就需要在 DHCP 服务器上创建多个作用域，如图 9-70 所示。然后单击“确定”按钮完成作用域的创建。

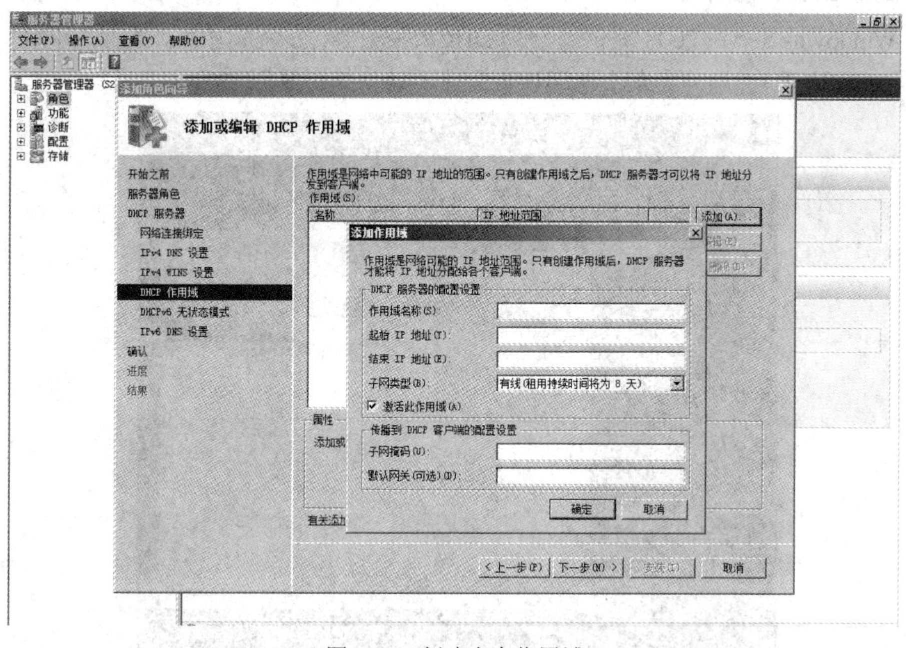

图 9-70　创建多个作用域

(10) 确认安装选择，如果没有问题则单击“安装”按钮开始安装，如果发现设置有问题可以点击“上一步”按钮重新设置。单击“安装”按钮后，开始自动安装。最后提示是否安装成功，如图 9-71 所示。

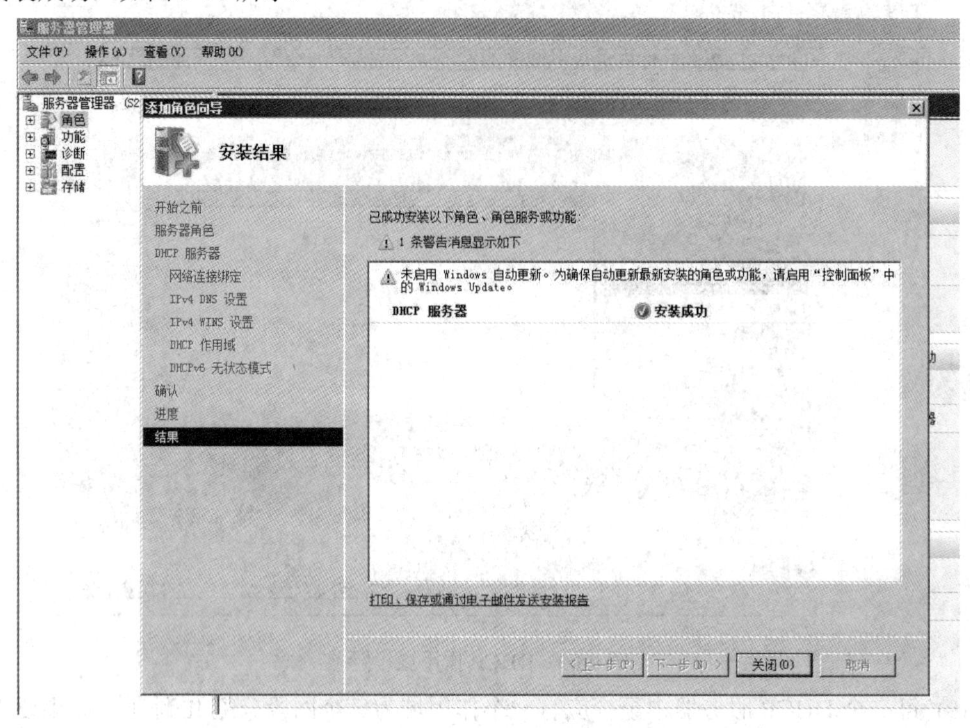

图 9-71　安装完成界面

2. 配置 DHCP 服务器

(1) Windowns Server 2008 提供了一个 DHCP 服务器，安装成功后，执行“开始”→“管理工具”的 DHCP 命令，可以启动 DHCP 管理工具，如图 9-72 所示。

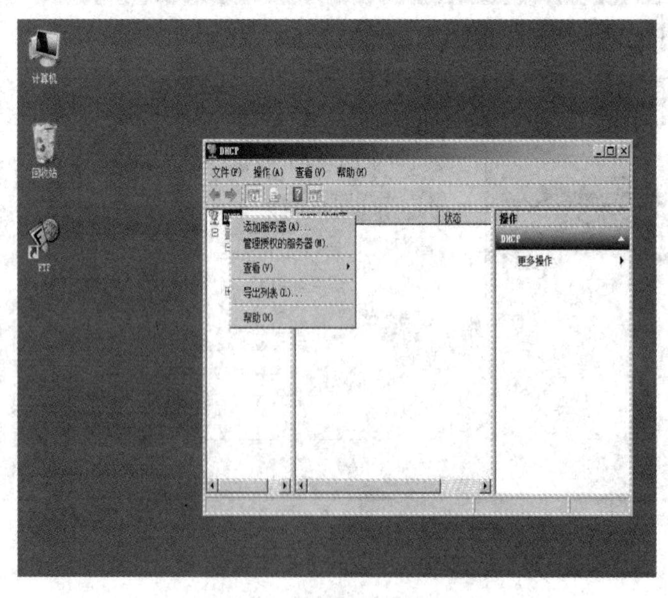

图 9-72　DHCP 管理工具

(2) 如果希望创建新的作业域，只需要右击 IPv4 选择项，然后选择“新建作用域”选项，如图 9-73 所示。

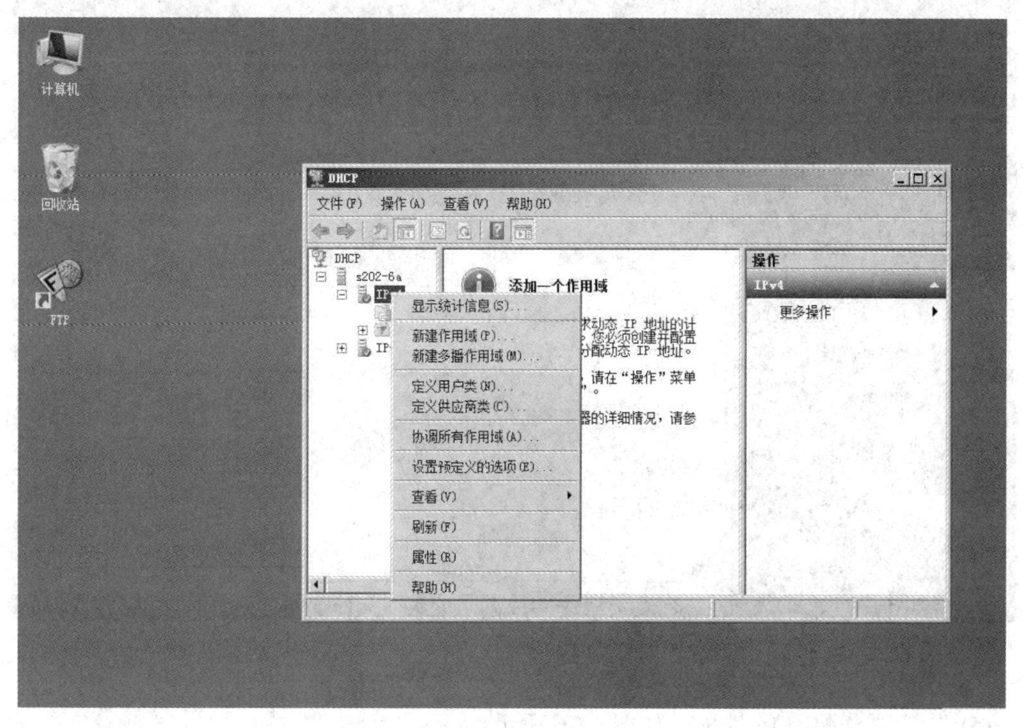

图 9-73　选择“新建作用域”选项

(3) 打开“新建作用域向导”窗口，如图 9-74 所示。

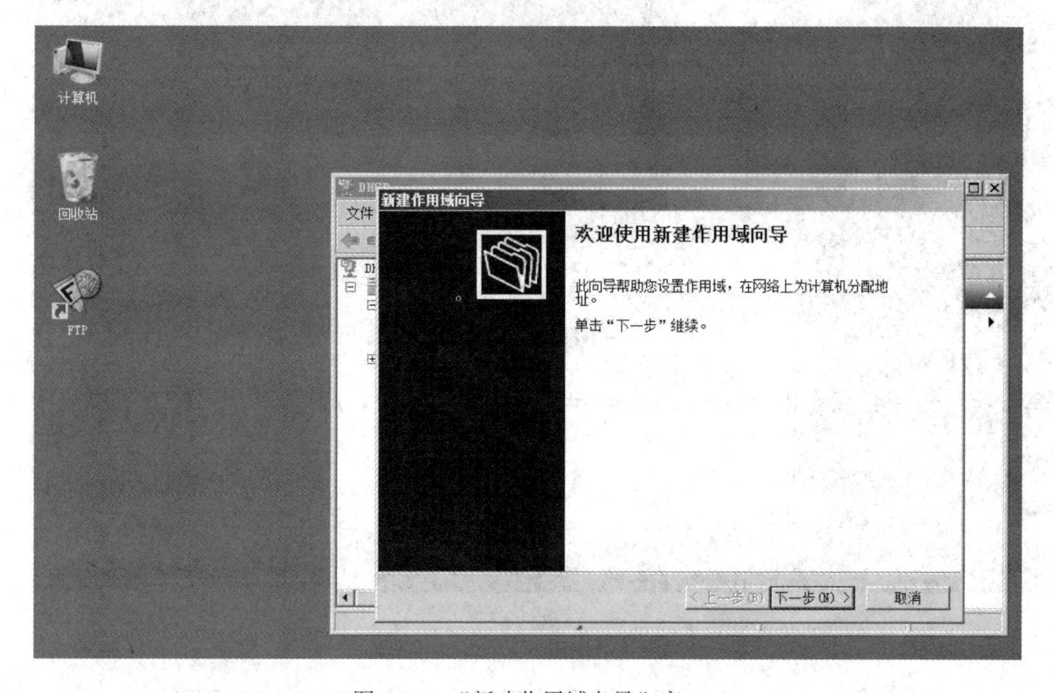

图 9-74　“新建作用域向导”窗口

(4) 单击“下一步”按钮，在“名称”框中输入作用域名称，如图 9-75 所示。

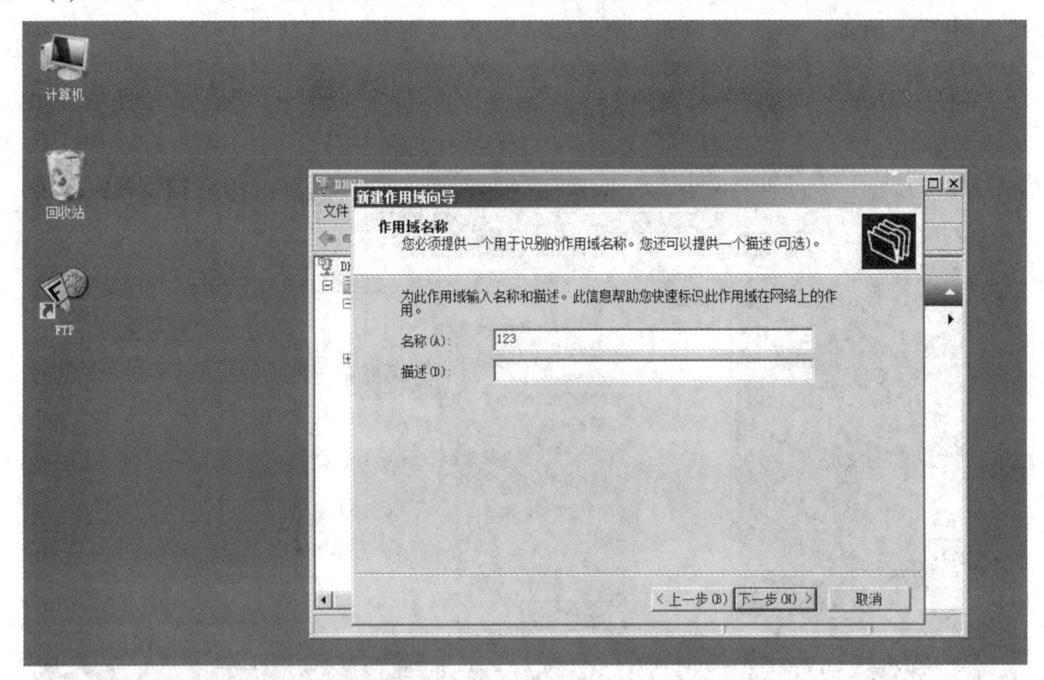

图 9-75　输入作用域名称

(5) 指定要分配的 IP 地址，如图 9-76 所示。

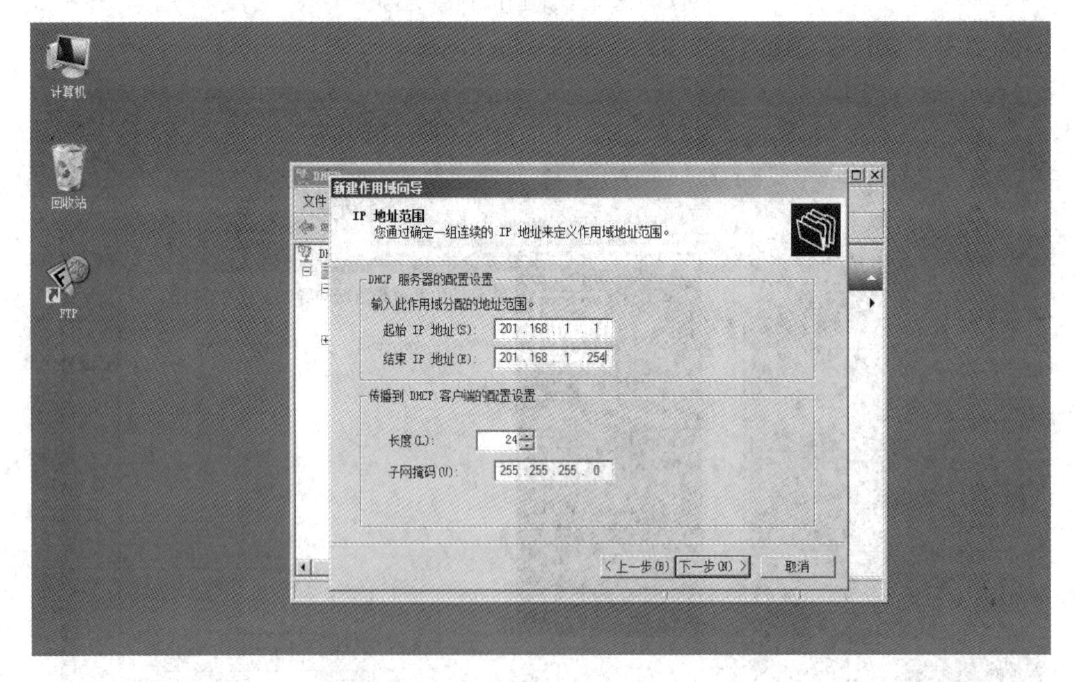

图 9-76　指定要分配的 IP 地址

(6) 单击“下一步”按钮，排除不需要分配的 IP 地址，如图 9-77 所示。

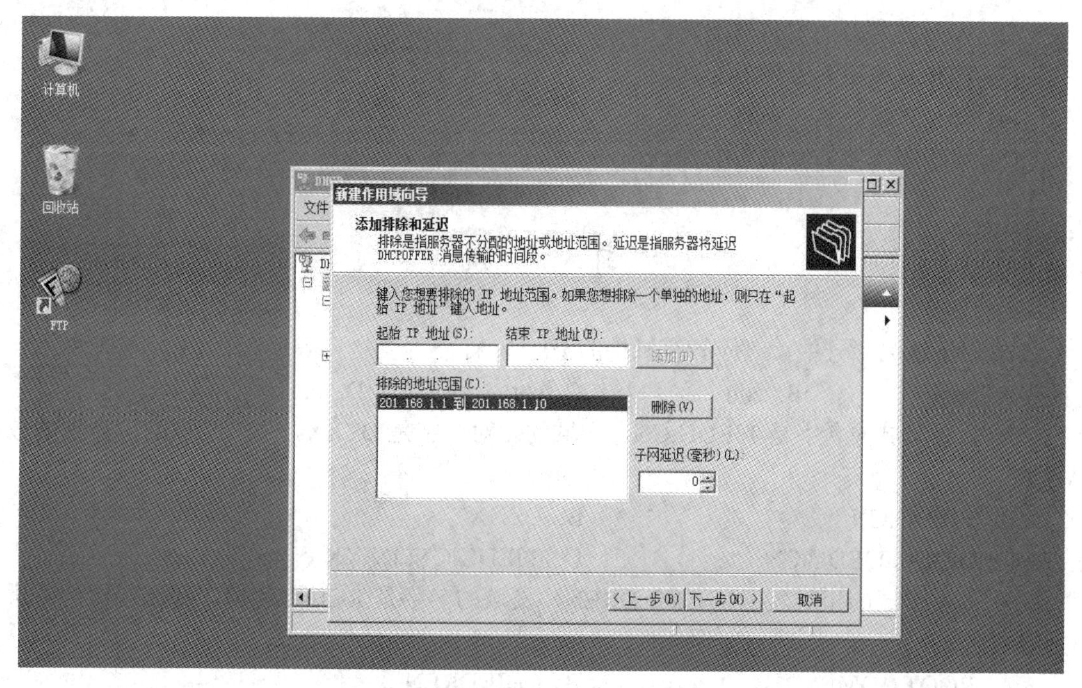

图 9-77　排除不需要分配的 IP 地址

(7) 单击“下一步”按钮，在弹出的窗口中设置租用期限，如图 9-78 所示。

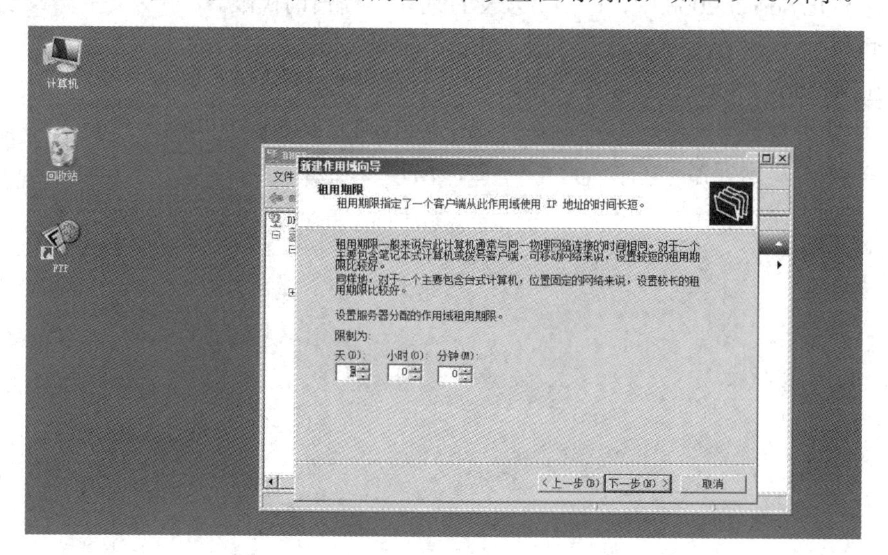

图 9-78　设置租用期限

小　　结

配置网络服务器主要包括以下五个方面的工作：

(1) DNS 服务器的安装与配置；

(2) Web 服务器的安装与配置；
(3) FTP 服务器的安装与配置；
(4) DHCP 服务器的安装与配置；
(5) 终端服务器的安装与配置。

习　　题

1. 以下域名标号中，对应教育机构的是(　　)。

A. com　　B. edu　　C. net　　D. org

2. 如果父域的名字是 TJEDU.CN，子域的相对名字是 DZXX，那么子域的可辨别的域名是(　　)。

A. TJEDU.CN　　B. DZXX
C. DZXX. TJEDU.CN　　D. TJEDU.CN. DZXX

3. 如果子域的相对名字是 CHILDREN，父域的名字是 ROOT.COM，那么子域的可辨别的域名是(　　)。

A. ROOT.COM　　B. CHILDREN
C. CHILDREN. ROOT.COM　　D. ROOT.COM. CHILDREN

4. 在 SQL Server 2008 中，(　　)为表的某列设置查询权限。

A. 可以　　B. 不可以

5. 在 Windows Server 2008 中，使用(　　)可以创建本地用户账户。

A．计算机管理　　B．Active Directory 用户和计算机
C．本地用户管理器　　D．用户管理器

工作情境六

网络安全与维护

项目十　网络的安全与维护

项目引导

本项目以实现计算机网络数据通信安全为目标，以保证网络安全为工作情境，认知网络入侵方式、数据加密技术与防火墙的作用以及实现原理等网络安全知识，最终完成网络管理员岗位两项基本的职业任务——配置防火墙与应用数据加密技术完成数据加密通信。

知识目标：

- 认知用户对网络安全的需求；
- 认知网络入侵使用的攻击手段和方法；
- 认知数据加密技术方法；
- 认知防火墙的作用。

能力目标：

- 实施网络安全策略；
- 配置防火墙；
- 应用数据加密技术。

任务一　认知网络安全

网络安全是指网络系统的硬件、软件及其系统中的数据受到保护，不因偶然的或者恶意的原因而遭受到破坏、更改、泄露，系统连续、可靠、正常地运行，网络服务不中断。网络安全从狭义上来讲就是网络上的信息安全。从广义上说，凡是涉及网络上信息的保密性、完整性、可用性、真实性和可控性的相关技术与理论都是网络安全的研究领域。

一、安全加固个人用户操作系统

通过系统内核加固对用户信息的保密性、完整性、可靠性进行有效的保护，以守住数据安全的最后一道防线，正在成为继应用层网络安全产品之后又一行之有效的技术手段。操作系统内核加固技术是按照国家信息系统安全等级保护实施指南的要求对操作系统内核实施保护，对网络中的不安全因素实现“有效控制”，从而构建一个具有“安全内核”的操作系统，使“加固”后的操作系统的安全等级能够符合国家信息安全第三级及三级以上的主要功能要求。

图 10-1 所示为网络数据通信过程示意图。

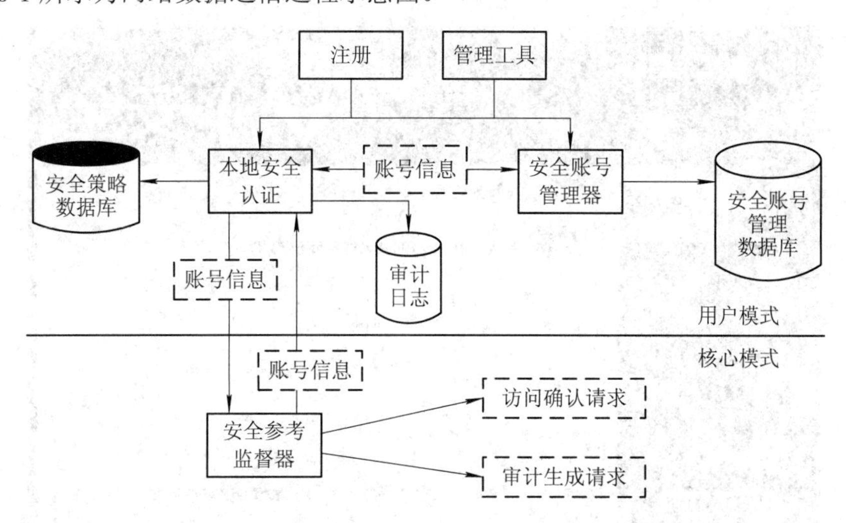

图 10-1　网络数据通信过程示意图

操作系统内核加固技术与基于网络和应用层防护的安全产品不同，它是基于主机和终端的系统内核级安全加固防护，通过采用强制访问控制、强认证(身份鉴别)和分权管理的安全策略，作用范围从系统内核层一直延伸到应用层，可以有效覆盖其他安全技术产品的防护盲区，弥补防护上的不足。操作系统内核加固技术通过对信息安全的最底层操作系统内核层进行防护，保证整个信息安全系统最底层的安全，成为信息安全的最后一道防线，完善了目前信息安全体系中欠缺的最基础也是最重要的一环。因此，在网络中部署操作系统内核加固技术产品是十分重要的。以下是个人操作系统安全加固措施：

(1) 慎用软件、光盘、U 盘、移动硬盘等移动存储介质；

(2) 不要轻易打开电子邮件中的附件；

(3) 浏览网页(特别是个人网页)时要谨慎；

(4) 使用免费、共享软件时要注意先查毒；

(5) 系统账户不要轻易使用空口令或弱密码；

(6) 使用共享文件夹要谨慎；

(7) 系统补丁更新要及时；

(8) 选用并正确使用反病毒软件；

(9) 选用安全的浏览器；

(10) 防御 U 盘病毒；

(11) 防御 APR 欺骗。

二、使用杀毒软件完成病毒防治

杀毒软件也称反病毒软件或防毒软件，是用于消除电脑病毒、木马和恶意软件等计算机威胁的一类软件。杀毒软件通常集成监控识别、病毒扫描和清除以及自动升级等功能，有的杀毒软件还带有数据恢复等功能，是计算机防御系统(包含杀毒软件、防火墙、特洛伊木马和其他恶意软件的查杀程序、入侵预防系统等)的重要组成部分。

图 10-2 所示为瑞星杀毒软件的主界面。

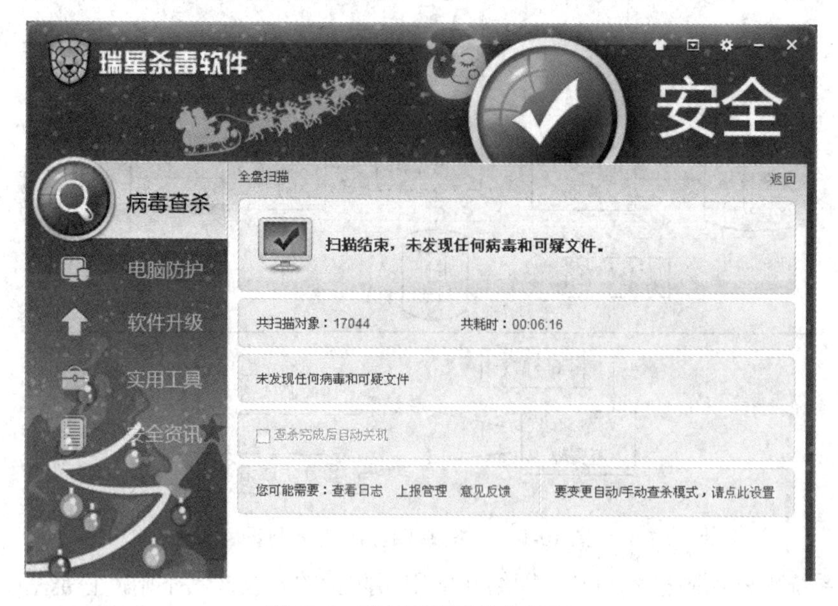

图 10-2　瑞星杀毒软件主界面

1. 杀毒软件的任务

杀毒软件的任务是实时监控和扫描磁盘。部分杀毒软件通过在系统中添加驱动程序的方式进驻系统，并且随操作系统启动。大部分杀毒软件还具有防火墙功能。

2. 杀毒软件的杀毒原理

杀毒软件的实时监控方式因软件而异。有的杀毒软件通过在内存里划分一部分空间，将电脑里流过内存的数据与杀毒软件自身所带的病毒库(包含病毒定义)的特征码相比较，以判断是否为病毒。另一些杀毒软件则在所划分到的内存空间里面，虚拟执行系统或用户提交的程序，根据其行为或结果作出判断。而扫描磁盘的方式则和上面提到的实时监控的第一种工作方式一样，只是杀毒软件会将磁盘上所有的文件(或者用户自定义的扫描范围内的文件)做一次检查。

3. 杀毒软件的特点

杀毒软件具有如下共同的特点：

(1) 杀毒软件不可能查杀所有病毒。

(2) 杀毒软件能查到的病毒不一定都能杀掉。

(3) 一台电脑每个操作系统下不能同时安装两套或两套以上的杀毒软件(除非有兼容或绿色版，其实很多杀毒软件的兼容性很好，国产杀毒软件几乎不用担心兼容性问题)。

(4) 杀毒软件对被感染的文件杀毒有多种方式。

① 清除：清除被蠕虫感染的文件，清除后文件恢复正常。这就相当于，如果人生病，则“清除”是指给这个人治病，“删除”则是指人生病后直接杀死。

② 删除：删除病毒文件。这类文件不是被感染的文件，本身就含毒，无法清除，可以删除。

③ 禁止访问：禁止访问病毒文件。在发现病毒后用户如选择不处理则杀毒软件可能将病毒禁止访问。用户打开病毒文件时会弹出错误提示“该文件不是有效的 Win32 文件”。

④ 隔离：病毒删除后转移到隔离区。用户可以从隔离区找回删除的文件。隔离区的文件不能运行。

⑤ 不处理：不处理该病毒。如果用户暂时不知道是不是病毒可以暂时先不处理。

(5) 大部分杀毒软件是滞后于计算机病毒的(像微点之类的第三代杀毒软件可以查杀未知病毒，但仍需升级)。所以，除了及时更新升级软件版本和定期扫描，还要注意充实自己的计算机安全及网络安全知识，做到不随意打开陌生的文件或者不安全的网页，不浏览不健康的站点，注意更新自己的隐私密码，配套使用安全助手与个人防火墙等，这样才能更好地维护好自己的电脑以及网络安全。

4. 杀毒软件的安装

安装杀毒软件是最好的病毒防范和清除措施，它可以让计算机避免很多问题的产生。例如，在服务器中上传的网站程序如果含有木马，则会立即被检查出来并拒绝在服务器中扎根。下面以安装瑞星杀毒软件 2013 版为例来介绍杀毒软件的安装过程。瑞星杀毒软件 2013 版是基于新一代虚拟机脱壳引擎、采用三层主动防御策略开发的新一代信息安全产品，其安装步骤如下：

(1) 启动安装程序。先把瑞星杀毒软件下载版安装程序保存到用户电脑中的指定目录，再找到该目录，双击运行安装程序即可启动瑞星杀毒软件安装程序，如图 10-3 所示。安装程序启动完成后会弹出“最终用户许可协议”对话框，阅读协议后单击“我接受”单选按钮，如图 10-4 所示。然后单击“下一步”按钮，接下来会给出安装提示，用户只要按照相应提示就可以轻松进行安装了。

图 10-3　启动瑞星杀毒软件安装程序

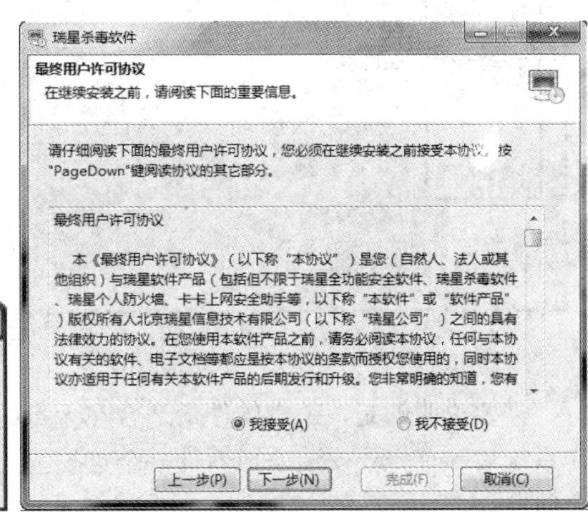

图 10-4　接受用户许可协议

(2) 完成安装，当软件安装成功后会出现“结束”对话框，默认是启动“运行设置向导”、“运行瑞星杀毒软件主程序”和“运行监控中心”，如图 10-5 所示。当用户点击“完成”按钮后，就完成了整个瑞星杀毒软件下载版的安装，这时会自动运行设置向导，按照自己的需求进行每一项的具体设置，然后单击“下一步”按钮完成各项设置。(用户也可以通过打钩的方法，自行改变要启动的程序。)

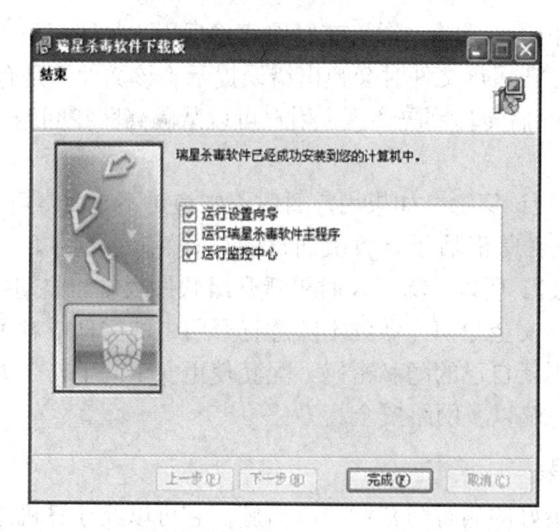

图 10-5　杀毒软件完成安装

(3) 输入产品序列号和用户 ID，启动杀毒软件，当出现如图 10-6 所示的窗口后，在相应位置输入用户购买杀毒软件时获得的产品序列号和用户 ID，单击“确定”按钮，通过验证后则会提示“您的瑞星杀毒软件现在可以正常使用”，如图 10-7 所示。

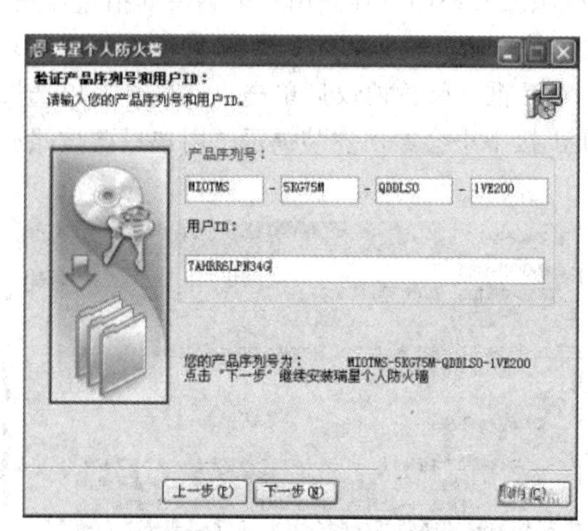

图 10-6　输入产品序列号和用户 ID

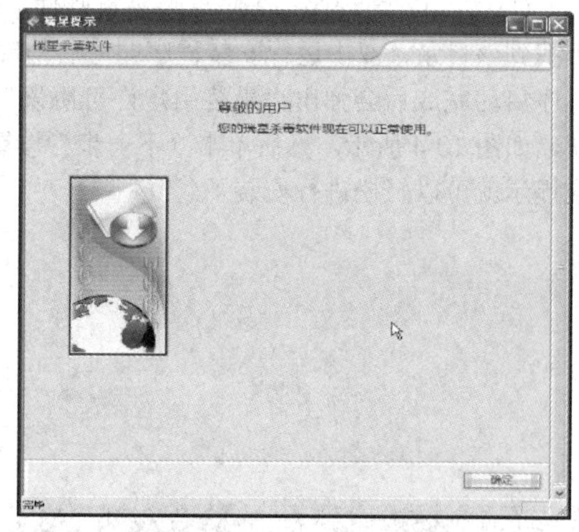

图 10-7　注册完成

需要说明的是，杀毒软件最适合在无毒的环境中安装，这样的防御效果最好。安装操作系统后，首先要安装杀毒软件并全盘扫描，接着再创建或复制数据。这里要解释以下两个问题：

第一个问题是：为什么杀毒软件本身也会中毒？例如，因为病毒感染了病毒库文件，导致杀毒软件已经无法进行病毒库的更新操作了。其原因如下：

① 如果电脑中已经感染了病毒，那么“自我保护”功能不强的杀毒软件就会立即被感染。

② 杀毒软件如果长期没有进行病毒库的更新，那么其对病毒的识别能力就会大大下降，一旦发生把“病毒当好人”的情况，自然就会中招。

③ 杀毒软件主要是针对病毒进行设计的，它在防黑方面的功能往往还有所欠缺。如果黑客成功入侵了电脑，那么只需暂时停用杀毒软件，就可以在 Win7 系统中为所欲为了。

第二个问题是：为什么安装了杀毒软件，电脑还会中毒？其原因如下：

① 杀毒软件如果“杀毒本领不强”，那么反被病毒所杀也就可以理解了。连自身都不能保证安全的杀毒软件，肯定不能保护系统的安全。

② 杀毒软件如果长期不更新病毒库，对新病毒就不能及时地识别出来，自然就会对新病毒的传播“睁一只眼闭一只眼了”。

③ 病毒如果“伪装”技术太好，那么杀毒软件也有可能被“蒙骗”。例如，病毒将自身的源代码进行加密处理、对自身进行加充处理、修改入门点防止杀毒软件进行特征码对比，等等。

除了使用杀毒软件外，对于病毒的防范还要抓住一个关键——新病毒在出现后，绝大多数用户都还没有立即中招。因此，应及时做出预防措施，对新病毒有所了解并尽可能立即采取防护措施。

5. 杀毒软件的使用

安装瑞星杀毒软件下载版成功后建议立即智能升级软件至最新版本，并进行全盘查杀。建议下载最新版用户手册并仔细阅读，了解各项设置和功能。

1) 杀毒软件智能升级

当瑞星杀毒软件下载版安装完成后，可以通过以下三种方法启动升级程序。

方法一：进入瑞星杀毒软件下载版主界面，单击下方的“升级”按钮进行智能升级，如图 10-8 所示。

图 10-8　升级杀毒软件

方法二：单击瑞星杀毒软件下载版“实时监控”(绿色小伞)图标，在弹出的菜单中选择“启动智能升级”命令，如图 10-9 所示。

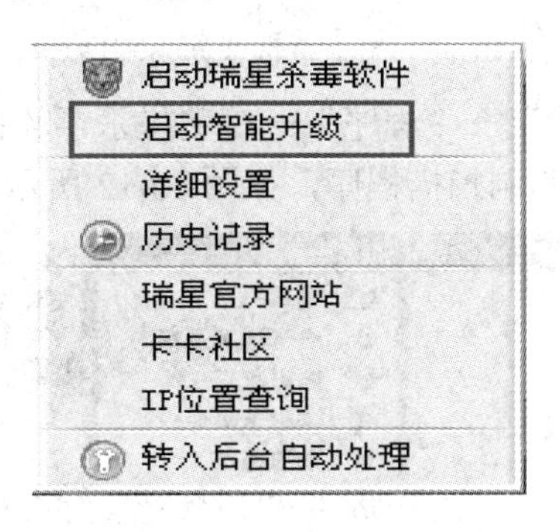

图 10-9　启动智能升级

方法三：在操作系统开始菜单的程序中找到瑞星杀毒软件下载版，然后在里面找到“升级程序”，单击即可进行瑞星杀毒软件下载版的智能升级，如图 10-10 所示。

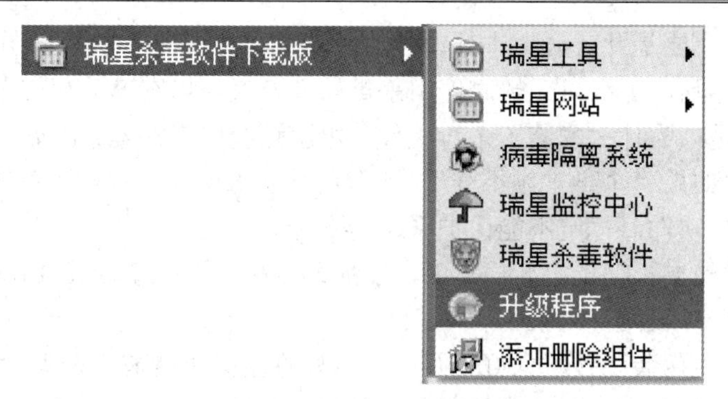

图 10-10　启用升级程序更新杀毒软件

2) 进行系统漏洞扫描

应经常进行系统漏洞扫描，获取系统漏洞的补丁包，进行系统漏洞的更新。瑞星漏洞扫描是对 Windows 系统存在的“系统漏洞”和“安全设置缺陷”进行检查，并提供相应的补丁下载和安全设置缺陷修补的工具。

(1) 启动漏洞扫描。启动瑞星漏洞扫描的方法有以下两种：

方法一：在瑞星杀毒软件下载版主程序界面中，依次选择“工具列表”→“漏洞扫描”→“运行”，如图 10-11 所示。

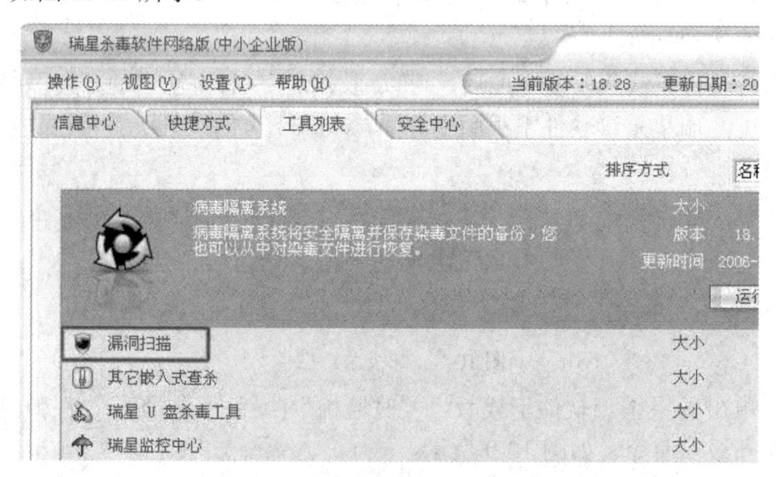

图 10-11　瑞星杀毒软件主程序界面

方法二：依次选择“开始”→“程序”→“瑞星杀毒软件下载版”→“瑞星工具”→“瑞星漏洞扫描”，启动系统漏洞扫描程序，如图 10-12 所示。

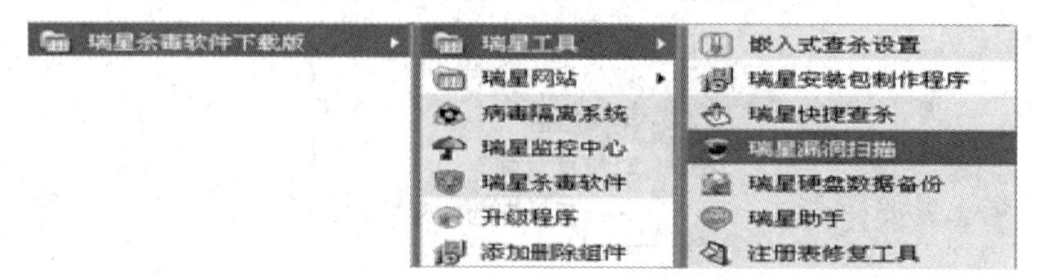

图 10-12　启动系统漏洞扫描程序

(2) 使用漏洞扫描。勾选“安全漏洞”和“安全设置”选项，单击“开始扫描”进行系统漏洞扫描，如图 10-13 所示。

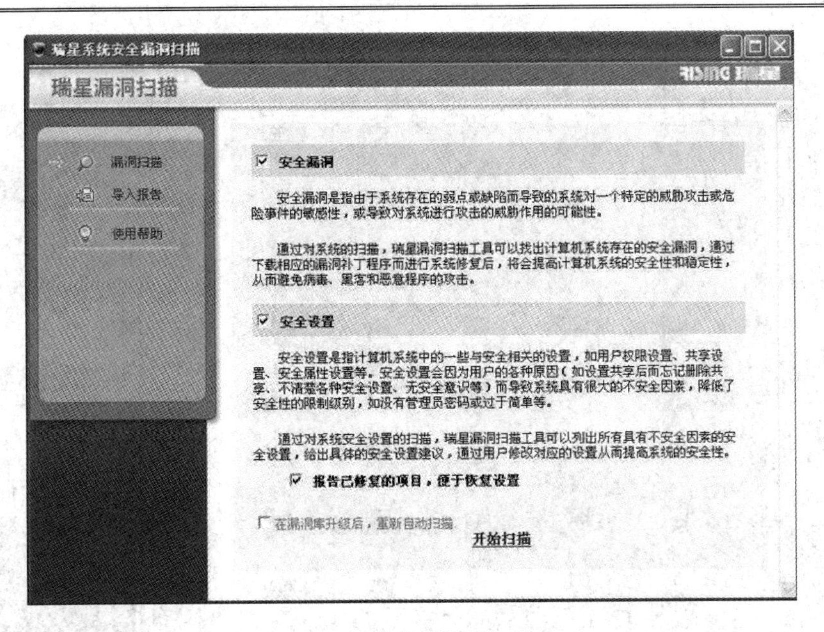

图 10-13 使用漏洞扫描

(3) 阅读扫描报告。扫描结束自动显示扫描报告，内容包括扫描时间、发现的安全漏洞、未修复的安全设置等。单击“查看详细”，可以分别查看安全漏洞和未修复的安全设置的详细信息。

(4) 安全漏洞的修复。选择“扫描报告”→“发现的安全漏洞”→“查看详细”选项可以查看详细的安全漏洞信息，也可直接进入“安全漏洞”页进行查看。

(5) “安全设置”漏洞的修复。选择“扫描报告”→“未修复的安全设置”→“查看详细”选项可以查看详细的安全设置信息，也可直接进入“安全设置”页进行查看。

(6) 进行漏洞的更新。当漏洞信息的相关补丁文件下载到本地后，可以直接运行补丁文件，进行系统文件的更新。在更新的过程中更新程序可能要求重新启动计算机，这些步骤都是微软公司根据补丁程序的需要进行的必要操作。

(7) “安全设置”漏洞的修复。对由于用户的设置而造成的系统的安全隐患，漏洞扫描已经给出了相应的解释，对于某些设置，漏洞扫描是可以进行自动修复的，而对无法自动修复的设置，则需要用户的参与。例如，不安全的共享、过多的管理员账号、系统管理员账号的密码为空等情况需要用户手动更改解决。

任务二 认知网络管理

网络管理是指对网络运行的状态进行监测和控制，使其能够有效、可靠、安全、经济地提供服务。网络管理的对象包括硬件资源和软件资源。网络管理的目标是：网络服务有质量保证，网络能够稳定运转；网络能够支持多厂商生产的异种设备；网络传输信息的安全性高；网络建设运营成本低；网络的业务不单一化，而是向综合业务发展。

图 10-14 所示为网络管理界面。

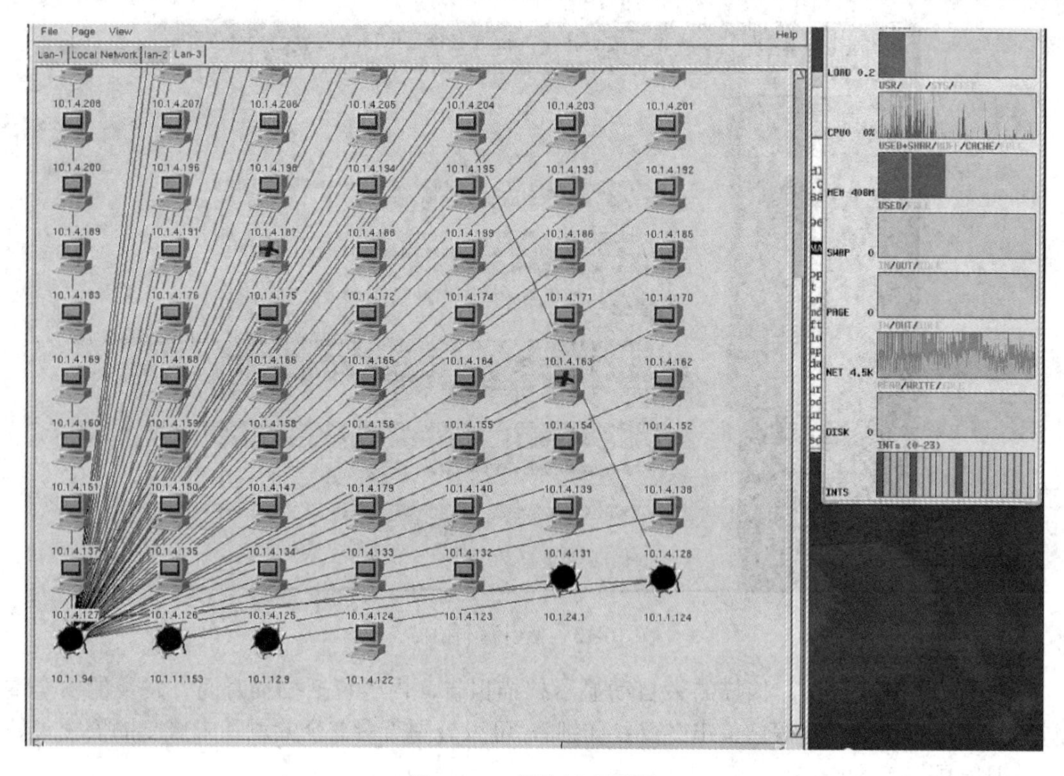

图 10-14　网络管理界面

下面以天易成网络管理软件为例来介绍网络管理软件的使用。

天易成网络管理软件采用 C/S 架构，能够完成监控电脑安装驱动和服务，作为系统服务在后台运行，起实际管理作用；控制台界面安装在监控电脑或局域网内任意电脑中，只起配置和查看作用，不需要的时候可以关闭；管理员可以通过局域网内任意其他电脑进行管理；管理员在软件主界面选中电脑，点击右键给电脑配置管理策略来管理电脑等。完成网络管理的步骤如下：

(1) 登录软件，界面如图 10-15 所示。

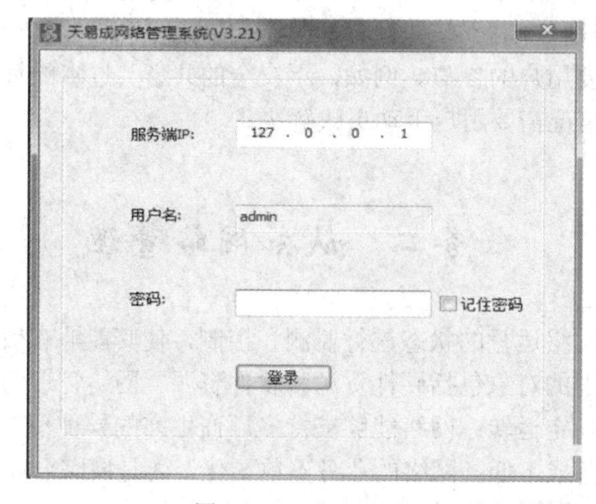

图 10-15　登录界面

- 服务端 IP：此处填安装监控软件电脑的 IP。如果是本机，则填 127.0.0.1。
- 用户名：默认，不能修改。
- 密码：用户可随意设置一个软件使用密码。

(2) 选择控制模式。单击“设置向导”，根据网络结构和需要，选择合适的控制模式，如图 10-16 所示。

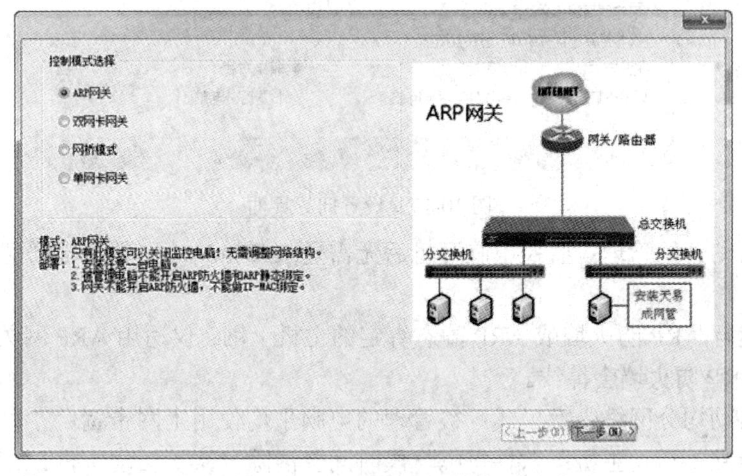

图 10-16　选择控制模式

(3) 监控配置。选择“监控网卡”，配置名称根据需要自行命名，输入需要控制的 IP 范围，如图 10-17 所示。

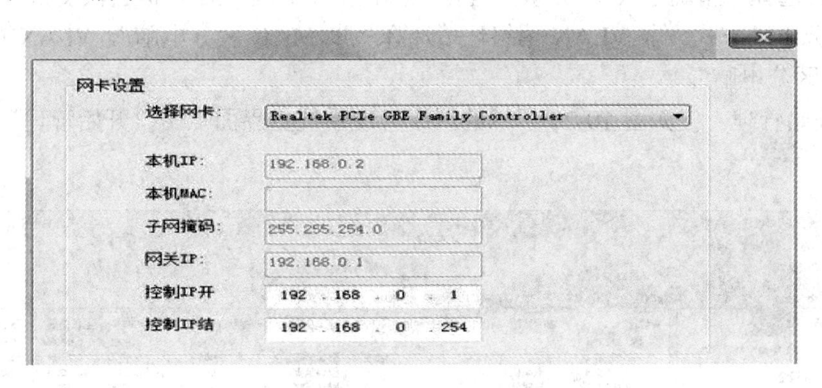

图 10-17　配置需要控制的 IP 范围

(4) 设置网络带宽，如图 10-18 所示。

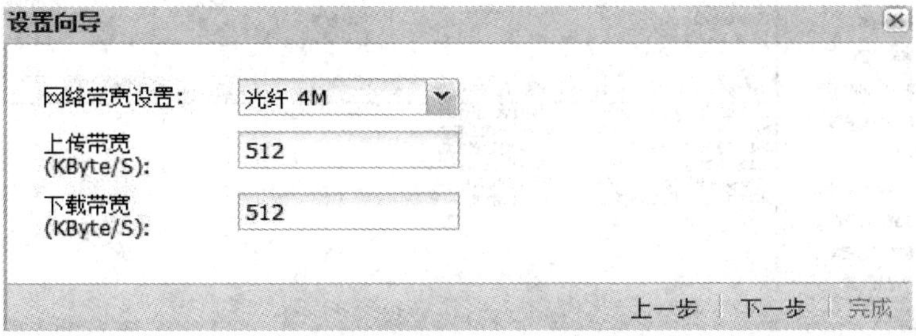

设置向导
网络带宽设置: 光纤 4M
上传带宽 (KByte/S): 512
下载带宽 (KByte/S): 512
上一步 | 下一步 | 完成

图 10-18　设置网络带宽

(5) 其他设置，设置向导界面如图 10-19 所示。

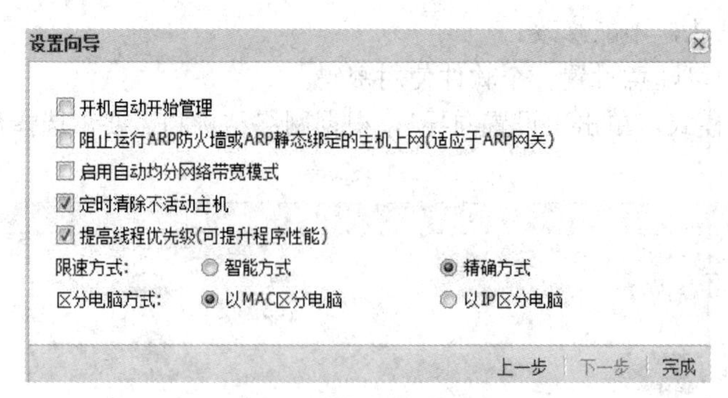

图 10-19　设置向导界面

● 开机自动开始管理：监控电脑开机后无需登录 Windows，软件根据配置自动开始管理网络。

● 阻止运行 ARP 防火墙或 ARP 静态绑定的主机上网：仅适用 ARP 网关模式。被控电脑如果使用 ARP 防火墙会掉线。

● 启用自动均分网络带宽模式：被管理的电脑平均使用上网带宽。

● 定时清除不活动主机：软件每隔一段时间会清除一次不活动主机。

● 提高线程优先级：可提高本软件线程运行的优先级别(建议用户选择)。

● 限速方式：若选择“智能方式”，则被管理电脑的网速会稍有波动，但能充分使用上网带宽；若选择“精确方式”，则被管理电脑的网速能精确控制，但会浪费部分上网带宽。

● 区分电脑方式：非 VLAN 网络环境选择“以 MAC 区分电脑”，VLAN 网络环境选择“以 IP 区分电脑”。

(6) 开始管理。在如图 10-20 所示的网络管理系统主界面点击“开始管理”，开始进行网络管理。

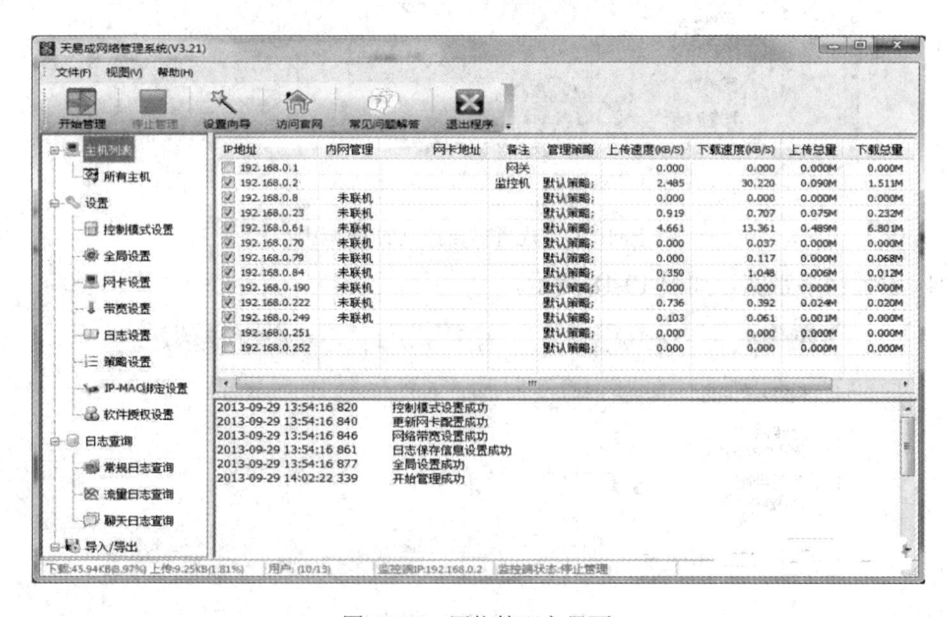

图 10-20　网络管理主界面

- 主机列表：显示局域网内的电脑信息。
- 日志记录：滚动显示管理信息，并录入日志数据库。

(7) 日志查询。可通过 IP、网卡地址、关键字、日期等查询电脑的上网行为。

(8) 查询日常管理日志。

(9) 查询电脑每天的上网流量。

(10) 查询电脑的聊天内容。

(11) 将所有配置和策略导出成文件并保存。

任务三 认知加密和认证

信息安全主要包括系统安全和数据安全两个方面。系统安全一般采用防火墙、防病毒及其他安全防范技术等措施来保证，属于被动型安全措施；而数据安全则主要采用现代密码技术对数据进行主动的安全保护，如加密技术、认证技术和数字签名。

1. 加密技术

保密数据的泄密将直接带来企业和个人利益的损失。网络安全系统应保证机密信息在存储与传输时的保密性。用户在计算机网络上进行通信，一个主要的危险是所传送的数据被非法窃听，例如搭线窃听、电磁窃听等。为了保证数据传输的隐蔽性，通常的做法是先采用一定的算法对要发送的数据进行软加密，这样即使报文被截获，也难以破译其中的信息，从而保证信息的安全。

数据加密技术不仅具有对信息进行加密的功能，还具有数字签名、身份验证、秘密分存、系统安全等功能。因此，使用数据加密技术不仅可以保证信息的安全性，还可以保证信息的完整性和正确性。图 10-21 所示为数据加密技术的实现原理示意图。

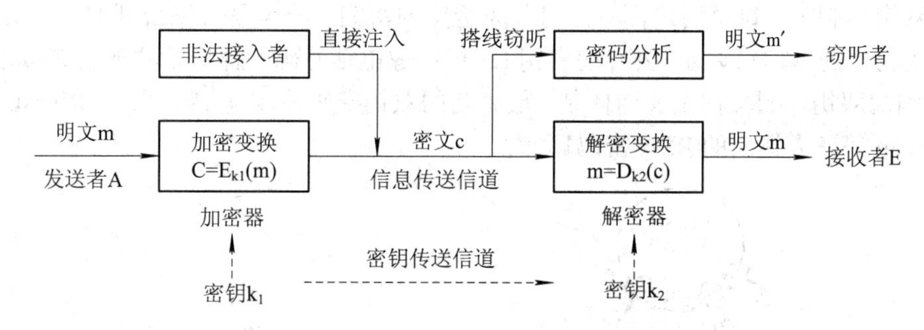

图 10-21 数据加密技术实现原理示意图

密码学是一门研究密码技术的科学，其基本思想就是伪装信息，使未授权的人无法理解其含义。伪装就是对信息进行一组可逆的数学变换。通常称伪装前的原始信息为明文，经伪装的信息为密文，伪装的过程为加密。用于对信息进行加密的一组数学变换称为加密算法。现代加密学主要有两种基于密钥的加密算法，分别是对称加密算法和公开密钥算法。为了有效控制加密、解密算法的实现，在这些算法的实现过程中，需要有某些只被通信双方掌控的专门的、关键的信息参与，这些信息就称为密钥。用作加密的称为加密密钥，用作解密的称为解密密钥。

2. 对称加密技术

如果在一个密码体系中，加密密钥和解密密钥相同，就称为对称加密算法。其实现原理如图 10-22 所示。典型的对称加密算法主要有数据加密标准(DES)、高级加密标准(AES)和国际数据加密算法(IDEA)。其中 DES(Data Encryption Standard)算法是美国政府在 1977 年采纳的数据加密标准，是由 IBM 公司为非机密数据加密所设计的方案，后来被国际标准局采纳为国际标准。DES 以算法实现快、密钥简短等特点成为现在使用非常广泛的一种加密标准。

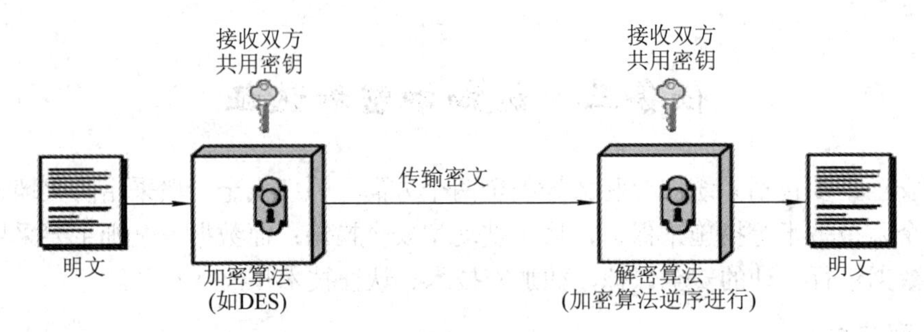

图 10-22　对称加密技术实现原理示意图

在对称加密算法中，加密和解密的具体算法是公开的，要求信息的发送者和接收者在安全通信之前商定一个密钥。因此，对称加密算法的安全性完全依赖密钥的安全性，如果密钥丢失，就意味着任何人都能够对加密信息进行解密了。

3. 非对称加密技术

若加密密钥和解密密钥不相同，从其中一个难以推出另一个，则称为非对称密钥或双钥密码体制。采用双钥密码体制的主要特点是加密和解密功能分开，因而可以实现多个用户加密的消息只能由一个用户读解，或只能由一个用户加密消息而使多个用户可以读解。在使用双钥体制时，每个用户都有一对预先选定的密钥：一个是可以公开的，以 K1 表示；另一个是秘密的，以 K2 表示。公开的密钥 K1 可以像电话号码一样进行注册公布(如图 10-23 所示)，因此双钥体制又称做公钥体制。最有名的双钥密码体制是 1977 年由 Rivest、Shamir 和 Adleman 等三人提出的 RSA 密码算法。

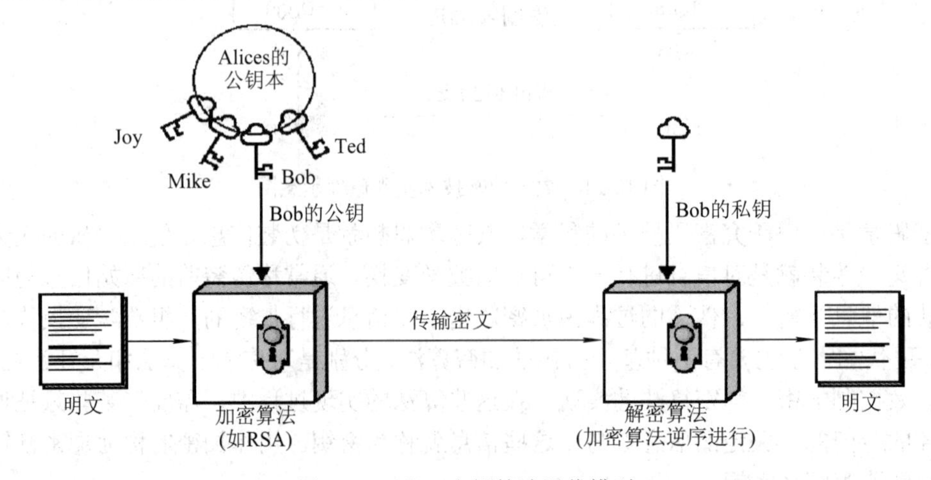

图 10-23　公开密钥算法通信模型

4. 认证技术

认证技术一般可分为三个层次：安全管理协议、认证体制和密码体制。安全管理协议的主要任务是在安全体制的支持下，建立、强化和实施整个网络系统的安全策略；认证体制在安全管理协议的控制和密码体制的支持下，完成各种认证功能；密码体制是认证技术的基础，它为认证体制提供数学方法支持。一个安全的认证体制至少应该满足以下要求：

(1) 接收者能够检验和证实消息的合法性、真实性和完整性；

(2) 消息的发送者对所发的消息不能抵赖，有时也要求信息的接收者不能否认收到信息；

(3) 除了合法的消息发送者外，其他人不能伪造发送消息。

任务四　认知防火墙

以前当构筑和使用木结构房屋的时候，为防止火灾的发生和蔓延，人们将坚固的石块堆砌在房屋周围作为屏障，这种防护构筑物被称为防火墙（FireWall）。如今人们借用了这个概念，使用“防火墙”来保护敏感的数据不被窃取和篡改。防火墙是先进的计算机系统构成，设置防火墙的思想就是在内部、外部网络之间建立一个具有安全控制机制的安全控制点，通过允许、拒绝或重新定向经过防火墙的数据流，实现对内部网服务和访问的安全审计与控制。在网络中，防火墙实际上是一种隔离技术，可以将内部网和公众访问网分开。

防火墙是在两个网络通信时执行的一种访问控制尺度，它能允许用户“同意”的人和数据进入用户的网络，同时将用户“不同意”的人和数据拒之门外，最大限度地阻止网络中的黑客来访问用户的网络，如图 10-24 所示。换句话说，如果不通过防火墙，公司内部的人就无法访问 Internet，Internet 上的人也无法和公司内部的人进行通信。防火墙就是一个位于计算机和它所连接的网络之间的软件。该计算机流入流出的所有网络通信均要经过此防火墙。

图 10-24　防火墙

图 10-25 所示为企业网中常见防火墙的部署位置示意图。

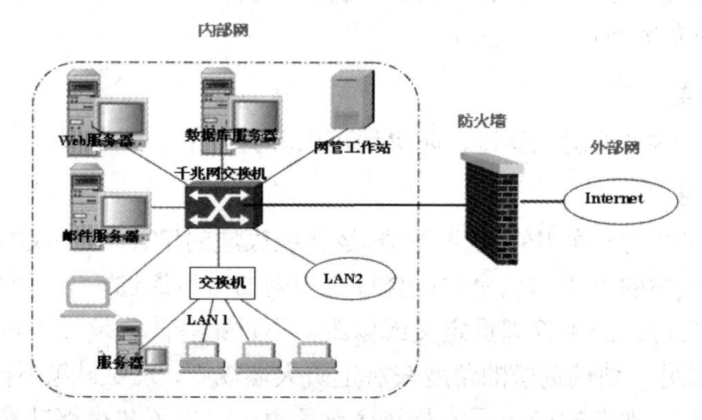

图 10-25　企业网中常见防火墙部署位置示意图

1.　防火墙的功能

作为一种被广泛使用的网络设备，防火墙主要具备以下功能：

(1) 防火墙是网络安全的屏障。一个防火墙(作为阻塞点、控制点)能极大地提高一个内部网络的安全性，并通过过滤不安全的服务而降低风险。由于只有经过精心选择的应用协议才能通过防火墙，所以网络环境变得更安全。如防火墙可以禁止诸如众所周知的不安全的 NFS 协议进出受保护网络，这样外部的攻击者就不可能利用这些脆弱的协议来攻击内部网络。防火墙同时可以保护网络免受基于路由的攻击，如 IP 选项中的源路由攻击和 ICMP 重定向中的重定向路径。防火墙应该可以拒绝所有以上类型攻击的报文并通知防火墙管理员。

(2) 防火墙可以强化网络安全策略。通过以防火墙为中心的安全方案配置，能将所有安全软件(如口令、加密、身份认证、审计等)配置在防火墙上。与将网络安全问题分散到各个主机上相比，防火墙的集中安全管理更经济。例如在网络访问时，一次加密口令系统和其他身份认证系统完全可以不必分散在各个主机上，而集中于防火墙之中。

(3) 对网络存取和访问进行监控审计。如果所有的访问都经过防火墙，那么，防火墙就能记录下这些访问并作出日志记录，同时也能提供网络使用情况的统计数据。当发生可疑动作时，防火墙能进行适当的报警，并提供网络是否受到监测和攻击的详细信息。另外，收集一个网络的使用和误用情况也是非常重要的。首先的理由是可以清楚防火墙是否能够抵挡攻击者的探测和攻击，并且清楚防火墙的控制是否充足。而网络使用统计对网络需求分析和威胁分析等而言也是非常重要的。

(4) 防止内部信息的外泄。通过利用防火墙对内部网络的划分，可实现内部网重点网段的隔离，从而限制局部重点或敏感网络安全问题对全局网络造成的影响。再者，隐私是内部网络非常关心的问题，一个内部网络中不引人注意的细节可能包含了有关安全的线索而引起外部攻击者的兴趣，甚至因此而暴露了内部网络的某些安全漏洞。使用防火墙就可以隐蔽那些透露内部细节如 Finger、DNS 等的服务。Finger 显示了主机的所有用户的注册名、真名以及最后登录时间和使用的 Shell 类型等，其所显示的信息非常容易被攻击者所获悉，攻击者可以知道一个系统使用的频繁程度，这个系统是否有用户正在连线上网，这个系统是否在被攻击时引起注意，等等。

(5) 防火墙可以同样阻塞有关内部网络中的 DNS 信息，这样一台主机的域名和 IP 地址就不会被外界所了解。除了安全作用，防火墙还支持具有 Internet 服务特性的企业内部网络技术体系 VPN(虚拟专用网)。

2. 防火墙的类型

按照防火墙在网络中的运行层次，防火墙可以分为以下三种类型。

1) 网络层防火墙

网络层防火墙可视为一种 IP 封包过滤器，运作在底层的 TCP/IP 协议堆栈上，如图 10-26 所示。我们可以以枚举的方式，只允许符合特定规则的封包通过，其余的一概禁止穿越防火墙。这些规则通常可以经由管理员定义或修改，不过某些防火墙设备可能只能套用内置的规则。我们也能以另一种较宽松的角度来制定防火墙规则，只要封包不符合任何一项“否定规则”就予以放行。现在的操作系统及网络设备大多已内置防火墙功能。较新的防火墙能利用封包的多样属性如来源 IP 地址、来源端口号、目的 IP 地址或端口号、服务类型(如 WWW 或 FTP)等进行过滤，也能经由通信协议、TTL 值、来源的网域名称或网段等属性进行过滤。

图 10-26　网络层防火墙

2) 应用层防火墙

应用层防火墙是在 TCP/IP 堆栈的“应用层”上运作的，用户使用浏览器时所产生的数据流或使用 FTP 时的数据流都属于这一层，如图 10-27 所示。应用层防火墙可以拦截进出某应用程序的所有封包，并且封锁其他的封包(通常是直接将封包丢弃)。理论上，这一类的防火墙可以完全阻绝外部的数据流进到受保护的机器里。防火墙借由监测所有的封包并找出不符合规则的内容，可以防范电脑蠕虫或木马程序的快速蔓延。不过就实现而言，这个方法既繁且杂(软件有千百种)，所以大部分防火墙都不会考虑以这种方法进行设计。

图 10-27　应用层防火墙

3) XML 防火墙

XML 防火墙是一种新型的应用层防火墙，如图 10-28 所示。代理服务、代理服务设备(可能是一台专属的硬件或只是普通机器上的一套软件)也能像应用程序一样回应输入封包(如连接要求)，同时封锁其他的封包，达到类似于防火墙的效果。代理使外在网络窜改一个内部系统更加困难，并且一个内部系统误用不一定会导致一个安全漏洞打开。但是相反地，入侵者也许劫持一个公开的系统，使它作为代理人为入侵者自己的目的服务。

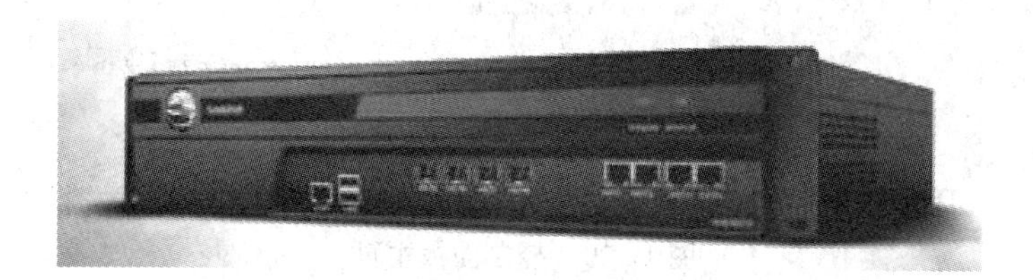

图 10-28　XML 防火墙

防火墙的配置管理要求管理员对网络协议和网络安全有深入的了解。因小差错会使防火墙不能作为安全工具。

项目实践一：应用Win7防火墙配置简易防火墙

实践目标：

- 用 Win7 防火墙来保护系统安全。

实践环境：

- Windows 操作系统的计算机，具备 Internet 环境。

大部分人的工作和生活都离不开互联网，但当前互联网的安全性非常令人担忧，因此防火墙对于个人电脑来说就显得日益重要了。在 Windows XP 时代，系统自带的防火墙软件仅提供简单和基本的功能，且只能保护入站流量，阻止任何非本机启动的入站连接，默认情况下该防火墙还是关闭的，所以我们只能另外去选择专业可靠的安全软件来保护自己的电脑。现在 Win7 自带防火墙，提供了更加强大的保护功能。

Win7 防火墙的配置步骤如下：

1. Win7 防火墙的启动

(1) 在 Win7 桌面上，单击“开始”→“控制面板”命令，打开控制面板主页，然后找到“Windows 防火墙”功能，如图 10-29 所示。

图 10-29　控制面板主页

(2) 默认情况下 Windows 防火墙会启用，通过“控制面板”主页进入“系统和安全”界面，可以看到 Windows 防火墙的功能选项，可以直接进行检查防火墙状态和允许程序通过防火墙等功能操作，如图 10-30 所示。

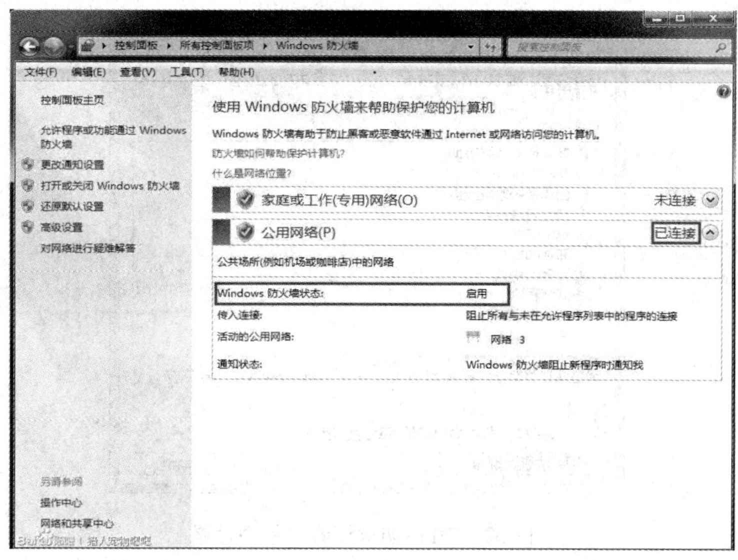

图 10-30 “系统和安全”界面

2. Win7 防火墙的基本设置

(1) 针对每个网络配置文件(家庭、办公室和公共场所)微调所需的保护和通知功能，可以为不同的网络环境提供量身定制的保护。在检查防火墙状态时，可以看到用户电脑所处的网络情况、防火墙是否启用、活动的网络、通知状态等，如图 10-31 所示。

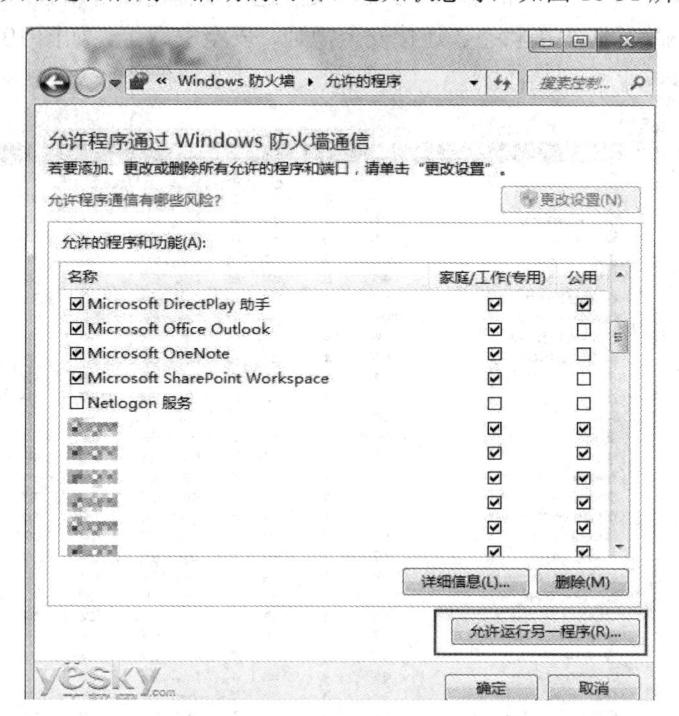

图 10-31 Win7 防火墙程序通信设置

(2) 在允许程序通过 Windows 防火墙通信界面可以直接勾选允许的程序和功能，也可以添加、更改或删除所有允许的程序和端口，如图 10-32 所示。

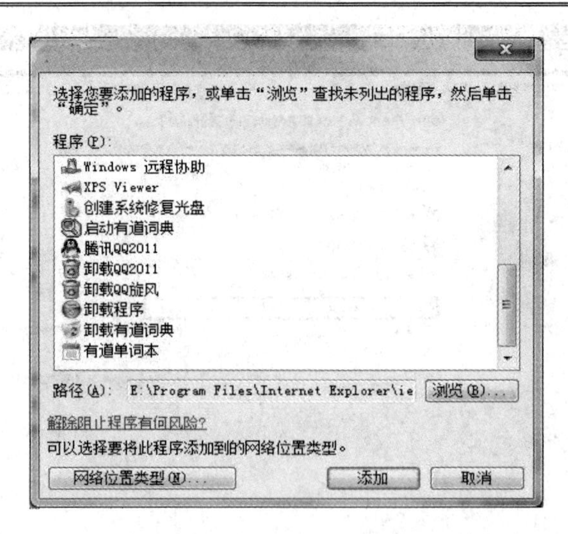

图 10-32　Win7 防火墙添加程序设置

注意：在添加允许程序时，可以在图 10-31 所示的窗口中单击右下角的“允许运行另一程序”，即可选择要添加的程序。

3. Win7 防火墙的高级设置

在 Windows 防火墙的高级设置中，可以允许规则进行详细定制，设置入站规则、出站规则、连接安全规则等，进行如端口、协议、安全连接及作用域等增强网络安全的策略，还可以查看活动网络、防火墙状态、连接安全规则、安全关联等，如图 10-33 所示。

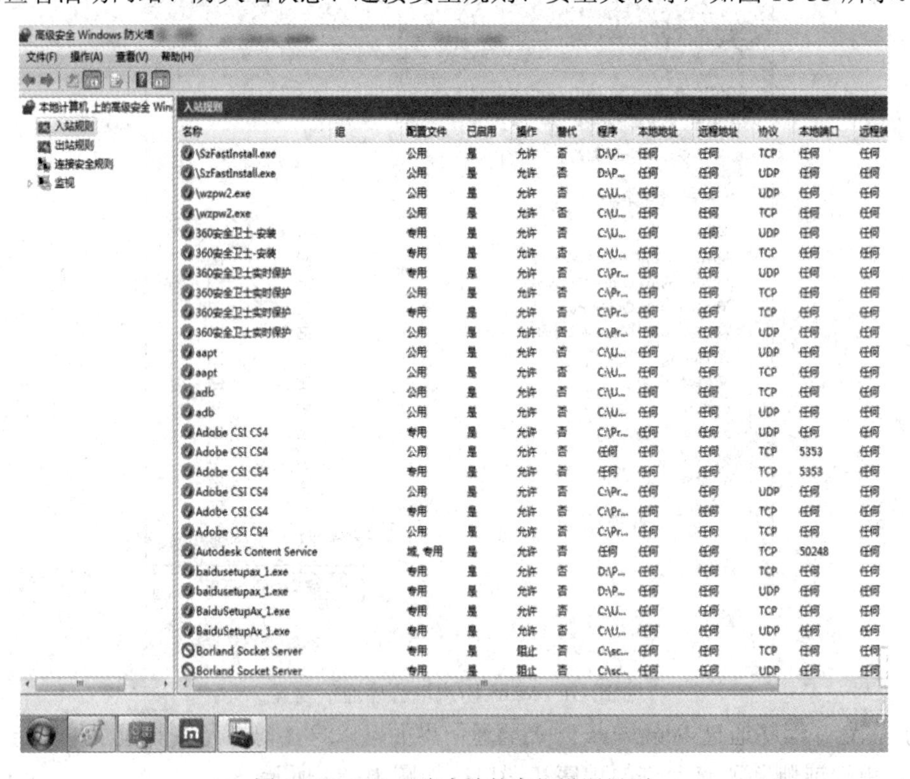

图 10-33　Win7 防火墙的高级设置界面

目前，国内很多电脑用户由于缺乏电脑安全知识，同时又没有安装专业可靠的安全软件，仅仅依靠一些免费的杀毒软件是无法完全实现防火墙保护功能的，现在使用 Win7 系统自带的防火墙便可以为自己的系统增加一层保护，有效抵御网络威胁。

项目实践二：配置天网防火墙

实践目的：

- 天网防火墙的配置与运用。

实践环境：

- Windows 操作系统的计算机，具备 Internet 环境。

配置天网防火墙的操作步骤如下：

(1) 启动防火墙配置向导，把防火墙默认安全级别调整为“中”级，如图 10-34 所示。

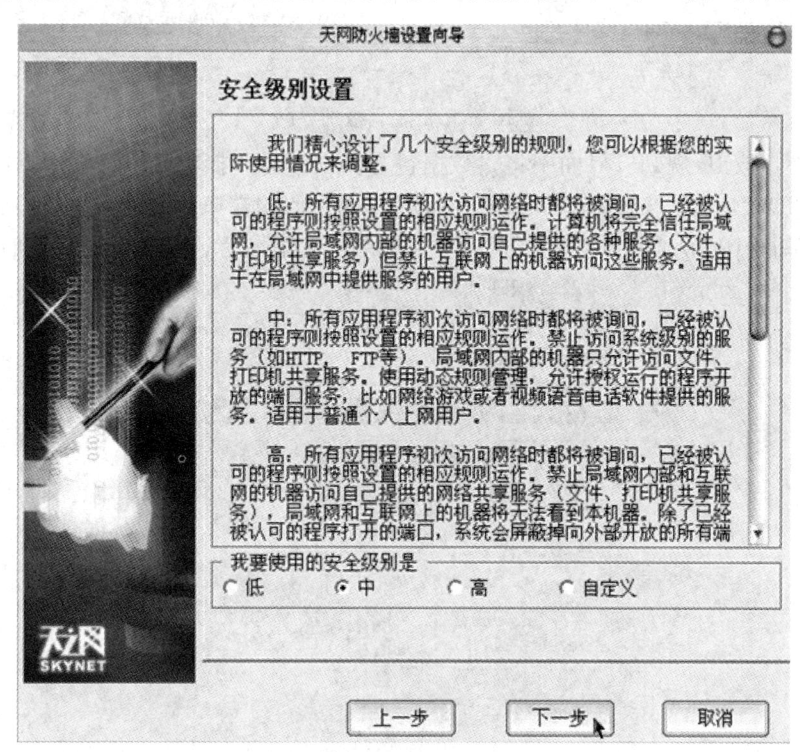

图 10-34　防火墙配置向导

(2) 当观看电影时，会自动启动 tv380 的网络插件，此时防火墙会弹出图 10-35(a)所示的窗口，在左下角“该程序以后都按照这次的操作运行”前的方框处打钩，以免每次浏览网站时弹出窗口。修改自定义级别选项的最后一条规则“禁止所有人链接 UDP 端口”，如图 10-35(b)所示。

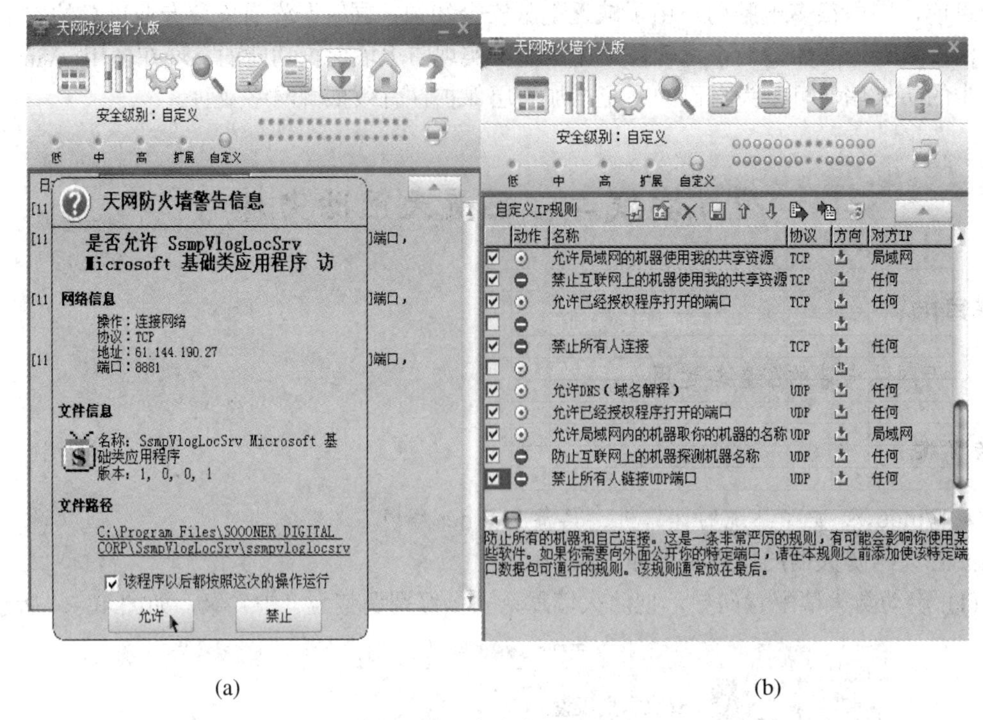

图 10-35　自定义级别界面

(3) 在“修改 IP 规则”界面中将“数据包方向”改为“接收或发送”、“数据包协议类型”改为“UDP”，在“本地端口”下“已授权程序开放的端口”前的方框处打钩，其他为默认选项，如图 10-36 所示。设置结束后一定要单击存盘图标，以免以后使用时再次更改。

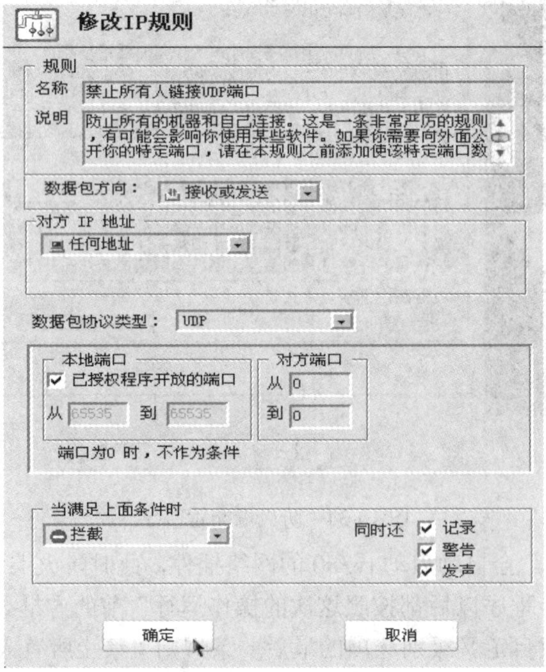

修改IP规则
规则
名称　禁止所有人链接UDP端口
说明　防止所有的机器和自己连接。这是一条非常严厉的规则，有可能会影响你使用某些软件。如果你需要向外面公开你的特定端口，请在本规则之前添加使该特定端口数
数据包方向：接收或发送
对方 IP 地址
任何地址
数据包协议类型：UDP
本地端口
☑ 已授权程序开放的端口
从 65535 到 65535
对方端口
从 0
到 0
端口为0 时，不作为条件
当满足上面条件时
拦截
同时还 ☑ 记录 ☑ 警告 ☑ 发声
确定　取消

图 10-36　修改 IP 规则

(4) 进行天网防火墙设置，如图 10-37 所示。

图 10-37 天网防火墙设置

(5) 单击 IP 规则管理，再单击增加规则，如图 10-38 所示。

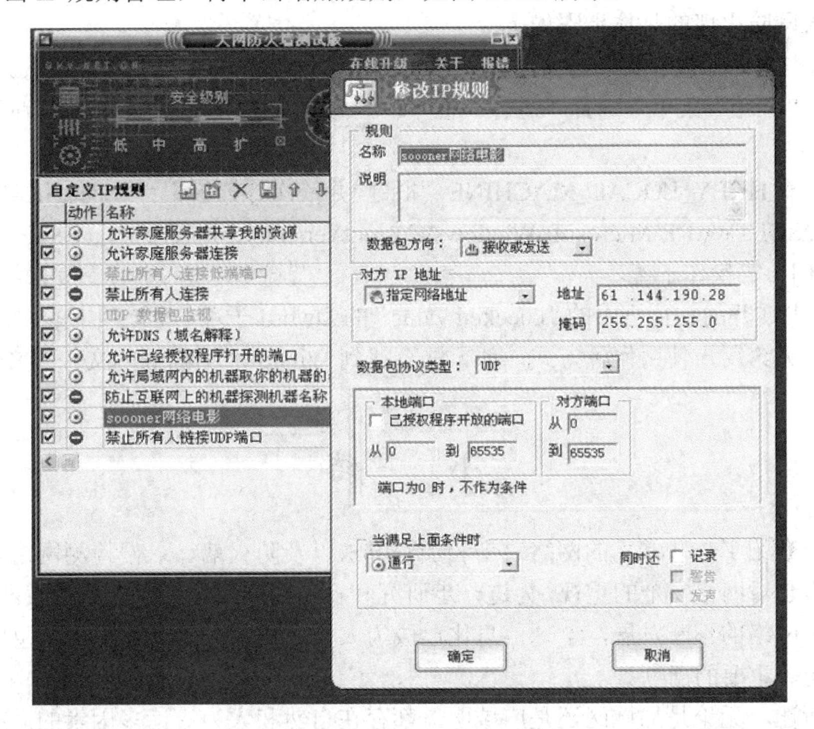

图 10-38 IP 规则管理界面

- 对方 IP 地址：选择指定网络地址，“地址”为 61.144.190.28，“掩码”为 255.255.255.0。
- 本地端口：从 0 到 65535。
- 对方端口：从 0 到 65535。
- 当满足上面条件时：选择“通行”。

完成以上设置后，单击“确定”按钮，再单击保存按钮保存设置。

项目实践三：使用注册表设置永久隐藏文件夹

实践目的：

- 通过注册表编辑器来设置隐藏文件夹，保证数据安全。

实践环境：

- Windows 操作系统的计算机，具备 Internet 环境。

在我们的工作中也有很多需要保密的数据。作为经常使用计算机的人来说，将某些重要与保密的文件与文件夹进行隐藏的设置是非常必要的。常规的隐藏方法虽然简单易学，但是通过这种将文件与文件夹隐藏起来的方法并不能彻底保证它的安全性，仍然可以用极其简便的方式找到所隐藏的任何文件与文件夹。那么如何解决这样的问题呢？其实，只要通过注册表编辑器来设置隐藏就能达到想要的效果。

配置天网防火墙的具体步骤如下：

(1) 选中需要隐藏的文件与文件夹，首先使用常规的方法将其设置为隐藏。

(2) 在“开始”菜单下选择“运行”程序，在其文本框中输入“regedit”命令，打开注册表编辑器。

(3) 选择“HKEY_LOCAL_MACHINE ”根键，并依次打开该根键下的“HKEY_LOCAL_MACHINE\SOFTWARE\Microsoft\Windows\CurrentVersion\explorer\Advanced\Folder\Hidden\SHOWALL]”等操作子键。

(4) 双击展开的右窗格中的“checked value”的 Dword 子项，将该项中的键值改为“0”。

这样，无论用户使用何种方式，都无法查找到 Windows 下隐藏的文件与文件夹了。

小　　结

本项目介绍了一些常见的网络攻击和加密方法以及防火墙、入侵检测网络安全技术，目的在于引起对网络安全的重视，为进一步研究和解决网络安全问题起到启发和借鉴作用。随着计算机网络的不断发展，全球信息化已成为人类发展的大趋势，网上信息的安全和保密也成为至关重要的问题。

综上所述，无论是局域网还是广域网，都存在自然和人为等诸多因素的潜在威胁，因此，网络的安全措施应全方位针对各种不同的威胁和脆弱性，这样才能确保网络信息的保密性、完整性和可用性。

习　题

1. 黑客们编写了一些扰乱社会和他人的计算机程序，这些代码统称为(　　)。

A．恶意代码　　B．计算机病毒　　C．蠕虫　　D．后门

2. 关于防火墙的分类，说法错误的一项是(　　)。

A．按照采用技术的不同，可分为边界型、混合型和个人型防火墙

B．按照工作性能不同，可分为百兆防火墙和千兆防火墙

C．按照软硬件形式的不同，可分为软件防火墙、硬件防火墙和芯片级防火墙

D．按照结构的不同，可分为单一主机型、路由器集成型和模块型防火墙

3. 关于口令的安全描述，错误的是(　　)。

A．口令要定期更换　　B．口令越长越安全

C．容易记忆的口令不安全　　D．口令中使用的字符越多越不容易被猜中

4. 从防火墙的安全角度来看，最好的防火墙结构类型是(　　)。

A．路由器型　　B．服务器型

C．屏蔽主机结构　　D．屏蔽子网结构

参 考 文 献

[1] 余明辉，汪双顶. 中小型网络组建技术[M]. 北京：人民邮电出版社，2009.

[2] [美]Allan Reid，等. CCNA Discovery：家庭和小型企业网络[M]. 思科公司，译. 北京：人民邮电出版社，2009.

[3] [美]Wayne Lewis，等. CCNA Exploration：思科网络技术学院教程[M]. 思科公司，译. 北京：人民邮电出版社，2009.

[4] [美]Allan Reid，等. CCNA Discovery：企业中的路由和交换简介[M]. 思科公司，译. 北京：人民邮电出版社，2009.

[5] 吴功宜，吴英. 计算机网络技术教程[M]. 北京：机械工业出版社，2009.

[6] 曹江华. Linux 系统最佳实践工具：命令行技术[M]. 北京：电子工业出版社，2009.

[7] 谢昌荣. 计算机网络技术[M]. 北京：清华大学出版社，2013.

[8] 张蒲生. 局域网应用技术与实训[M]. 北京：科学出版社，2006.

[9] IT 同路人. 完全掌握 Windows Server 2008[M]. 北京：人民邮电出版社，2009.

[10] http://www.51cto.com

[11] www.csdn.net/

[12] http://www.veryhuo.com/a/view/ipv4-ipv6.html

[13] http://blog.csdn.net/hguisu/article/details/7249611

[14] http://www.dqtvu.zj.cn/leiswebs/jszy/leis/NET/b_01.htm

[15] http://blog.163.com/hlz_2599/blog/static/14237847420111112195857956/

[16] http://ask.zol.com.cn/q/191228.html

[17] http://www.meilele.com/article_cat-1/article-6630.html